普通高等教育“十二五”规划教材
电工电子基础课程规划教材

电子技术实验与设计基础

周永强　梁　金　周春梅　主编

電子工業出版社
Publishing House of Electronics Industry
北京 · BEIJING

内 容 简 介

全书共五篇。第一篇“电子技术实验基础知识”：介绍实验须知、基本测量技术、误差分析与测量结果处理、电子电路的调试、电子电路的故障检查、电子电路干扰的抑制。第二篇“电子技术实验”：包括14个模拟电子技术实验和12个数字电子技术实验。第三篇“电子技术设计基础”：分为模拟电子电路设计和数字电子电路设计两部分，共计20个实验项目。第四篇“Multisim仿真”：介绍Multisim仿真软件的使用及仿真示例。第五篇“常用电子仪器”：常用电子仪器介绍及使用方法，包括一个课前准备实验。

本书可作为电气工程及自动化、电子信息工程、电子科学与技术、通信工程、微电子科学与工程、光电信息科学与工程、信息工程、自动化、计算机科学与技术、测控技术与仪器等专业相关课程的教材，也可以作为实验教师的参考用书，还可供相关领域的工程技术人员学习、参考。

图书在版编目(CIP)数据

电子技术实验与设计基础 / 周永强，梁金，周春梅主编．— 北京：电子工业出版社，2015.8

电工电子基础课程规划教材

ISBN 978-7-121-26643-0

I. ①电… II. ①周… ②梁… ③周… III. ①电子技术－实验－高等学校－教材 IV. ①TN-33

中国版本图书馆 CIP 数据核字（2015）第 161513 号

策划编辑：王晓庆
责任编辑：王晓庆
印　　刷：北京盛通商印快线网络科技有限公司
装　　订：北京盛通商印快线网络科技有限公司
出版发行：电子工业出版社
　　　　　北京市海淀区万寿路 173 信箱　　邮编：100036
开　　本：787×1092　1/16　　印张：16.25　字数：406 千字
版　　次：2015 年 8 月第 1 版
印　　次：2023 年 1 月第 9 次印刷
定　　价：39.80 元

凡所购买电子工业出版社图书有缺损问题，请向购买书店调换。若书店售缺，请与本社发行部联系，联系及邮购电话：(010) 88254888，88258888。

质量投诉请发邮件至 zlts@phei.com.cn，盗版侵权举报请发邮件至 dbqq@phei.com.cn。

本书咨询联系方式：(010) 88254113，wangxq@phei.com.cn。

前　言

本书是一本综合性实验和课程设计教材，为适应电子信息时代新形式的发展，培养21世纪电子类高级技术应用型人才的需求，根据电子技术基础课程教学大纲的基本要求，结合编者十余年的教学经验及当前教学改革和教学体系建设的要求编写而成。

本书在编写的过程中充分考虑各种教学模式和不同层次学生的需要与使用，提供了丰富的实验内容，实验内容由浅入深，从简单到复杂，从理论到实践，循序渐进，目的在于将“模拟电子技术”、“数字电子技术”、“电子技术课程设计”等课程的理论与实践有机地结合起来，旨在加强对学生实验技能的综合训练，从而充分调动学生学习的积极性，从理论和实践两个方面提高学生的自觉性，培养学生工程设计与实际动手的能力。

全书共分五篇。

第一篇“电子技术实验基础知识”，主要介绍电子技术实验的基本测量技术、电子电路的调试方法及故障检查的方法。

第二篇“电子技术实验”，分为模拟电子技术实验和数字电子技术实验两部分。模拟电子技术实验介绍二极管的应用、三极管典型应用电路、负反馈电路、基本运算电路和运算放大器的应用等常见的电子线路，共计14个实验项目。数字电子技术实验介绍SSI和MSI组合逻辑电路的应用及设计、SSI和MSI时序逻辑电路的应用及设计、常见的时钟脉冲产生电路等，共计12个实验项目。

第三篇“电子技术设计基础”，介绍电子电路的设计方法，包括6个设计实例和14个设计项目。

第四篇“Multisim仿真”，介绍Multisim 12仿真软件的使用方法及仿真实例。

第五篇“常用电子仪器”，介绍常见的电子仪器、仪表技术参数和使用方法，其中包括一个课前准备实验。

参加本书编写的有周永强、梁金和周春梅。由周永强负责全书的统稿工作。第一篇、第二篇、第五篇由周永强编写；第三篇由周永强和梁金共同编写；第四篇由周春梅编写。

本书在编写的过程中得到了四川工商学院各级领导的大力支持。本书的编写参考了大量近年来出版的相关技术资料，汲取了许多专家和同仁的宝贵经验，在此向他们深表谢意。

电子技术日新月异，限于编者水平，书中难免有错误和不妥之处，恳求读者提出指正和批评。

编　者

2015年7月　于成都

目　录

第一篇　电子技术实验基础知识

第三篇　电子技术设计基础

第四篇 Multisim 仿真

第五篇 常用电子仪器

第一篇

电子技术实验基础知识

第1章　电子技术基础实验须知

1.1　电子技术基础实验的目的和意义

科技的发展离不开实践，实践是促进科技发展的重要手段。电子技术基础是一门实践性很强的课程，它的主要任务是使学生获得电子技术方面的基本理论、基本知识和基本技能，培养学生分析问题和解决问题的能力。为此，在系统学习本学科理论知识的同时，必须通过科学的方法进行实验，系统地训练电子技术基础的基本技能，来巩固知识，加深理论，增强分析和解决实际问题的能力。

电子技术基础实验作为一门具有工程特点和实践性很强的课程，加强工程训练，特别是技能的培养，对于培养工程人员的素质和能力具有十分重要的作用。现在部分高等学校在授完模拟电子技术基础和数字电子技术基础课程后，还增设了综合实验和课程设计，这对提高学生的综合动手能力和工程设计能力是非常重要的。

在实际工作中，电子技术人员需要分析器件、电路的工作原理；验证器件、电路的功能；对电路进行调试、分析，排除电路故障；测试器件、电路的性能指标；设计、制作各种实用电路的样机。所有这些都离不开实验。此外，实验还有一个重要的任务，即使我们养成勤奋、进取、理论联系实际的作风和为科学事业奋斗到底的精神。

电子技术基础实验按实验电路传送信号的不同，可分为模拟电路实验和数字电路实验两大类，而按实验性质的不同，又可分为验证性实验、训练性实验、综合性实验和设计性实验4类。

验证性实验和训练性实验主要针对电子技术本门学科范围内理论验证和实际技能的培养，着重奠定基础。这类实验除了巩固、加深重要的基础理论外，主要在于帮助学生认识现象，掌握基本实验知识、基本实验方法和基本实验技能。

综合性实验属于应用型实验，实验内容侧重于理论知识的综合应用，其目的是培养学生综合运用所学理论的能力和解决较复杂的实际问题的能力。

设计性实验对于学生来说，既有综合性又有探索性，它主要侧重于理论知识的灵活运用。例如，完成特定功能电子电路的设计、安装和调试等。要求学生在教师的指导下独立进行查阅资料、设计方案和组织实验等工作，并写出报告。这类实验对于提高学生的素质和科学实验能力非常有益。

自20世纪90年代以来，电子技术的发展呈现出系统集成化、设计自动化、用户专用化和测试智能化的态势，为了培养21世纪电子技术人才和适应电子信息时代的要求，在完成常规的硬件实验外，在教学中引入EDA（Electronic Design Automation，电子设计自动化）技术显得非常必要。

总之，电子技术实验应当突出基本技能、设计性综合应用能力、创新能力和 EDA 技术能力的培养，以适应培养面向 21 世纪电子工程师的需求。

1.2 电子技术基础实验的基本要求

完整的实验过程一般分成三个阶段：实验准备、实验操作及报告撰写。

为了培养学生良好的学风，充分发挥学生的主动性，促使其独立思考、独立完成实验并有所创新，对电子技术实验提出了下列基本要求。

一、实验准备

为避免实验的盲目性，参加实验的人员应对实验内容进行预习。要明确实验目的、要求，掌握有关电路的基本原理（设计性实验则要完成设计任务），拟出实验方法和步骤，设计实验表格，对思考题做出解答，初步估计或分析实验结果（包括参数和波形），最后做出预习报告。

二、实验过程

（1）实验人员要自觉遵守实验室规则。

（2）根据实验内容合理布置实验现场。仪器设备和实验装置要摆放适当，按实验方案连接实验电路和测试电路。

（3）认真记录实验条件和所得数据、波形（并分析判断所得数据、波形是否正确）。发生故障时应独立思考、耐心排除，并记下排除故障的过程和方法。

实验过程不顺利，不一定是坏事，常常可以从分析故障中增强理论分析和故障判断的能力。相反，一次性成功地完成实验也不一定有所收获。

（4）发生事故应立即切断电源，并报告指导教师和实验室相关人员，等候处理。

（5）实验结束，先断开电源，暂不拆线，认真检查实验结果，待指导老师确认正确后再拆除线路，复归仪器设备，整理实验台。

三、实验报告

实验报告是实验工作的全面总结，其质量好坏不但是实验教学是否完成的凭证，也在实验交流、成果推广或学术评价方面起着至关重要的作用，而且，作为一名工程技术人员，也必须具备撰写实验报告这种技术文件的能力。

（1）报告内容

① 基本信息：实验名称、实验人员名单、日期、单位等。

② 实验目的：明确实验的主要目标及任务。

③ 实验器材：所用仪器仪表的名称、型号、规格、数量、编号等，以便在整理数据发现问题时可按对应仪器仪表查对核实。

④ 实验原理：阐述实验的工作原理，应画出原理图，写出主要的计算公式，应写出设计方法。

⑤ 实验步骤：列出每个项目的操作过程。

⑥ 数据：根据原始记录整理，得到相应的数据、图标及计算结果。分析各项数据结果，与理论数据进行比较。

⑦ 故障：分析故障产生的原因及排除过程。

⑧ 心得体会，本次实验的收获及对实验改进的建议。

（2）实验报告要求

文理通顺，书写简洁；符号标准，图表齐全；讨论深入，结论简明。

第2章　基本测量技术

2.1　概　　述

一个物理量的测量可以通过不同的方法来实现，而电子测量技术是一门发展十分迅速的学科，它涉及电量及各种非电量的测量，这里只简要介绍基本电量测量技术中的共性问题。

2.1.1　测量方法的分类

（1）直接测量与间接测量

① 直接测量

顾名思义，这是一种可以直接得到被测量值的测量方法。例如，使用电压表测量稳定电压源的工作电压等。

② 间接测量

与直接测量不同，间接测量是利用直接测量的量与被测量之间的已知函数关系，得到被测量值的测量方法。例如，测量放大器的电压放大倍数 $A_υ$，一般是分别测量出输入电压 V_i 和输出电压 V_o 后再算出 $A_υ=V_o/V_i$。这种方法常用于被测量不便于直接测量，或者间接测量的结果比直接测量更为准确的场合。

③ 组合测量

这是一种兼用直接测量和间接测量的方法，将被测量和另外几个量组成联立方程，最后通过求解联立方程来得出被测量的大小。这种方法用计算机求解比较方便。

（2）直读测量法与比较测量法

① 直读测量法

它是直接从仪器仪表的刻度线（或显示）上读出测量结果的方法。例如，用电流表测量电流就是直读测量法，它具有简单、方便等优点。

② 比较测量法

这是一种在测量过程中，将被测量与标准量直接进行比较而获得测量结果的方法。电桥利用标准电阻（电容、电感）对被测量进行测量就是一个典型的例子。

应当指出，直读测量法与直接测量、比较测量法与间接测量并不相同，二者互有交叉。例如，用电桥测量电阻，是比较测量法，属于直接测量；用电压、电流表测量功率，是直读测量法，但属于间接测量，等等。

（3）按被测量性质分类

虽然被测量的种类很多，但根据其特点，大致可分为以下几类。

① 频域测量

频域测量技术又称为正弦测量技术。测量参数多表现为频域的函数，而与时间因素无关，测量时，电路处于稳定工作状态，因此又称为稳定测量。

这种测量技术用的信号是正弦信号，线性电路在正弦信号作用下，所有电压和电流量都有相同的频率，仅幅度和相位有差别。利用这个特点，可以实现各种电量的测量，如放大器增益、相位差、输入阻抗和输出阻抗等。此外，还可以观察非线性失真。其缺点是，不宜用于研究电路的瞬态特性。

② 时域测量

时域测量技术，与频域测量技术不同，它能观察电路的瞬变过程及其特性，如上升时间 t_r、平顶降落 δ、重复周期 T 和脉宽 t_p 等。

时域测量技术采用的主要仪器是脉冲信号产生器和示波器。

③ 数据域测量

这是用逻辑分析仪对数字量进行测量的方法。它具有多个输入通道，可以同时观测许多单次并行的数据。例如，微处理器地址线、数据线上的信号，可以显示时序波形，也可以用“1”、“0”显示其逻辑状态。

④ 噪声测量

噪声测量属于随机测量。在电子电路中，噪声与信号是相对存在的，不与信号大小相联系而讲噪声大小是无意义的。因此，在工程技术中，常用噪声系数 F_N 来表示电路噪声的大小，即

$$F_N=\frac{P_{iS}/P_{iN}}{P_{oS}/P_{oN}}=\frac{1}{A_p}\cdot\frac{P_{oN}}{P_{iN}}$$

式中：P_{iS}、P_{iN} 表示电路输入端的信号功率与噪声功率；

P_{oS}、P_{oN} 表示电路输出端的信号功率与噪声功率；

$A_p=P_{oS}/P_{iS}$ 表示电路对信号的功率增益。

若 $F_N=1$，则说明电路本身没有产生噪声。一般放大电路的噪声系数都小于 1。放大电路产生的噪声越小，F_N 就越小，放大微弱信号的能力就越强。

测量方法还可以根据测量的方式的不同，分为自动测量和非自动测量、原位测量和远距离测量等。

此外，在电子测量中，还经常用到各种变换技术，如变频、分配、检波、斩波、A/D、D/A 转换等。

2.1.2 选择测量方法的原则

在选择测量方法时，应首先研究被测量本身的特性及所需要的精确程度、环境条件及所具有的测量设备等因素，综合考虑后，再确定采用哪种测量方法和选择哪些测量设备。

一种正确的测量方法，可以得到好的结果，否则，不仅测量结果不可信，而且有可能损坏测量仪器、仪表和被测设备或元器件。下面举例加以说明。

【例 2.1.1】用万用表的 $R\times1$ 挡测试半导体三极管的发射结电阻或用图示仪显示输入特性曲线时，由于限流电阻较小，而使基极电流过大，结果可能使三极管在测试过程中被损坏。

【例 2.1.2】 测量图 2.1-1 所示放大电路中场效应三极管 VT 的漏极电位时，设在漏极与“地”之间用一个内阻为 10MΩ 的数字电压表来测量，其值为 V_d=10V，而用 20kΩ/V 的万用表直流电压 6V 挡测量，其值 V_d'=5V（仪表的准确度影响不计）。为什么相差这么大？试分析一下。

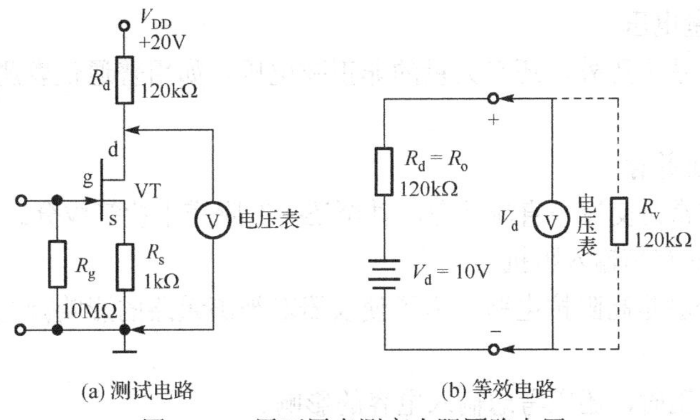

图 2.1-1　用万用表测高内阻回路电压

解： 由于万用表的内阻

$$R_v=20\text{k}\Omega/\text{V}\times 6\text{V}=120\text{k}\Omega$$

显然，R_v 与等效电阻 $R_d = R_o$ 对 V_d=10V 的分压就是万用表的示值 V_d'。因此有

$$\begin{aligned} V_d' &= \frac{R_v}{R_d + R_v}\cdot V_d \\ &= \frac{120}{120+120}\cdot 10\text{V} \\ &= 5\text{V} \end{aligned}$$

【例 2.1.3】 一测量电流电路如图 2.1-2 所示，当未串接测量仪表时，回路的实际电流（即真实值）为 $I=V/R$，串接测量仪表后，由于仪表内阻 r_i 的影响，实际测量值为

$$I' = \frac{V}{R+r_i} = \frac{I}{1+\frac{r_i}{R}}$$

只有当 $r_i \ll R$ 时，测量值 I' 才近似接近真值 I，否则误差很大。

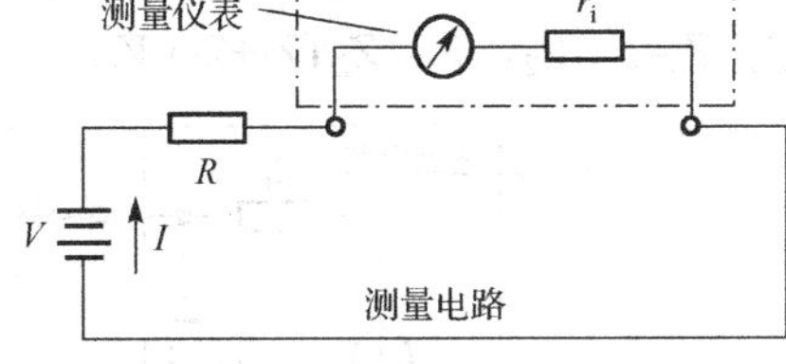

图 2.1-2　电流测量示意图

2.2　电 压 测 量

在电子测量领域中，电压是基本参数之一。许多电参数，如增益、频率特性、电流、功率、调幅度等都可视为电压的派生量。各种电路工作状态，如饱和、截止等，通常都以电压的形式反映出来。不少测量仪器也都用电压来表示。因此，电压的测量是许多电参数测量的基础。电压的测量对调试电子电路可以说是必不可少的。

电子电路中电压测量的特点如下。

① 频率范围宽

电子电路中电压的频率可以从直流到数百兆赫兹范围内变化，对于甚低频或高频范围的电压测量，一般万用表是不能胜任的。

② 电压范围广

电子电路中，电压范围由微伏级到千伏以上的高压，对于不同的电压挡级必须采用不同的电压表进行测量。例如，用数字电压表，可测出 10^{-9}V 数量级的电压。

③ 存在非正弦量电压

被测信号除了正弦电压外，还有大量的非正弦电压。如用普通仪表测量非正弦电压，将造成测量误差。

④ 交、直流电压并存

被测的电压中常常是交流与直流并存，甚至还夹杂噪声干扰等成分。

⑤ 要求测量仪器有高输入阻抗

由于电子电路一般是高阻抗电路，为了使仪器对被测量路的影响减至足够小，要求测量仪器有高的输入电阻。

此外，在测量电压时，还应考虑输入电容的影响。

上述情况，如果测量精度要求不高，用示波器常常可以解决。如果希望测量精度要求较高，则要全面考虑，选择合适的测量方法，合理选择测量仪器。

2.2.1 高内阻回路直流电压的测量

在例 2.1.2 中曾提到，用普通万用表 6V 挡（20kΩ/V）测量一个内阻为 120kΩ 的 10V 等效电源电压时，其测量值为 5V，造成了很大的误差。如果想要提高测量精度，就必须选用内阻比被测电路等效电阻高得多的仪表才行。

一般来说，任何一个被测电路都可以等效成一个电源电压 V_o 和一个阻抗 Z_o 相串联。例如，由 V_s、Z_1、Z_2 组成的图 2.2-1(a)所示的电路，当接入电压表时，相当于将仪表的输入阻抗 Z_i 并联在被测电路上。对于图 2.2-1(a)所示被测电路，可以用 V_o 和 Z_o 组成的串联电路来等效，式中 $Z_o=Z_1//Z_2$，$V_o=Z_2/(Z_1+Z_2)\cdot V_S$。

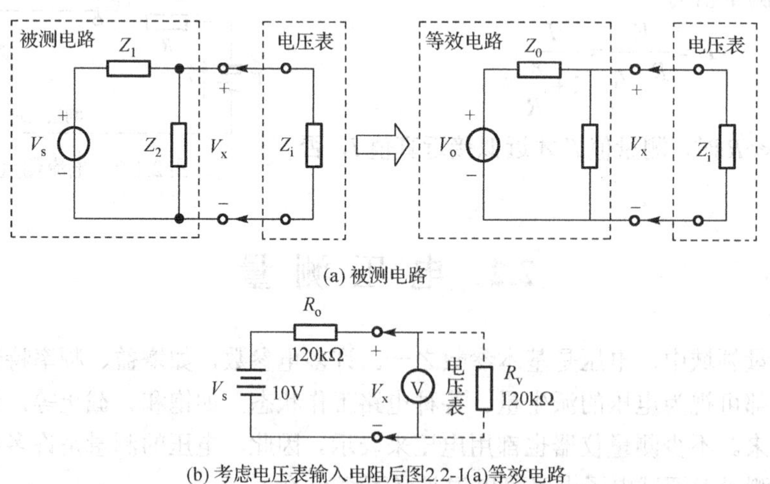

(a) 被测电路

(b) 考虑电压表输入电阻后图2.2-1(a)等效电路

图 2.2-1 电压表输入阻抗对被测电路的影响

设电路参数和电压表输入阻抗 Z_i 如图 2.2-1(a)所示，则考虑电压表输入阻抗（仪表内阻）的等效电路如图 2.2-1(b)所示。由图可见，电压表的指示值 V_x 等于仪表内阻 R_v（$=Z_i$）与电路阻抗 $Z_o=R_o$ 对等效电源电压的分压，即

$$V_x = \frac{R_V}{R_V + R_o} \cdot V_o$$

绝对误差

$$\Delta V = V_x - V_o$$

相对误差

$$\gamma = \frac{\Delta V}{V_o} = \frac{V_x - V_o}{V_o} = \frac{R_V}{R_o + R_V} - 1 = -\frac{R_o}{R_o + R_V}$$

因此，可算出图 2.2-1(b)所示的相对误差为

$$\gamma = -\frac{120}{120+120} \times 100\% = -50\%$$

显然，要减小误差，就必须使电压表的输入电阻 R_V 远大于 R_o。

电子电路中，为了提高仪表输入电阻和有利于弱直流信号电压的测量，在电压中常加入集成运算放大器构成集成运放电压表，如果再加上场效应管电路作为输入级，则可构成一种高内阻电压表。

2.2.2　电子式交流电压表

电子式交流电压表有模拟型和数字型两大类，这里只讨论模拟型。

电子式交流电压表，一般为有效值刻度，而电表本身多为直流微安表，因此需要进行转换。电子式交流电压表的最基本结构形式有以下几种。

（1）检波放大式电压表

其电路结构如图 2.2-2 所示。由图可见，它是先将被测电压 V_x 通过检波（整流）变成直流电压，再将直流信号送入直流放大器放大并驱动微安表偏转。由于放大器放大的是直流电压，对放大器的频率响应要求低，测量电压的频率范围主要决定于检波电路的频率响应。如果采用高频探头进行检波，其上限工作频率可达 1GHz，通常所用的高频毫伏表即属于此类。

这种结构的主要缺点是，检波二极管导通时有一定起始电压（死区电压），使刻度呈非线性；此外，还存在输入阻抗低，直流放大器有零点漂移，因此，仪表的灵敏度不高，不适宜于测小信号。

（2）放大检波式电压表

放大检波式电压表的电路结构如图 2.2-3 所示。被检测交流电压先经放大再检波，由检波后得到直流电流驱动微安表偏转。

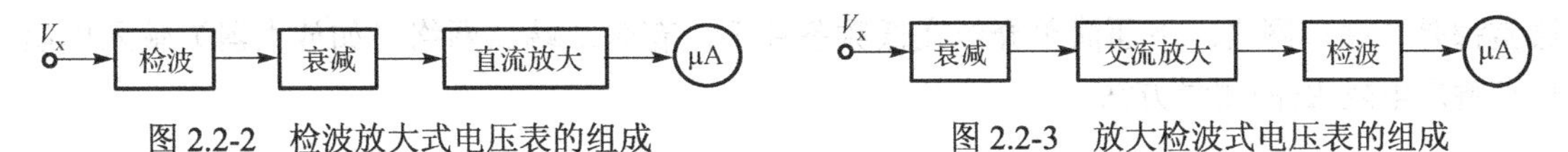

图 2.2-2　检波放大式电压表的组成　　　图 2.2-3　放大检波式电压表的组成

由于结构上采用先放大，就避免了检波电路在小信号时所造成的刻度非线性和直流放大器存在的零点漂移问题，灵敏度较高，输入阻抗较高。缺点是，测量电压的频率范围受放大器的频带的限制。这种电压表的上限频率约为兆赫级，最小量程为毫伏级。

为了解决灵敏度和频率范围的矛盾，结构上还可以采取其他措施进行改进，例如，采用

调制式电压表和外差式电压表结构，可以进一步使电压表的上限频率提高，最小量程减小（如可测微伏级）。

2.2.3 电压测量的数字化方法

数字化测量，是将连续的模拟量变化成断续的数字量，然后进行编码、存储、显示及打印等。进行这种处理，比较方便的测量仪器是数字式电压表和数字式频率计。

数字式电压表的特点（或优点）如下。

① 准确度高。利用数字式电压表进行测量，使最高分辨力达到 1μV 并不困难，这显然比模拟式仪表精度高得多。

② 数字显示，读数方便。完全消除了指针式仪表的视觉误差。

③ 数字仪表内部有保护电路，过载能力强。

④ 测量速度快，便于实现自动化。

⑤ 输入阻抗高，对被测电路的影响小。一般数字式电压表的 R_i 约为 10MΩ，最高可达到 10^{10}Ω。

数字电压表的缺点是，测量频率范围不够宽，一般只能达到 100kHz 左右。图 2.2-4 所示为直流数字式电压表的基本框图。它由模拟、数字及显示三大部分组成。图中输入电路由模拟电路构成；计数器及逻辑控制由数字电路构成；最后通过显示器（包括译码）显示被测电压的数值。而图中的 A/D 转换器用来实现将被测模拟量转换成数字量，从而达到模拟量的数字化测量，所以它是数字电压表的核心。

各种数字式电压表的区别主要是 A/D 转换方式的不同。有关数字式电压表的工作原理，这里就不一一阐述。读者有兴趣可参阅有关文献。

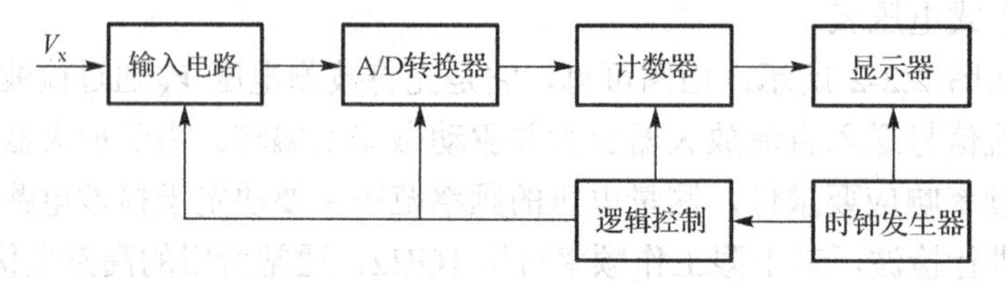

图 2.2-4 直流数字式电压表的组成

2.3 阻抗测量

有源二端口网络也称为四端网络，在电子电路中是一类很重要的网络。我们常遇到的二端口网络其中一个为输入端口，另外一个为输出端口。放大器、滤波器和变换器（变压器等）通常都是二端口网络。下面简单介绍在低频条件下，有源二端口网络（如放大器）输入电阻 R_i 和输出电阻 R_o 的测量方法。

2.3.1 输入电阻测量

这里主要介绍用替代法和换算法测量输入电阻 R_i。

1. 用替代法测量输入电阻

电路如图 2.3-1 所示，图中 R_i 为二端口网络输入端口的等效输入电阻。V_s、R_s 分别为信号源电压和内阻。设当开关 S 置于点 c 时，测出 a、b 两点电压为 V_i，将 S 置于点 d 时，调节电阻 R 使 a、b 两点电压仍为 V_i 值，则 R 的值等于输入电阻 R_i 值。

2．用换算法测输入电阻

（1）输入电阻为低值

此时可用图 2.3-2 所示电路进行测量，设 R 为已知，只要分别测出 a、c 和 b、d 间的电压 V_s' 和 V_i，则输入电阻为

$$R_i = \frac{V_i}{V_s' - V_i} R = \frac{R}{\dfrac{V'}{V_i} - 1} \tag{2.3.1}$$

注意应选择 R 和 R_i 为同一数量级，若 R 过大，易引起干扰；若 R 过小，测量误差较大；若能使 $R=R_i$（$V_i=\frac{1}{2}V_s'$），则测量误差较小。后一种方法也称为半压法。

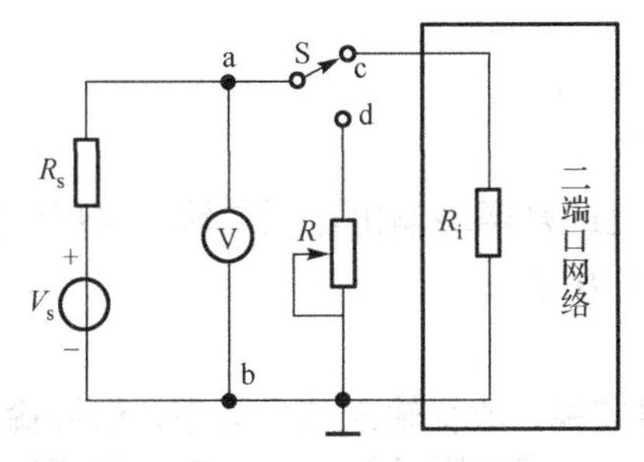

图 2.3-1　用替代法测量输入电阻

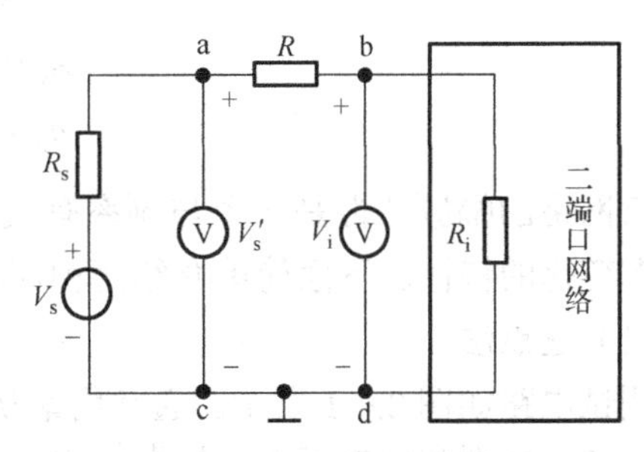

图 2.3-2　用换算法测量输入电阻

（2）输入电阻为高阻（场效应管放大器）

输入电阻为高阻时的测量电路如图 2.3-3 所示。

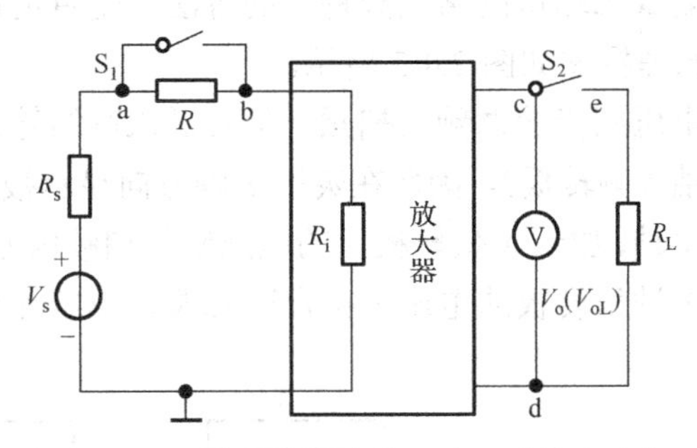

图 2.3-3　用换算法测高输入电阻或输出电阻

由于毫伏表的内阻与放大器的输入电阻 R_i 大致处于同一个数量级，不能直接在输入端测量，因而在放大器输入回路串联已知电阻 R，其大小与 R_i 数量级相当。显然，R 的接入将引起放大器输出电压 V_o 的变化，使用毫伏表在放大器输出端测出 S_1 闭合、S_2 断开时为 V_{o1}，而 S_1、S_2 断开时为 V_{o2}，则

$$R_i = \frac{V_{o2}}{V_{o1} - V_{o2}} \cdot R \tag{2.3.2}$$

2.3.2 输出电阻的测量

常用测量输出电阻 R_o 的电路如图 2.3-3 所示（图中 S_1 闭合，短接 R）。分别测出负载 R_L 断开时放大器输出电压 V_o 和负载电阻 R_L 接入时的输出电压 V_{oL}，则输出电阻为

$$R_o=\left(\frac{V_o}{V_{oL}}-1\right)\cdot R_L \tag{2.3.3}$$

2.4 增益及幅频特性测量

增益是网络传输特性的重要参数。一个有源二端口网络的电流、电压、功率增益（或放大倍数）可用下式表示：

$$A_i=I_o/I_i$$
$$A_v=V_o/V_i$$
$$A_p=P_o/P_i=A_i\cdot A_v$$

二端口网络的幅频特性是一个与频率有关的量，所研究的是网络输出电压与输入电压的比值随频率变化的特性。下面简单介绍两种测量幅频特性的方法。

（1）逐点法

测试电路如图 2.4-1 所示。通常用毫伏表或示波器监视，改变输入信号频率，保持输入信号为常数，分别测出相应的不失真的输出电压 V_o 值，并计算电压增益 $A_\upsilon=V_o/V_i$，即可得到被测网络的幅频特性。用逐点法测出的幅频特性通常称为静态幅频特性。

（2）扫频法

扫频法就是用扫频仪测量二端口网络幅频特性的方法，是目前广泛应用的方法。扫频仪测量网络幅频特性的工作原理框图如图 2.4-2 所示。

扫频仪将一个与扫描电压同步的调频（扫频）信号送入网络输入端口，并将网络输出端口电压检波后送示波管 Y 轴（偏转板），因此在荧屏 Y 轴方向显示被测网络输出电压幅度；而示波管的 X 轴方向即为频率轴，加到 X 偏转板上的电压应与扫频信号的频率变化规律一致（注意扫描电压产生器输出到 X 轴偏转板的电压正符合这要求），这样示波管屏幕上才能显示出清晰的幅频特性曲线。

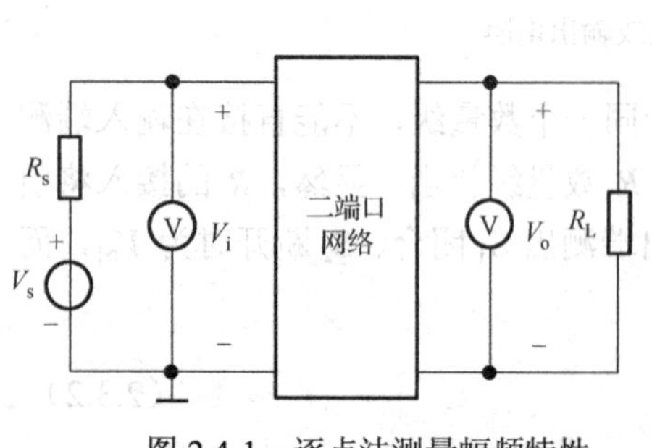

图 2.4-1　逐点法测量幅频特性

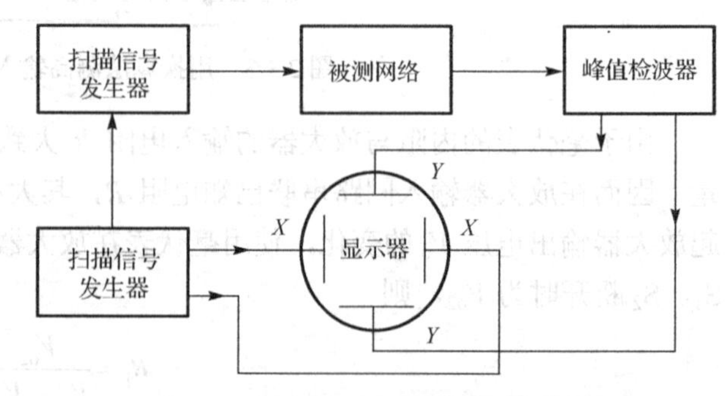

图 2.4-2　扫频法测量幅频特性

2.5　电子测量仪器的选择

早期的电子测量仪器几乎都是模拟的。近些年来，数字式仪器、仪表得到飞速发展，已伸展到电子测量的各个领域。它的突出优点是快速、准确、易于集成化，便于和计算机配合。

2.5.1　电子测量仪器的选择常识

电子测量仪器在不同频段，即使功能相似的仪器，其工作原理与结构也常有很大的不同。而对于不同使用目的，也常使用不同准确度的仪器。例如，作为计量工作标准的计量仪器常具有最高的准确度，实验室中一般使用较精密仪器进行定量测量，而生产和维修场合，则常使用简易测试仪器进行测量。实际上在选择一台电子仪器时，要考虑的远不止这些，通常选择仪器要考虑的问题一般包括以下几项。

（1）量程

被测量的最大值和最小值各为多少？选择何种仪器更适合？

（2）准确度

被测量允许的最大误差是多少？仪器的误差及分辨率是否满足要求？

（3）频率响应

被测量的频率范围是多少？在此范围内仪器频响是否平直？

（4）输入阻抗

仪器的输入阻抗在所有量程内是否满足要求？如果输入阻抗不是常数，其数值变化是否在允许范围内？

（5）稳定度

两次校准之间容许的最大时间范围是多少？能否在长期无人管理下工作？

（6）环境

仪器使用环境是否满足技术条件要求？供电电源是否适合？

（7）隔离和屏蔽

仪器的接地方式是否合适？工作环境的电磁场是否影响仪器的正常工作？

（8）可靠性

仪器的规定使用寿命有多长？维护方便否？

当然，在实际选择仪器时，不一定要考虑上述全部项目。例如，测量音频放大器的幅频特性，主要考虑测量仪器的频率范围和量程是否合适，测量误差是否在允许的范围内。我们可以根据实验室的仪器仪表，挑选电子电压表（毫伏表）或示波器作为测量仪器。使用时，注意给仪器预热、调零和校准。为保证等精度测量，实验时应尽可能使用同一组仪器。

2.5.2　仪器使用的安全知识

（1）电子仪器的电源线、插头应完好无损。

（2）测试高压部分的部件时，应特别注意身体与高压电绝缘，最好用一只手操作，并站在绝缘板上，以减小触电危险。如万一发生触电事故，应立即切断总电源，并进行急救。

（3）实验时遇到有焦味、打火现象等，要立即切断电源。

（4）实验完毕应切断电源，防止意外事故发生。

第3章　误差分析与测量结果处理

3.1　测量误差的概述

在科学实验与生产实践的过程中，为了获取表征被研究对象的特性的定量信息，必须准确地进行测量。而为了准确地测量某个参数的大小，首先要选用合适的仪器设备，并借助一定的实验方法，以获得必要的实验数据；其次是对这些实验数据进行误差分析与数据处理。但人们往往重视前者而忽视后者。因此，分析误差产生原因，如何采取措施减小误差，使测量结果更加准确等，对实验人员及科技工作者是应该了解和掌握的。

测量的目的：获得被测量的真值。

真值：在一定的时间和空间环境条件下，被测量本身所具有的真实数据。任何测量仪器的测得值都不可能完全准确地等于被测量的真值。

测量误差：在实际测量过程中，人们对于客观认识的局限性，测量工具的不准确性，测量手段的不完善，受环境影响或测量工作中的疏忽等原因，都会使测量结果与被测量的真值在数量上存在差异。

3.2　测量误差的来源

测量误差的来源主要有以下 4 种。

（1）测量装置误差

测量装置误差是指由测量仪器仪表本身及其附件所引入的误差。例如，装置本身电气或机械性能不完善，仪器、仪表的零位偏移，刻度不准确及非线性等。如电桥中的标准量具、天平的砝码、示波器的探极线等都有误差。

（2）人员误差

人员误差是由于测量者的分辨能力、视觉疲劳、固有习惯或疏忽大意等因素引起的误差，如念错读数、操作不当等。

（3）方法误差和理论误差

由于测量方法不合理所造成的误差称为方法误差，包括采样方法、测量重复次数、取样时间等。例如，用普通万用表测量高内阻回路的电压，由于万用表的输入电阻较低而引起的误差。在选择测量方法时，应首先研究被测量本身的特性、所需要的精确程度、具有的测量设备等因素，综合考虑后再确定采用哪种测量方法和选择哪些测量设备。正确的测量方法可以得到精确的测量结果，否则会损坏仪器、设备、元器件等。

理论误差是用近似公式或近似值计算测量结果时所引起的误差。

（4）环境误差

环境误差是由于各种环境因素与要求条件不一致所造成的误差。例如，由温度、电源电压、电磁场影响、光线强度变化等引起的误差。

3.3　测量误差的分类

按照性质和特点的不同，误差可分系统误差、随机误差、疏失误差三大类。

1．系统误差

系统误差是指在同一测量条件下，多次重复测量同一量时，测量误差的绝对值和符号都保持不变，或在测量条件改变时按一定规律变化的误差。

系统误差产生的原因主要有以下几个方面：

（1）测量仪器设计原理及制作上的缺陷；

（2）测量时的实际温度、湿度及电源电压等环境条件与仪器要求条件不一致等；

（3）采取近似的测量方法或近似的计算公式等；

（4）测量人员估计读数时，习惯偏于某一方向或有滞后倾向等原因所引起的误差。

系统误差一般可通过实验或分析方法查明其变化规律及产生原因，因此这种误差是可以预测的，也是可以减小或消除的（例如，仪器的零点没有调整好，可以采取措施消除）。

2．随机误差（偶然误差）

随机误差简称随差，是指在同一测量条件下多次重复测量（等精度测量）同一量值时，每次测量误差的绝对值和符号都以不可预知的方式变化的误差。

随机误差产生的原因主要有以下几个方面：

（1）测量仪器中零部件配合的不稳定或有摩擦，仪器内部器件产生噪声等；

（2）温度及电源电压的频繁波动，电磁场干扰，地基振动等；

（3）测量人员感觉器官的无规则变化，读数不稳定等原因所引起的误差。

随机误差不能用实验方法消除，但在多次反复测量时，其总体服从统计规律，从随机误差的统计规律中可了解它的分布特性，并能对其大小及测量结果的可靠性做出估计，或通过多次反复测量，然后取其算术平均值来达到目的。

3．疏失误差（粗差）

疏失误差是指在一定的测量条件下，测量值明显地偏离实际值所形成的误差。

疏失误差产生的原因主要有以下两个方面：

（1）在一般情况下，它不是仪器本身固有的，主要是测量过程中由于疏忽造成的；

（2）由于测量条件的突然变化，如电源电压、机械冲击等引起仪器视示值的改变。

疏失误差作为一种过失误差，必须根据统计检验方法的某些准则去判断哪个测量值是坏值，然后去除。

3.4 误差表示方法

误差的大小是衡量准确度高低的尺度。误差可以用绝对误差和相对误差来表示。

1．绝对误差

设被测量量的真值为 A_0，测量仪器的示值为 X，则绝对值为

$$\Delta X = X - A_0$$

在某一时间及空间条件下，被测量量的真值虽然是客观存在的，但一般无法测得，只能尽量逼近它。故常用高一级标准测量仪器的测量值 A 代替真值 A_0，则

$$\Delta X = X - A$$

在测量前，测量仪器应由高一级标准仪器进行校正，校正量常用修正值 C 表示。对于被测量量，高一级标准仪器的示值减去测量仪器的示值所得的差值，就是修正值。实际上，修正值就是绝对误差，只是符号相反：

$$C = -\Delta X = A - X$$

利用修正值便可得该仪器所测量的实际值

$$A = X + C$$

例如，用电压表测量电压时，电压表的示值为 1.5V，通过鉴定得出其修正值为 0.05V，则被测电压的真值为

$$A=1.5+(-0.05)=1.45\text{V}$$

修正值给出的方式可以是曲线、公式或数表。对于自动测验仪器，修正值则预先编制成有关程序，存于仪器中，测量时对误差进行自动修正，所得结果便是实际值。

2．相对误差

绝对误差值的大小往往不能确切地反映被测量量的准确程度。例如，测 100V 电压时，$\Delta X_1 = +2\text{V}$，在测 10V 电压时，$\Delta X_2 = +0.5\text{V}$，虽然 $\Delta X_1 > \Delta X_2$，可实际 ΔX_1 只占被测量量的 2%，而 ΔX_2 却占被测量的 5%。显然，后者的误差对测量结果的影响相对较大。因此，工程上常采用相对误差来比较测量结果的准确程度。

相对误差又分为实际相对误差、示值相对误差和引用（或满度）相对误差。

（1）实际相对误差

是用绝对误差 ΔX 与被测量的实际值 A 的比值的百分数来表示的相对误差，记为

$$\gamma_{\text{A}} = \frac{\Delta X}{A} \times 100\%$$

（2）示值相对误差

是用绝对误差 ΔX 与仪器给出值 X 的百分数来表示的相对误差，即

$$\gamma_{\text{X}} = \frac{\Delta X}{X} \times 100\%$$

（3）引用（或满度）相对误差

是用绝对误差 ΔX 与仪器的满刻度值 X_{m} 之比的百分数来表示的相对误差，即

$$\gamma_{m}=\frac{\Delta X}{X_{m}}\times 100\%$$

电工仪表的准确度等级就是由γ_m决定的，如1.5级的电表，表明$\gamma_m \leqslant \pm 1.5\%$。我国电工仪表按值共分7级：0.1、0.2、0.5、1.0、1.5、2.5、5.0。若某仪表的等级是S级，它的满刻度值为X_m，则测量的绝对误差为

$$\Delta X \leqslant X_{m} \times S\%$$

其示值相对误差为

$$\gamma_{m} \leqslant \frac{\Delta X_{m}}{X} \times S\%$$

在上式中，总是满足$X \leqslant X_m$的，可见当仪表等级S选定后，X愈接近X_m时，γ_X的上限值愈小，测量愈准确。因此，当使用这类仪表进行测量时，一般应使被测量的值尽可能在仪表满刻度值的二分之一以上。

3.5　测量结果的处理

测量结果通常采用数字或图形表示。下面分别进行讨论。

3.5.1　测量结果的数据处理

1．有效数字

由于存在误差，所以测量数据总是近似值，它通常由可靠数字和欠准数字两部分组成。例如，由电流表测得电流为20.5mA，这是个近似数，20是可靠数字，而末位5为欠准数字，即20.5为三位有效数字。有效数字对测量结果的科学表述极为重要。

对有效数字的正确表示，应注意以下几点。

① 与计量单位有关的“0”不是有效数字。例如，0.032A与32mA这两种写法均为两位有效数字。

② 小数点后面的“0”不能随意省略。例如，25mA与25.00mA是有区别的，前者为两位有效数字，后者则是4位有效数字。

③ 对后面带“0”的大数目数字，不同写法其有效数字位数是不同的。例如，2000如写成20×10^2，则成为两位有效数字；若写成2×10^3，则成为一位有效数字；如写成2000±1，就是4位有效数字。

④ 如已知误差，则有效数字的位数应与误差所在位相一致，即：有效数字的最后一位数应与误差所在位对齐。例如，仪表误差为±0.01V，测得数为2.5814V，其结果应写成2.58V。因为小数点后面第二位“8”所在位已经产生了误差，所以从小数点后面第三位开始后面的“14”已经没有意义了，写结果时应舍去。

⑤ 当给出的误差有单位时，则测量数据的写法应与其一致。例如，频率计的测量误差为$\pm X$ kHz，其测得某信号的频率为4300kHz，可写成4.300MHz和4300×10^3Hz，若写成4 300 000Hz或4.3MHz是不行的。因为后者的有效数字与仪器的测量误差不一致。

2．数据舍入规则

为了使正、负舍入误差出现的机会大致相等，现已广泛采用“小于 5 舍，大于 5 入，等于 5 时取偶数”的舍入规则。即：

① 若保留 *n* 位有效数字，当后面的数值小于第 *n* 位的 0.5 单位，则舍去；

② 若保留 *n* 位有效数字，当后面的数值大于第 *n* 位的 0.5 单位，则在第 *n* 位数字上加 1；

③ 若保留 *n* 位有效数字，当后面的数值恰为第 *n* 位的 0.5 单位，则当第 *n* 位数字为偶数（0，2，4，6，8）时应舍去后面的数字（即末位不变），当第 *n* 位数字为奇数（1，3，5，7，9）时，第 *n* 位数字应加 1（即将末位凑成偶数）。这样，由于舍入概率相同，当舍入次数足够多时，舍入的误差就会抵消。同时，这种舍入规则，使有效数字的尾数为偶数的机会增多，能被除尽的机会比奇数多，有利于准确计算。

3．有效数字的运算规则

当测量结果需要进行中间运算时，有效数字的取舍，原则上取决于参与运算的各数中精度最差的那一项。一般应遵循以下规则。

① 当几个近似值进行加、减运算时，在各数中（采用同一计量单位），以小数点后位数最少的那一个数（如无小数点，则为有效位数最少者）为准，其余各数均舍入至比该数多一位后再进行加减运算，结果所保留的小数点后的位数，应与各数中小数点后位数最少者的位数相同。

② 进行乘除运算时，在各数中，以有效数字位数最少的那个数为准，其余各数及积（或商）均舍入至比该因子多一位后进行运算，而与小数点位置无关。运算结果的有效数字的位数应取舍成与运算前有效数字位数最少的因子相同。

③ 将数平方或开方后，结果可比原数多保留一位。

④ 用对数进行运算时，*n* 位有效数字的数应该用 *n* 位对数表。

⑤ 若计算式中出现如 e、π、$\sqrt{3}$ 等常数时，可根据具体情况来决定它们应取的位数。

3.5.2 测量结果的曲线处理

在分析两个（或多个）物理量之间的关系时，用曲线比用数字、公式表示常常更形象和直观。因此，测量结果常要用曲线来表示。在实际测量过程中，由于各种误差的影响，测量数据将出现离散现象，如将测量点直接连接起来，将不是一条光滑的曲线，而是呈折线状，如图 3.5-1 所示。但我们应用有关误差理论，可以把各种随机因素引起的曲线波动抹平，使其成为一条光滑均匀的曲线，这个过程称为曲线的修匀。

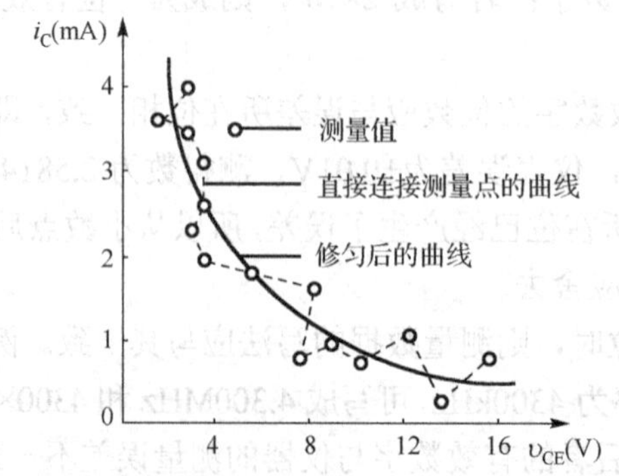

图 3.5-1 直线连接测量点时曲线的波动情况

在要求不太高的测量中，常采用一种简便、可行的工程方法——分组平均法来修匀曲线。这种方法是将各测量点分成若干组，每组含 2～4 个数据点，然后分别估取各组的几何重心，再将这些重心连接起来。图 3.5-2 就是每组取 2～4 个数据点进行平均后的修匀曲线。这条曲线，由于进行了测量点的平均，在一定程度上减小了偶然误差的影响，使之较为符合实际情况。

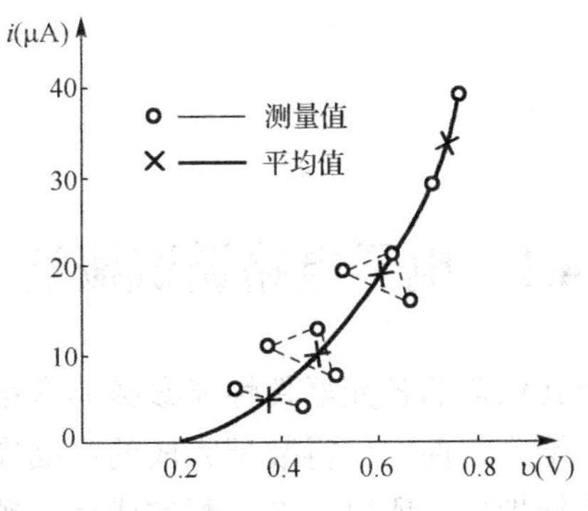

图 3.5-2　分组平均法修均曲线

第4章　电子电路的调试

4.1　电子电路调试概述

在众多电子产品中，由于其包含的各元器件性能参数具有很大的离散性，电路设计中的近似性，再加上生产过程中的不确定性，使得装配完成的产品在性能方面有较大的差异，通常达不到设计规定的功能和性能指标，所以，在装配完成后必须借助仪器仪表的测试和调整来发现和纠正设计方案的不足，然后采取措施加以改进，使电子电路达到预定的技术指标。因此掌握调试电子电路的技能，对于每个从事电子技术及其相关领域工作的人员来说是很重要的。

4.2　电路检查

电路安装完毕，不要急于通电，先认真检查一下电路是否存在电气连接的问题。

1. 连接线路是否正确

检查电路连线是否正确，包括错线（连线一端正确，另外一端错误）、少线（装配时遗漏掉的线）和多线（连线时电路中不存在的导线）。查线的方法通常有两种。

① 按电路图查线

根据电路图，按一定顺序逐一检查安装好的电路，由此可较容易查出错线和多线。

② 按实物查线

该方法以元件为中心，把每个元件引脚的连接一次查清，检查每个引脚的去处是否在电路图中存在，这种方法不但可以查出错线和少线，还容易查出多线。

为了防止出错，可在已查线路的电路图上做出标记。检查时最好用万用表“Ω 挡”的蜂鸣器来检测，特别是在检查元件引脚时，可以同时发现接触不良的地方。

2. 元件的安装情况

检查元器件引脚之间有无短路；连接处有无接触不良；二极管、三极管、集成器件和电解电容极性等是否连接正确。

3. 电源、信号源

检查电源极性是否连接正确；信号源是否连接正确。可用万用表检查电源两极是否存在短路。

电路经上述检查，确认无误后，便可进入通电调试。

4.3 调　　试

电子电路调试技术包括调整和测试两部分。调整主要是对电路参数的调整，如对电阻、电容和电感等，以及机械部分进行调整，使电路达到预定的功能和性能要求；测试主要是对电路的各项技术指标和功能进行测量与试验，并与设计的性能指标进行比较，以确定电路是否合格。电路测试是电路调整的依据，又是检验结论的判断依据。实际上，电子产品的调整和测试是同时进行的，要经过反复的调整和测试，产品的性能才能达到预期的目标。

调试方法通常采用先分调后联调。不过根据电路的复杂程度，调试的步骤可以有所不同。对于简单的系统，调试步骤是：电源调试—单板调试—联调；对于复杂的系统，调试步骤是：电源调试—单板调试—分机调试—主机调试—联调。

由此可看出，不论是简单系统还是复杂系统，调试都是从电源开始入手的；调试方法一般是先局部（单元电路）后整体，先静态后动态；一般都要经过测量—调整—再测量—再调整的反复过程；对于复杂的系统，调试也是一个“系统集成”的过程。

按照上述调试电路原则，具体调试步骤如下。

（1）通电观察

把结果测量准确的电源接入电路。通电后观察有无异常情况，包括有无冒烟、异味，元器件是否发烫，电源是否有短路现象等。如果出现异常，应立即切断电源，待排除故障后方可通电。然后测量各路总电源电压和各器件的引脚电压，以保证元器件正常工作。

通电观察认为电路初步工作正常，即可转入正常调试。

另外应注意的是，电源在开或关的瞬间往往会出现浪涌脉冲（瞬态电压上冲）现象，集成电路又最怕过电压的冲击，所以一定要养成先开启电源，后接电路的习惯，在实验途中也不要随意将电源去掉。

（2）静态调试

电子电路一个重要的特点是交、直流电压并存工作。一般情况下，直流为交流服务，直流是电路稳定工作的基础。因此，电子电路的调试又分为静态调试和动态调试。

静态调试是指在没有外加信号的条件下所进行的直流测试和调整过程。

通过对模拟电路的静态工作点、数字电路中的输入/输出电平的静态测试，可以及时判断电路的工作情况，并及时调整电路参数，使电路工作状态符合设计要求。

对于运算放大电路，静态检查除测量正、负极电源是否连接正确外，主要检查在输入为零时，输出端是否接近零点位，调零电路是否起作用。当运放输出直流电位始终接近正电源电压值或负电源电压值时，说明运放处于阻塞状态，可能是外电路连接不正确，也可能是运放已经损坏。如果调零电位器不能使输出为零，除了运放内部对称特性差外，也可能运放属于振荡状态，所以实验板直流工作状态的调试，最好接上示波器进行监视。

（3）动态调试

动态调试是在静态调试的基础上进行的。在电路的输入端接入适当频率和幅度的信号，并循着信号的流向逐级检测各有关点的波形、参数和性能指标。发现故障现象，应采取不同的方法缩小范围故障，最后设法排除故障。

通过调试，最后检查功能块和整机的各项指标是否满足设计要求，如有必要，应进一步对电路参数提出合理的修正。

4.4 调试的注意事项

调试的结果是否正确在很大程度上受测量正确与否和测量精度的影响。为了保证调试的效果，必须减小测量误差，提高测量精度。

（1）正确使用测量仪器的接地端。使用接地端接机壳的电子测量仪器进行测量，仪器的接地端应和放大器的接地端连接在一起，否则仪器机壳引入的干扰不仅会使放大器的工作状态发生变化，而且将使测量结果出现误差。

例如，在调试三极管电路时，若需测量 V_{CE}，不应把仪器的两端直接接在集电极和发射极，而应分别测量出集电极和发射极的对地电位，然后将二者相减获得 V_{CE}。若使用干电池供电的万用表进行测量，由于万用表的两个输入端是浮动的，所以允许直接跨接到测量点之间进行测量。

（2）在信号比较弱的输入端，尽可能用屏蔽线连线。屏蔽线的外屏蔽层要接到公共地上。在频率比较高时，要设法隔离连接线分布电容的影响。例如，用示波器测量时应该使用探头的测量线，以减小分布电容的影响。

（3）测量电压所用仪器的输入阻抗必须远大于被测量处的等效阻抗。因为若测量仪器的输入阻抗过小，则在测量时会引起分流，使测量结果误差很大。

（4）正确选择测量点。用同一台仪器进行测量时，测量点不同，仪器内阻引进的误差大小也将不同。在选择时，应使测量仪器的内阻远大于被测量点的等效电阻。

（5）测量仪器的带宽要大于被测量电路的带宽。否则，测试结果就不能反映电路的真实情况。

（6）测量方法要方便可行。需要测量电流时，应尽可能测量电压而不测量电流，因为测量电压无须改动被测电路，测量方便。例如，要求一支路的电流时，可以通过测量支路两端电压，然后经过换算得到支路电流。

（7）善于记录。调试过程中，不但要认真观察和测量，还应记录实验条件、现象、数据、波形及相位关系等。只有有了大量的可靠的实验数据并与理论结果加以比较，才能发现电路存在的问题，完善电路的指标。

（8）调试时出现故障，要认真查找故障原因，切不可一遇到故障解决不了就拆掉线路重新安装。因为重新安装会造成时间的浪费，可能会使元器件损坏，并且线路仍可能存在各种问题，如果是原理上的问题，即使重新安装也解决不了问题。应当把查找故障、分析故障原因看成是一次好的学习机会，通过它来不断提高自己分析问题和解决问题的能力。

第5章　电子电路的故障检查

电子电路的故障，是不期望出现但又不可避免的电路异常工作状况。分析、查找和排除故障是电子技术工程人员必备的实际技能。

对于一个复杂的电子系统来说，要在大量的元器件和线路中迅速、准确地找出故障，需要较好的理论分析功底和长时间实践的经验积累。一般故障诊断过程，就是从故障现象出发，通过反复测试，做出分析判断，逐步找出故障的过程。

5.1　常见的故障现象

（1）放大电路没有输入信号，而有波形输出；有信号输入，但没有输出波形，或者波形异常。

（2）串联型稳压电源无电压输出，或者输出电压过高且不能调整，或输出稳压性能变坏，输出电压不稳定等。

（3）振荡电路不能振荡，产生波形。

（4）计数器输出波形不稳定，或不能正确计数。

（5）收音机中出现“嗡嗡”交流声和“啪啪”的汽船声等。

上述几种是常见的故障现象，还有很多奇怪的现象，在这里不再一一列举。

5.2　产生故障的原因

电子线路出现故障的原因很多，情况也比较复杂，有的是由一种原因引起的简单故障，有的是由多种原因相互作用引起的复杂故障。所以，引起故障的原因很难简单分类。这里只进行一些粗略的分析。

（1）对于使用一段时间后的电子电路，出现故障的原因可能是元器件损坏、连线发生短路或开路（如接插件、电位器接触不良，接触面表层被氧化等），或使用条件发生变化（如电网电压波动，环境温度变化等）影响电子设备的正常工作。

（2）对于新安装的电子电路来说，出现故障的原因可能是：实际电路与设计的原理图不符；元器件使用不当或损坏；设计的电路本身就存在缺陷，不满足技术要求；连线发生短路或开路等。

（3）仪器使用不正确引起的故障，如示波器使用不正确而造成的波形异常或无波形，共地问题处理不当引入的干扰等。

（4）各种干扰（内部干扰、外部干扰等）引起的故障。

5.3 故障的检查方法

（1）直接观察法

在不借助任何仪器的情况下，利用人的视、听、嗅、触等手段来发现问题，寻找和分析故障。电子电路不通电或通电都可采用这种方法进行判断。

视，即通过人的眼睛观察：仪器的选用和使用是否正确；电源等级和极性是否符合要求；极性元件引脚、集成电路引脚有无错接、漏接、互碰等情况；布线是否合理，有无断线；元器件有无冒烟；电子管、示波管灯丝是否点亮，有无高压打火。

听，即通过人的耳朵辨别：电路是否出现异常的声音。

嗅，即通过人的鼻子辨别：元器件是否出现异味等。

触，即通过人的手指触摸：触摸个别重要元器件有无发烫，如变压器等。

通过这几种认为的感应可以做出初步检查，比较有效，但比较隐蔽的故障无能为力。

（2）静态检查法

电子电路的供电系统，电子管或半导体器件、集成芯片的直流工作状态（包括各元器件引脚电位）都可用万用表测定。当测得值与正常值相差较大时，经过分析可找到故障。

（3）信号循迹法

在电子电路中，沿着信号的流向，用示波器由前级到后级（或者由后级到前级），逐级观察波形、幅值的变化，如果某级出现异常，则故障就在该级。

（4）对比法

当怀疑某电路存在问题时，可将此电路的参数与工作状态相同的正常电路参数进行逐一对比，从中找出故障所在范围，进而分析故障原因，判断故障点。

（5）替换法

有时故障比较隐蔽，通过各种手段都不能判断出故障所在，当怀疑某部件（元器件）可能存在问题时，可选用好的相同参数的部件（元器件）替换，如果怀疑正确的话，便可直接解决故障。

（6）旁路法

单元电路连接过多，容易产生寄生振荡。查寻寄生振荡故障时，可利用适当容量的电容，选择在合适的检查点，将电容临时跨接在检查点与参考接地点之间，如果振荡消失，就表明振荡是产生在此附近或前级电路中。否则就在后级电路，在移动检查点寻找。

值得注意的是，旁路电容要适当，不宜过大，只要能较好地消除有害信号即可。

（7）短路法

采取临时性短接一部分电路来寻找故障，短接的对象主要是交流信号。短路法对检查断路性故障最有效，但要注意，对电源是不能采取短路法的。

（8）断路法

将前后电路断开，检测各单元电路能否正常独立工作。例如，某系统电路，由电源电路和几个单元电路组成，当电源接通时，输出电流急剧增大（超过理论值很多），就可以采取依次断开电路的各支路的办法来检查故障；如果某一支路断开后，电流恢复正常范围，则故障就发生在此支路。断路法用于检测短路故障最有效，也是一种使故障怀疑点逐步缩小范围的方法。

（9）暴露法

有时候，故障不明显，时有时无，一时很难确定，此时可采用暴露法、检查虚焊时对电路进行敲击就是暴露法的一种。另外还可以让电路长时间工作，如几个小时，然后再检查电路是否正常。这种情况下往往有些临界状态的元件经不住长时间工作，就会暴露出问题来，然后就可以对症处理。

实际调试时，寻找故障原因的方法多种多样，以上仅列举了几种常用的方法。这些方法的运用可根据设备条件、故障情况灵活掌握，对于简单的故障用一种方法即可找出故障点，但对于较复杂的故障，则需采取多种方法相互补充、相互配合，才能找出故障点。一般情况下，寻找故障的常规做法是：

① 先通过直接观察，排除明显的故障；

② 再检查静态工作点；

③ 信号循迹是对各种电路普遍使用而且简单直观的方法，在动态调试中应用较多。

不过，对于反馈环内的故障诊断是比较困难的，在这个闭环回路中，只要有一个元器件出现故障，则往往整个回路中处处都存在故障现象。寻找故障的方法是先断开反馈回路，使系统成为一个开环系统，然后再接入一个适当的输入信号，利用信号循迹法逐一寻找发生故障的元器件。

第6章　电子电路干扰的抑制

6.1　干　扰　源

电子电路工作时，往往除有用信号之外，还存在一些对有用信号有害的干扰电压（或电流）。如何克服这些干扰是电子电路在设计、制造时的主要问题之一。干扰产生于干扰源，干扰源有的在电子电路外部，也有的在电子电路内部。

电子电路的外部干扰源主要有：

（1）电弧机、日光灯、弧光灯、辉光放电管、火花点火装置等产生的干扰；

（2）直流发电机及电动机、交流整流子电动机等旋转设备，以及继电器、开关等产生的干扰；

（3）大功率输电线产生的工频干扰；

（4）无线电设备辐射的电磁波干扰。

电子电路的内部干扰主要有：

（1）交流声；

（2）不同信号间的相互感应；

（3）寄生振荡；

（4）绕线电位器的动点、电子元件的引线和印制电路板布线等各种金属的接点间，由于温度差而产生的热电动势等；

（5）在数字电路中，当传输线各部分的特性阻抗不同或与负载阻抗不匹配时，所传输的信号在终端部位发生一次或多次发射，使信号波形发生畸变或产生振荡等。

6.2　干扰途径及其抑制方法

6.2.1　内部干扰

减少电子电路内部产生的干扰，设计人员应注意以下几点。

（1）元器件布置不可过密。

（2）改善电子设备的散热条件。

（3）分散设置稳压电源，避免通过电源内阻引起干扰。

（4）在配线和安装时，尽量减少不必要的电磁耦合。

（5）尽量减少公共阻抗的阻值。

以图 6.2-1 所示的两级放大器为例，电路有 A、B、C、D、E 共 5 个串联接地点。考虑到通常宽 1mm，长 10cm 的印制导线的直流阻抗约为 0.05Ω（如果信号频率较高，还应考虑分布电感和电容的影响），则相邻两个接地点间就存在等效阻抗 Z_{FA}、Z_{AB}、Z_{BC}、Z_{CD}、Z_{DE}，如图 6.2-1(b)所示。

若由于 A 点接系统地，前级放大器的增益为 20dB。假设 V_i 为 f = 1kHz 的 10mV 信号电压，则负载 R_L 上的电压为 1V，此时电流将通过 E→D→C→B→A→地，返回电源。此时各地电位都不相同。

假设 E 点到机壳的地线总长度为 10cm，各接地点间距离相等（即 ED=DC=CB=BA=AE），则相邻两个接地点间有 100μV 的电位差，A 点与机壳及 A 点与 D 点间的地电位将导致信号放大输出电压出现误差。解决问题的方法之一是尽量减少公共阻抗。

公共阻抗除了上面讨论的地回路电阻外，还有安装时的引线电阻，以及电源和信号源内阻阻抗。一个放大电路，特别是多级放大电路，其各级的输出电压往往会通过公共地线、电源线、电源内阻、分布电容和结电容等耦合到前级去，在某些特定频率形成正反馈，使电路产生自激振荡，也称寄生振荡。

寄生振荡可用改变布线方式、加中和电容等办法加以消除；另外，用适当降低增益的办法也常有明显的效果。

（6）低频信号采用一点接地

前已指出，图 6.2-1 中采用 A 点接地不可取。若由 E 点接系统地，通过 R_L 的负载电流从 E 点直接入地，对 A～D 各点的地电位无影响，但当前级放大器增益改变后，其驱动电流仍会造成各点地电位的差异，没有太大改善。

若将图 6.2-1 中的 A 点、E 点同时接地，可能引起地环路电路干扰，这种接地方式更不可取。

正确的接地方法是各点各自直接连到系统地，如图 6.2-1(c)所示，采用一点接地法。这种方法的缺点是：加长了接地引线，高频时其阻抗增大，容易受高频干扰。

宽带运算放大器可采用平面接地方式，此时，印制电路板正面设计为地线平面，反面为信号用的印制导线，能保证较低的接地阻抗，地电流造成的干扰可以忽略。

（7）数字器件的输入端不可悬空，必须结合电路的实际情况和条件妥善处理。如与非门多余输入端可以通过电阻上接电源，或者将端子合并使用等。

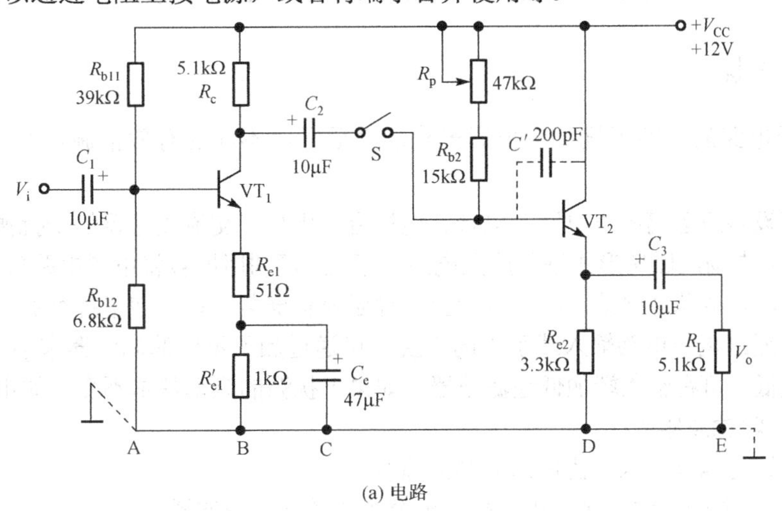

(a) 电路

图 6.2-1　两级放大电路的公共阻抗及接地方法

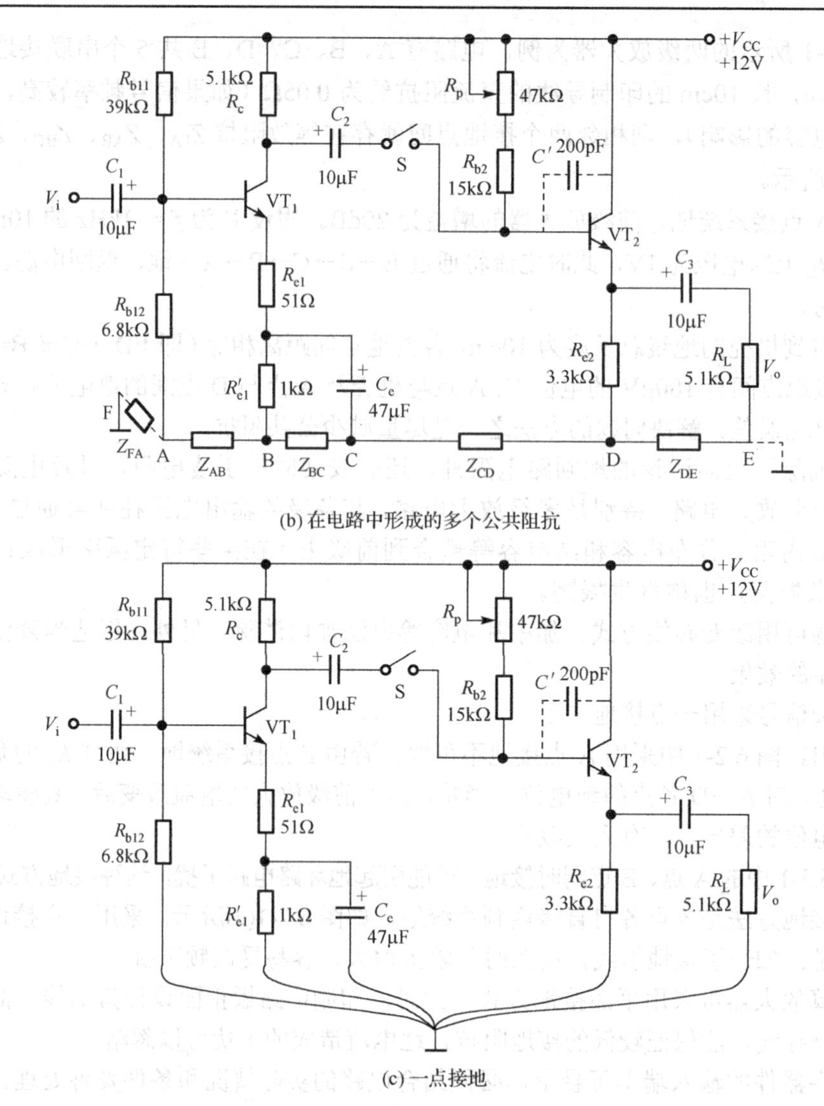

图 6.2-1　两级放大电路的公共阻抗及接地方法（续）

6.2.2　外部干扰

对于电子电路的外部干扰，应根据干扰的性质采取不同的有效措施，削弱（或消除）干扰。

（1）电子设备应远离高压电网、电台、电视台、电机、交流接触器等干扰源。

（2）对于以电场或磁场形式进入放大电路的干扰，可利用屏蔽将电子电路放在金属罩（用导电性好的材料做成罩并接地，必要时加上高导磁材料屏蔽）里，使干扰削弱。

（3）对于通过电子电路输入线引入的干扰，可通过加入不同的滤波器来削弱。例如，如果信号频率较低，可在输入端加低通滤波器；如果干扰源的频率基本不变（如市电频率 50Hz 干扰），可加带阻滤波器等。

（4）对于通过电源引入干扰后的抑制措施有：

① 在交流电源的进线端接入由电感、电容组成的电源滤波器；

② 稳压电源的输入、输出端和运放的电源引脚上加接电解电容和独石电容进行滤波；

③ 变压器初、次级加屏蔽。

由于变压器初级和次级绕线组间的分布电容较大，电网上交流电源的高噪声就会通过它耦合到直流电源，进入电子设备内部造成干扰。抑制电网带来的高频干扰信号的方法，一是在交流电源的输入端和变压器初级绕线输入端间加上低通滤波器，二是在变压器的初级和次级绕线组间加屏蔽层，减小初级和次级绕组间的分布电容。加屏蔽层的方法是，在初级绕组绕完之后加一层铜箔，并在铜箔处焊一接地线。但为了防止铜箔成为短路环，必须在交接处垫上绝缘层。

6.3　接地的基本知识

6.3.1　接地的目的

1．安全接地

一般在实验室中，安全接地有三种方法。一种是把三孔插座的地与电源线的中线直接连接，这种接法不是绝对安全的。另外一种是把地连接到一座大楼的钢骨架上，最理想的是实验室地下深埋一块面积较大的金属板，用与金属板焊接的粗铜线接到实验室作信号地线。第一种地线可能会引起较大的 50Hz 交流信号干扰；第二种用大楼钢骨架作地线的方法，由于它的电阻大，接地不好，可能感应各种干扰电压（含 50Hz 交流信号）；只有第三种地线上的干扰信号才是最小的。

第三种方法：当机壳与大地相连后，如果电子设备漏电或机壳不慎碰到高压电源线时，即使人体触摸到机壳，由于机壳电阻小，短路电流经过机壳直接流入大地，可避免人身触电危险。另外，机壳接地还可屏蔽雷击闪电的干扰，因而保护了人、机的安全。接大地的符号：⏚。

2．工作接地

电子设备在工作和测量时，要求有公共的电位参考点。这个参考点一般是把直流电源的某一端作公共点，叫作工作接地点。工作接地点一般是指接机壳或地板，并不一定要与大地相连接。工作接地的符号：⊥或 ⏊。

6.3.2　接地方法

1．信号地

信号地是指信号电路、逻辑电路、控制电路的地。设计接地点要尽可能减小各支路电流流过公共地阻抗产生的耦合干扰。信号地的连接方法主要有三种。

① 单点接地

将电子电路中的每个零电位点连接在一起，将地一点接入。

② 串联接地

串联接地的示意图如图 6.3-1 所示。从防止干扰和噪声的角度来看，这种接法不合理，但其接法简单，在许多地方仍被采用，特别是在设计印制电路板上应用比较方便。

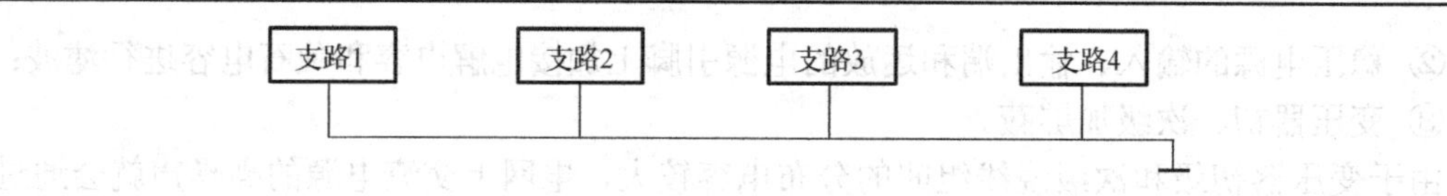

图 6.3-1 串联接地

③ 平面接地

这种接地方式适用于高频电路和数字电路。

2. 系统接地

将信号电路地、功率电路地和机械地都称为系统地。为了避免大功率电路流过地回路的电流对小信号电路产生影响，通常功率地线和机械地线必须自成一体。接到各自的地线上，然后一起连到机壳地上，如图 6.3-2 所示。

系统接地的另一种方法是，将信号电路地和功率地接到直流电源地线上，而机壳单独安全接地（接大地）。这种接法称系统浮地，如图 6.3-3 所示。系统浮地同样能起到抑制干扰和噪声的作用。

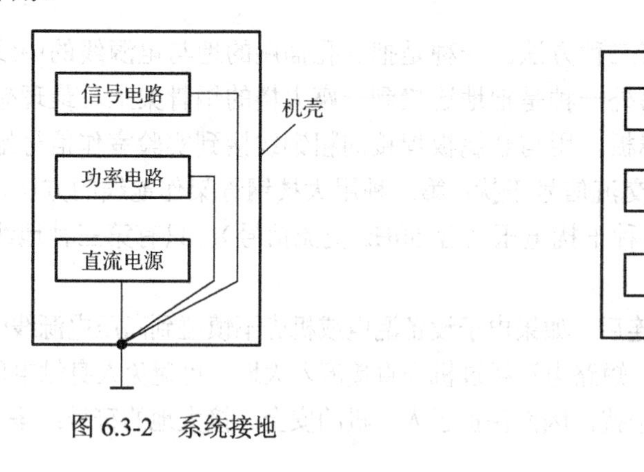

图 6.3-2 系统接地

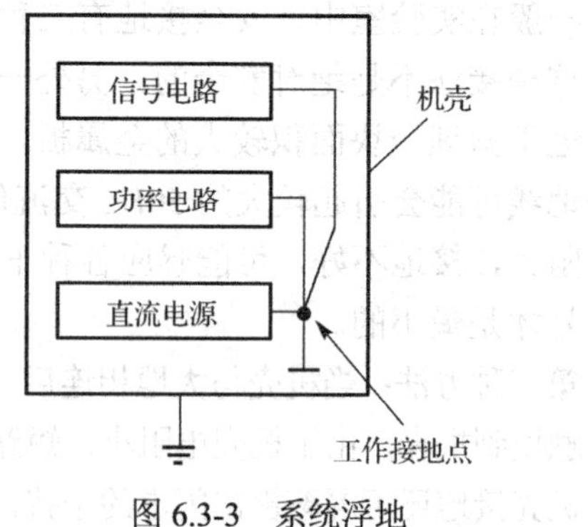

图 6.3-3 系统浮地

第二篇

电子技术实验

第7章　模拟电子技术实验

实验一　二极管的特性研究

一、实验目的

1. 了解二极管的单向导电特性。
2. 掌握二极管伏安特性的测量方法。
3. 学习用示波器测量信号幅度的方法。

二、预习要求

认真阅读相关章节，学习二极管的单向导电特性。

三、实验原理及参考电路

1. 实验原理

在现代电子技术中，二极管是常见的电子器件之一，因其单向导电特性而得到了广泛的应用。图 7.1-1 所示为常见二极管的符号，图 7.1-2 所示为硅二极管的伏安特性曲线。

图 7.1-1　常见二极管的符号

正向特性：图 7.1-2 中第①段为正向特性，此时加于二极管的正向电压不大，流过二极管的电流相对来说很大，因此管子呈现的正向电阻很小。

但是，在实际应用中会发现，只有在正向电压足够大时，正向电流才从零随两端电压按指数规律增大。使二极管开始导通的临界电压称为门坎电压 V_{th}（也称开启电压）。表 7.1-1 中列出了硅和锗两种二极管的性能比较。

反向特性：图 7.1-2 中第②段为反向特性，一般硅管的反向电流比锗管小很多。

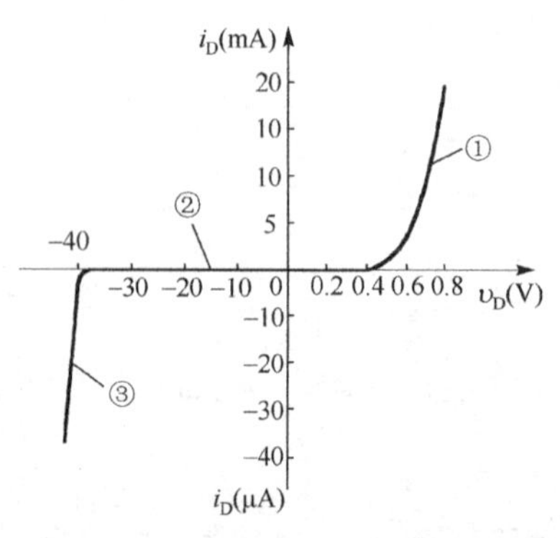

图 7.1-2　硅二极管的伏安特性曲线

表 7.1-1　两种材料二极管的性能比较

材料	门坎电压 V_{th}（V）	导通电压 V_D（V）	反向饱和电流 I_S（μA）
硅（Si）	≈ 0.5	0.6～0.8	< 0.1
锗（Ge）	≈ 0.1	0.1～0.3	几十

反向击穿特性：图 7.1-2 中第③段为反向击穿特性，反向电压太大将击穿二极管，不同型号二极管的击穿电压差别很大，从几十伏到几千伏。

2．二极管的主要参数

二极管的参数是正确使用二极管的依据，一般器件手册中都给出了不同型号管子的参数。在使用时，应特别注意不要超过最大整流电流和最高反向工作电压，否则管子容易损坏。

（1）最大整流电流 I_F

最大整流电流是指二极管长时间运行时，允许通过二极管的最大正向平均电流。点接触型二极管的最大整流电流在几十毫安以下，面接触型二极管的最大整流电流较大。当电流超过允许值时，将由于 PN 结过热而使管子损坏。

（2）反向击穿电压 V_{BR}

反向击穿电压是指二极管被反向击穿时的电压值。击穿时反向电流剧增，二极管的单向导电性被破坏，甚至过热而烧坏。一般手册上给出的最高反向工作电压约为 V_{BR} 的一半。

（3）反向电流 I_R

反向电流是指二极管未击穿时的反向电流，其值愈小，说明管子的单向导电性愈好。反向电流会随温度的增高而增大，在使用时要注意温度的影响。

（4）极间电容 C_d

二极管 PN 结存在扩散电容和势垒电容，极间电容是反映二极管 PN 结电容效应的参数。在高频或开关状态运用时，必须考虑极间电容的影响。

（5）反向恢复时间 T_{RR}

反映二极管开关特性好坏的一个参数。二极管的开关时间为开通时间和反向恢复时间的总和。开通时间是指二极管从截止至导通所需的时间，开通时间很短，一般可以忽略；反向恢复时间是指导通至截止所用的时间，反向恢复时间远大于开通时间，因此反向恢复时间为开关二极管的主要参数。一般硅开关二极管的反向恢复时间小于 3～10ns；锗开关二极管的反向恢复时间要长一些。

3．二极管的分类

按照所用的半导体材料，可分为锗二极管（Ge 管）、硅二极管（Si 管）和氧化物二极管。

根据其不同用途，可分为检波二极管、整流二极管、稳压二极管、开关二极管、隔离二极管、肖特基二极管、发光二极管、硅功率开关二极管、旋转二极管等。

按照管芯结构，又可分为点接触型二极管、面接触型二极管及平面型二极管。

4．二极管的识别

常见的几种二极管有玻璃封装的、塑料封装的和金属封装的等几种。二极管有两个电极，并且分为正、负极，一般把极性标示在二极管的外壳上。大多数用一个不同颜色的环来表示负极，有的直接标上“–”号。大功率二极管多采用金属封装，并且有个螺母以便固定在散热器上。

四、实验内容

1．正向压降的测量

选取 2AP、IN4007 和 LED 三种不同材料的二极管，将数字万用表选择到 ⊳ 挡，红表笔接阳极、黑表笔接阴极，测量二极管的正向压降，将测量结果记录到表 7.1-2 中。需要注意的是，数字万用表 ⊳ 挡测量的值只是近似于二极管的正向压降。

表 7.1-2　正向压降的测量

二极管	2AP	IN4007	LED
正向压降（mV）			

2．二极管的伏安特性测试

选用 IN4007 作为被测元件，测试电路如图 7.1-3(a)、(b)所示。图中电阻 R 为限流电阻，用以保护二极管。在测二极管反向特性时，由于二极管的反向电阻很大，流过它的电流很小，电流表应选用直流微安挡。

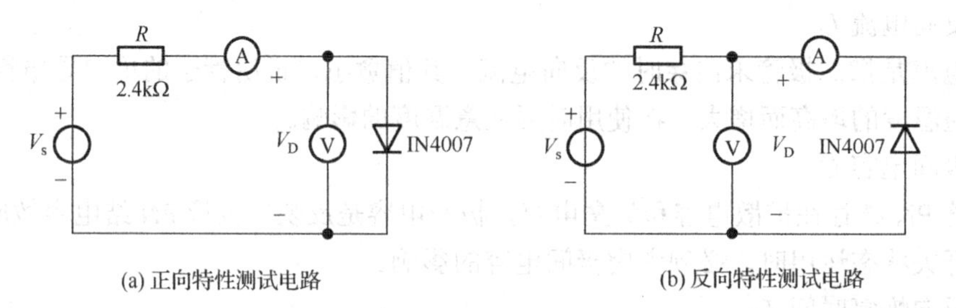

(a) 正向特性测试电路　　(b) 反向特性测试电路

图 7.1-3　二极管伏安特性测试电路

（1）正向特性

按图 7.1-3(a)接线，经检查无误后，开启直流稳压源，调节输出电压，使电流表读数分别为表 7.1-3 所列数值时，将对应的电压值填入表 7.1-3 中，为了便于在曲线的弯曲部分作图，可适当多取几个点。

表 7.1-3　正向特性的测试

I_D（mA）	0	0.05	0.1	0.5	1	2	3	5	10
V_D（V）									
V_s（V）									

（2）反向特性

按图 7.1-3(b)接线，经检查无误后，开启直流稳压电源，输出电压按表 7.1-4 所列数值调节，并将测量所得相应的电流值记入表 7.1-4 中。

表 7.1-4　反向特性的测试

V_s（V）	0	3	5	10	15
V_D（V）					
I_D（mA）					

（3）特性曲线

根据表 7.1-3、表 7.1-4 所测数据，以 V_D 为横坐标、I_D 为纵坐标画出 IN4007 的伏安特性曲线。

3．二极管的应用

（1）整流

半波整流电路如图 7.1-4 所示。从信号发生器产生 f =1kHz、υ_i=10V（峰-峰值）的正弦信号加到电路的输入端，然后使用示波器观察输入、输出信号的波形，测量输入、输出信号的幅度，分析它们之间的关系。

（2）限幅

限幅电路如图 7.1-5 所示。从信号发生器产生 f =1kHz、υ_i=10V（峰-峰值）的正弦信号加到电路的输入端，然后使用示波器观察输入、输出信号的波形，测量输入、输出信号的幅度，分析它们之间的关系。

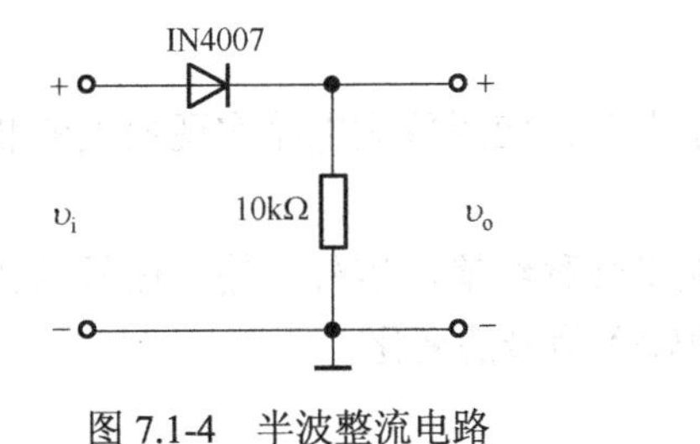

图 7.1-4　半波整流电路

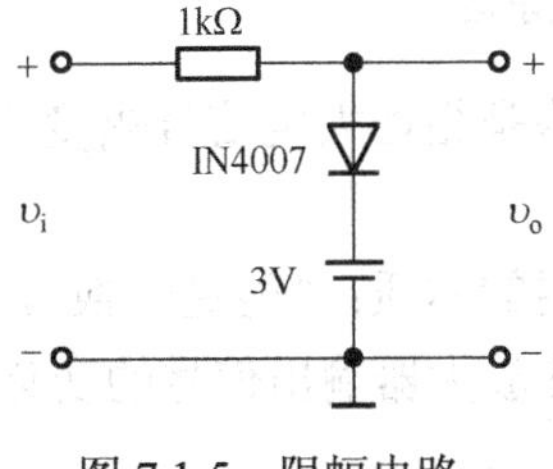

图 7.1-5　限幅电路

五、实验报告要求

1．认真记录和整理测试数据，按要求填入表格并在坐标纸中画出波形图。
2．对测试结果进行理论分析，找出产生误差的原因。

六、注意事项

1．在进行伏安特性测试时，一定要加入限流电阻，避免损坏二极管。
2．在作伏安特性曲线图描绘时，应将正向特性和反向特性画在一个坐标中。
3．电流表串接在电路中时，正、负不要接反。

七、实验元器件

二极管　2AP、IN4007、LED　各一只

电阻　　1kΩ、10kΩ　各一只

实验二　单级共射极放大电路

一、实验目的

1．掌握共射极放大电路静态工作点的测量和调整方法。

2．了解电路参数变化对静态工作点的影响。

3．掌握共射极放大电路动态指标的测量方法。

4．学习通频带的测量方法。

二、预习要求

1．认真阅读相关章节，熟悉共射极放大电路静态工作点的设置。

2．根据图 7.2-1 所示参数，以获得最大不失真输出电压为原则，估算静态工作点。设β= 50，R_p = 60kΩ。

3．估算放大电路的电压放大倍数、输入/输出阻抗。

三、实验原理及参考电路

1．放大原理

放大电路是指增大电信号幅度或功率的电子电路；应用放大电路实现放大的装置称为放大器。

放大作用的本质："能量转换"，将电源的能量转移给输出信号。输入信号的作用是控制这种转移，使放大器输出信号的变化重复或反映输入信号的变化。

2．参考电路

（1）电路组成

电路原理图如图 7.2-1 所示，该电路采用自动稳定静态工作点的分压式射极偏置电路，其温度稳定性好。电路的组成及元件作用如下。

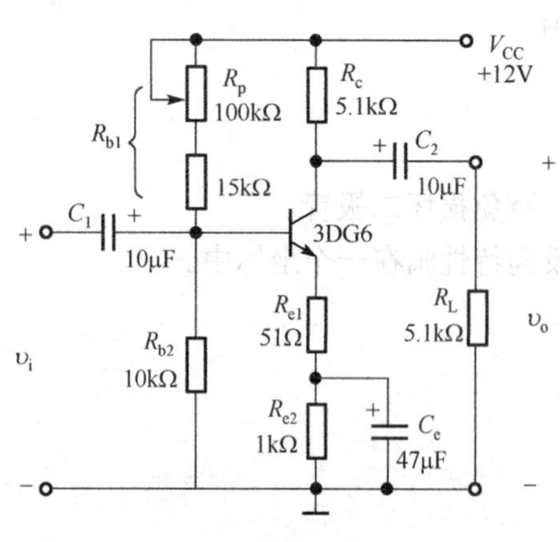

图 7.2-1　共射极放大电路

① 三极管 3DG6：具有放大功能，是放大电路的核心。

② 直流电源 V_{CC}：使三极管工作在放大状态，V_{CC}一般为几伏到几十伏。

③ 基极偏置电阻 R_{b1}、R_{b2}：它使发射结正向偏置，并向基极提供合适的基极电流。偏置电路一般为几十千欧至几百千欧。

④ 集电极电阻 R_c：它将集电极电流的变化转换成集-射极之间电压的变化，以实现电压放大。R_c的值一般为几千欧至几十千欧。

⑤ 耦合电容 C_1、C_2：又称隔直电容，起通交流

隔直流的作用。C_1、C_2 一般为几微法至几十微法的电解电容器，在连接电路时，应注意电容器的极性，不能接错。

⑥ 发射极电阻 R_{e1}、R_{e2}：负反馈。

⑦ 发射极旁路电容 C_e：避免交流信号电压在发射极电阻 R_{e2} 上产生压降，造成放大电路电压放大倍数下降。

（2）电路特点及应用

该电路采用自动稳定静态工作点的分压式射极偏置电路，其温度稳定性好。共射极放大电路具有电压增益大，输入、输出信号相位相反，输入电阻较大，输出电阻较小，带负载能力强等特点。

一般只要是对输入电阻、输出电阻和频率响应没有特殊要求的地方，均可采用。因此，该类型电路被广泛地用作低频电压放大电路的输入级、中间级和输出级。

3．静态工作点

静态工作点：在无输入信号或输入信号 $\upsilon_i = 0$ 时，放大电路的工作状态称为静态，而在这种状态下三极管各极的工作电量（V_B、V_C、V_E、I_B、I_C、I_E）就称为静态工作点，通常把这些电量写成 V_{BEQ}、V_{CEQ}、I_{CQ}。图 7.2-1 所示电路的直流通路如图 7.2-2 所示。

静态工作点的位置与电路参数 V_{CC}、R_c、R_e、R_{b1}、R_{b2} 都有关。当电路参数确定之后，工作点的调整就主要通过 R_p 来实现。R_p 调小，工作点增高；R_p 调大，工作点降低。当然，如果输入信号过大，使三极管工作在非线性区，即使工作点选在交流负载线中点，输出波形仍可能出现双向失真。三极管的输出特性曲线如图 7.2-3 所示。

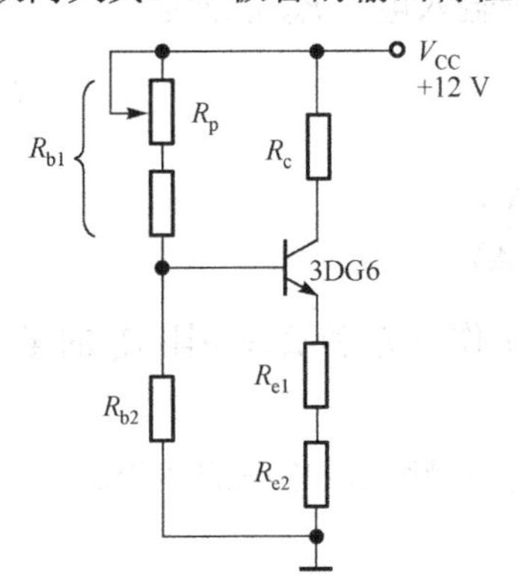

图 7.2-2　直流通路

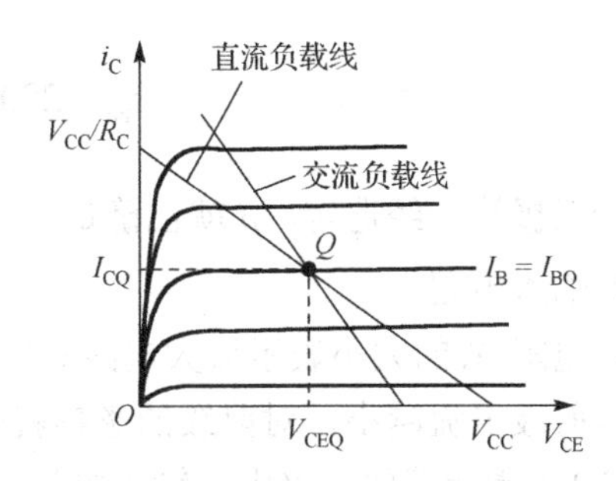

图 7.2-3　三极管输出特性曲线

实际电路中，可根据 V_{BEQ}、V_{CEQ} 两个参数对电路的工作情况进行分析。

V_{BEQ} 是用来衡量三极管能否正常工作的重要参数。以硅三极管为例，V_{BEQ} 的理论值为 0.7V，实际值的范围大概是 0.5～0.8V。如果调节 R_p 测得 V_{BE} 始终很小（接近 0），说明三极管的发射结出现击穿损坏，也有可能是电源电压过低造成的；如果测得 V_{BEQ} 比正常值的范围大很多，说明三极管的发射结出现开路损坏。

在 V_{BEQ} 正常的前提下，可用 V_{CEQ} 分析三极管的工作区。在三极管放大器的图解分析中已介绍，为了获得最大不失真的输出电压，静态工作点应选在输出特性曲线上交流负载线的中点。若工作点选得太高，容易引起饱和失真，而选得太低，又易引起截止失真。实验中，如

测得 $V_{CEQ}<0.5V$，说明三极管已饱和；如测得 $V_{CEQ}\approx V_{CC}$，则说明三极管已截止。对于线性放大电路来说，这两种工作点都是不合适的，必须对其进行调整。

4．动态参数分析

放大电路的动态参数包括：电压增益、输入电阻、输出电阻等，通常采用 BJT 的 H 参数及小信号模型进行分析。图 7.2-1 所示电路的小信号等效电路如图 7.2-4 所示。

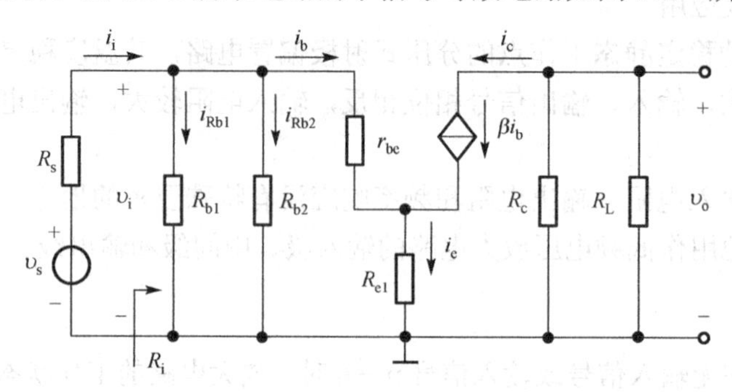

图 7.2-4 小信号等效电路

（1）电压放大倍数

电压放大倍数 A_υ 是输出交流电压与输入交流电压之比，即

$$A_\upsilon=-\frac{V_o}{V_i} \tag{7.2-1}$$

图 7.2-4 所示等效电路中，电压放大倍数 $\dot{A}_\upsilon$ 和三极管输入电阻 r_{be} 分别为

$$\dot{A}_\upsilon=-\frac{\beta(R_C//R_L)}{r_{be}+(1+\beta)R_{e1}} \tag{7.2-2}$$

$$r_{be}=200+(1+\beta)\frac{26(\text{mV})}{I_{EQ}(\text{mA})} \tag{7.2-3}$$

由于三极管一经选定，β 就已确定，A_υ 主要受静态工作点 I_C 和负载电阻 R_L 的影响。

（2）输入电阻

输入电阻 R_i 的大小表示放大电路对信号源或前级放大电路获取电流的多少。输入电阻越大，索取前级电流越小，对前级的影响就越小。

图 7.2-4 所示等效电路中，输入电阻 R_i 为

$$R_i=R_{b1}//R_{b2}//[r_{be}+(1+\beta)R_{e1}] \tag{7.2-4}$$

输入电阻的测试原理如图 7.2-5 所示。在信号源与放大电路之间串入一个已知阻值的电阻 R，用万用表分别测出 R 两端的电压 V_s' 和 V_i，则输入电阻为

$$R_i=\frac{V_i}{I_i}=\frac{V_i}{(V_s'-V_i)/R}=\frac{V_i}{V_s'-V_i}R \tag{7.2-5}$$

电阻 R 的值不宜取得过大，过大易引入干扰；但也不宜取得太小，太小易引起较大的测量误差。最好取 R 和 R_i 的阻值为同一两级。

（3）输出电阻

输出电阻 R_o 的大小表示电路带负载能力的大小。输出电路越小，带负载的能力越强。

输出电路的测试原理图如图 7.2-6 所示。用万用表分别测量放大器的开路电压 V_o 和负载电阻上的电压 V_{oL}，则输出电阻 R_o 可通过计算求得。

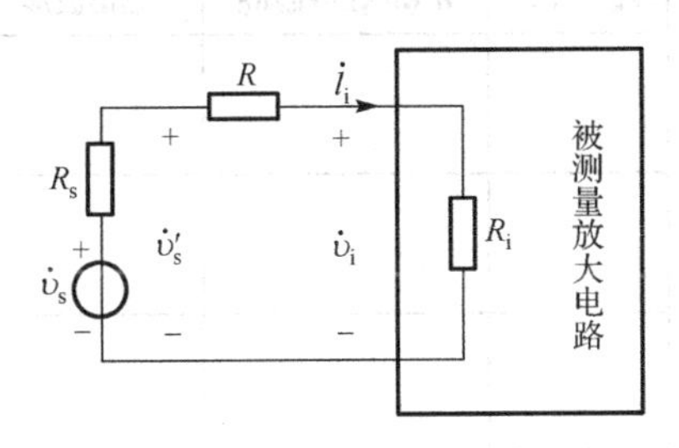

图 7.2-5　输入电阻测试原理图

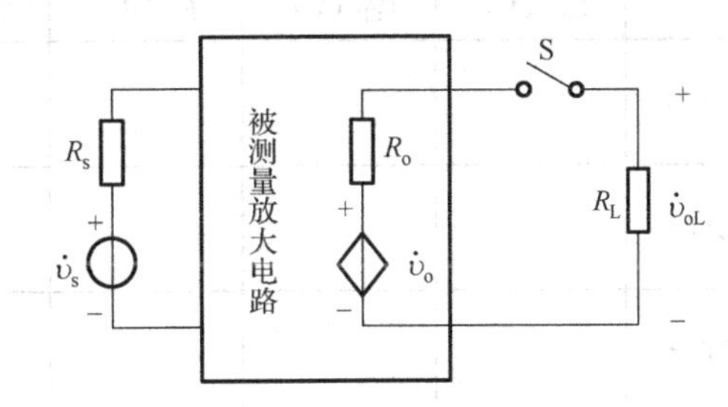

图 7.2-6　输出电阻测试原理图

由图 7.2-6 可知，当 S 闭合时

$$V_{oL}=\frac{V_o}{R_o+R_L}\cdot R_L$$

所以

$$R_o=\frac{V_o-V_{oL}}{V_{oL}}\cdot R_L \tag{7.2-6}$$

同样，为了测量值尽可能精确，最好取 R_L 和 R_o 的阻值为同一数量级。

5．幅频特性

放大器的幅频特性是指，放大器的增益与输入信号频率之间的关系曲线。通常将放大倍数下降到中频电压放大倍数的 0.707 倍时所对应的频率称为该放大电路的上、下限截止频率，用 f_H 和 f_L 表示，则该放大电路的通频带为

$$\text{BW}=f_H-f_L\approx f_H \tag{7.2-7}$$

四、实验内容

1．按图 7.2-1，在实验台上安装共射极放大电路，经检查无误后，接入+12V 电源。

2．静态工作点的测试及调整

调节 R_p，使 V_{CE} 的值为电源电压的一半，即 6V。

（1）从信号发生器输出 $f=1\text{kHz}$、$\upsilon_i=50\text{mV}$（峰–峰值）的正弦电压接到放大电路的输入端，将放大电路的输出电压接到示波器 CH1 通道输入端，调整 R_p，使输出波形达到最大不失真。完成调整后关闭信号源，测量电路的静态工作点，填入表 7.2-1 中。

（2）打开信号源，调节 R_p 使输出波形产生饱和失真（$V_{CE}\leqslant 0.5\text{V}$），注意区分输入信号过大产生的饱和失真和由工作点偏移产生的饱和失真。记录失真波形，关闭信号源，测量电路的静态工作点，填入表 7.2-1 中。

（3）打开信号源，调节 R_p 使输出波形产生截止失真（$V_{CE}\approx V_{CC}$），记录失真波形，关闭信号源，测量电路的静态工作点，填入表 7.2-1 中。

表 7.2-1 静态工作点

	V_{BE}（V）	V_{CE}（V）	V_E（V）	I_E(mA) ≈V_E/R_e	V_{Rc}（V）	I_C (mA) ≈V_{Rc}/R_C	输出波形
放大区							
饱和区							
截止区							

3．电压放大倍数 A_υ

（1）从信号发生器送入 f =1kHz、υ_i=50mV（峰-峰值）的正弦信号，将输出波形调整到最大不失真后，使用万用表交流电压挡测量输入电压 V_i、输出电压 V_o，计算电压放大倍数，填入表 7.2-2 中。

表 7.2-2 电压放大倍数

V_i（mV）	V_o（mV）	$A_\upsilon = V_o/V_i$

（2）用示波器观察 V_i 和 V_o 电压的幅值和相位。

把 V_i 和 V_o 分别接到示波器的 CH1 和 CH2 通道上，在显示屏观察它们的幅值和相位，在坐标纸上画出 V_i 和 V_o 的波形。

4．输入电阻 R_i 的测量

输入信号不变，按图 7.2-5 将 R=4.7kΩ 串入放大器输入端，用万用表交流电压挡分别测量 V_s' 和 V_i，将所测数据填入表 7.2-3 并计算 R_i。

表 7.2-3 输入电阻的测量

R	V_S'	V_i	R_i

此外，还可以用一个可变电阻来代替 R，调节可变电阻，使 $V_i=V_s'/2$，则此时可变电阻的阻值即为 R_i 的阻值。这种测试方法通常被称为“半压法”。

5．输出电阻 R_o 的测量

输入信号不变，按图 7.2-6 连接电路，用万用表交流电压挡分别测量出空载时（R_L=∞）的输出电压 V_o 和有负载时（R_L=10kΩ）的输出电压 V_{oL}，将所测数据填入表 7.2-4 并计算出 R_o。

表 7.2-4 输出电阻的测量

R_L	V_o	V_{oL}	R_o

6．幅频特性的测量

（1）当输入信号 f =1kHz、υ_i = 50mV（峰-峰值），R_L=10kΩ 时，在示波器上测出放大器中频区的输出电压 V_o（或计算出电压增益）。

（2）增大输入信号的频率（保持 $\upsilon_i = 50\text{mV}$ 不变），此时输出电压将会减小，当其下降到中频区输出电压的 0.707（–3dB）倍时，信号发生器所指示的频率即为放大电路的上限截止频率 f_H。

（3）同理，降低输入信号的频率（保持 $\upsilon_i = 50\text{mV}$ 不变），输出电压同样会减小，当其下降到中频区输出电压的 0.707（–3dB）倍时，信号发生器所指示的频率即为放大电路的下限截止频率 f_L。

（4）通频带 BW= $f_H - f_L$。

五、实验报告要求

1．认真记录和整理测试数据，按要求填入表格并画出波形图。

2．对测试结果进行理论分析，找出产生误差的原因。

六、思考题

1．在实验中若出现图 7.2-7 所示失真波形，试分析是什么原因造成的，出现后应怎么解决这种失真现象？

2．在观察输出波形时，波形出现了失真现象。关闭信号源，测得 $V_{BE} = 0.68\text{V}$、$V_{CE} = 1\text{V}$，试分析该失真现象属于什么失真。如果 $V_{CE} = 9\text{V}$，又应该是属于什么失真？

图 7.2-7　失真波形

3．图 7.2-1 所示电路中，上偏置固定电阻 R_{b1} 起什么作用？既然有了 R_p，不要 R_{b11} 可否？为什么？

七、注意事项

1．不要带电接线、更换元件。

2．静态测试时，$\upsilon_i = 0$；动态测试时，要注意共地。

3．电流表串接在电路中时，正、负不要接反。

八、实验元器件

三极管　3DG6　一只

电阻　51Ω、1kΩ、4.7kΩ、10kΩ、15kΩ　各一只；5.1kΩ　两只

电容　10μF　两只；47μF　一只

电位器　100kΩ　一只

实验三　共集电极放大电路

一、实验目的

1．进一步熟悉放大电路技术指标的测试方法。

2．掌握共集电极放大电路的特点及使用。

二、预习要求

1．阅读相关章节，熟悉共集电极放大电路的工作原理。

2．了解共集电极放大电路的特点。

三、实验原理及参考电路

1．参考电路

在共集电极放大电路中，输入信号是由三极管的基极与集电极两端输入的，再在交流通路中看，输出信号由三极管的集电极与发射极两端获得。因为对交流信号而言，（即交流通路中）集电极是共同接地端，所以称为共集电极放大电路。共集电极放大电路如图 7.3-1 所示。

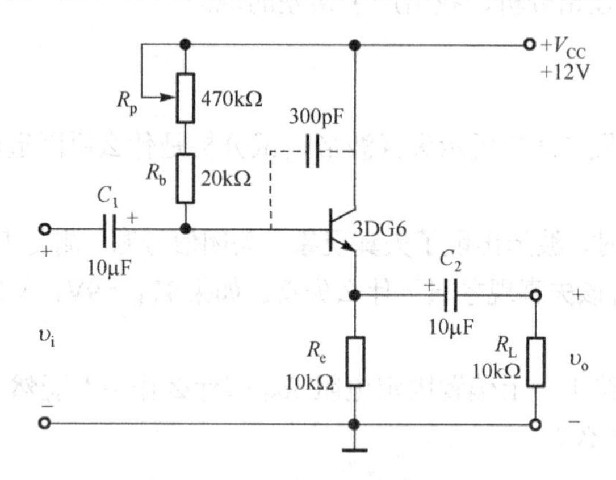

图 7.3-1　共集电极放大电路

2．电路特点及应用

共集电极放大电路作为三极管电路的三种基本组态之一，具有如下几个特点。

（1）电压增益：电压增益恒小于 1，且接近于 1，即输出电压跟随输入电压在一定范围内线性变化，所以共集电极放大电路也称“电压跟随器”，由于信号从发射极取出，也叫“射极跟随器”。

（2）电流增益：$A_i=1+\beta$。

（3）输出电压$υ_o$与输入电压$υ_i$相位相同。

（4）输入电阻：输入电阻较大，且与负载R_L或后一级电路的输入电阻有关。

（5）输出电阻：输出电阻很小，且与信号源内阻或前一级电路的输出电阻有关。

（6）属于电压串联负反馈放大电路。

由于共集电极放大器具有这些特点，常被用作多级放大电路的输入级、输出级或作为隔离用的中间级。

首先，利用其高输入阻抗的特点，可以用作多级放大电路或测量放大器的输入级，以提高多级放大电路的输入阻抗、减小对被测量电路的影响；其次，因为输出阻抗低、输出电流大等特点，可以用作输出级（如驱动电路），以提高电子系统带负载的能力；最后，也可用作多级电路中的中间级，起阻抗变换和隔离作用。

四、实验内容

1．参照图7.3-1连接电路，检查连线无误后接通+12V电源。

2．静态工作点

在输入端加入 $f=1\text{kHz}$、$\upsilon_i=100\text{mV}$（峰-峰值）的正弦信号，用示波器观察输出电压，调节 R_p，使输出信号达到最大不失真，然后关闭信号源，使用万用表直流电压挡测量电路的静态工作点并填入表7.3-1。

表7.3-1 静态工作点

V_{BE}（V）	V_{CE}（V）	I_E（mA）$=V_E/R_e$

3．电压放大倍数

输入端送入 $f=1\text{kHz}$、$\upsilon_i=100\text{mV}$（峰-峰值）的正弦信号，用万用表交流电压挡测量 V_i、V_o 并填入表7.3-2。

表7.3-2 电压放大倍数

V_i	V_o	A_υ

4．输入电阻 R_i

在放大器前端接入4.7kΩ电阻 R，如图7.3-2所示。

输入 $f=1\text{kHz}$、$V_s=100\text{mV}$（峰-峰值）的正弦信号，用万用表交流电压挡分别测量电阻 R 两端的对地电位 V_s、V_i。

然后将 V_s、V_i 的数值代入下式便可计算出 R_i：

$$R_i=\frac{V_i}{V_s-V_i}R_s$$

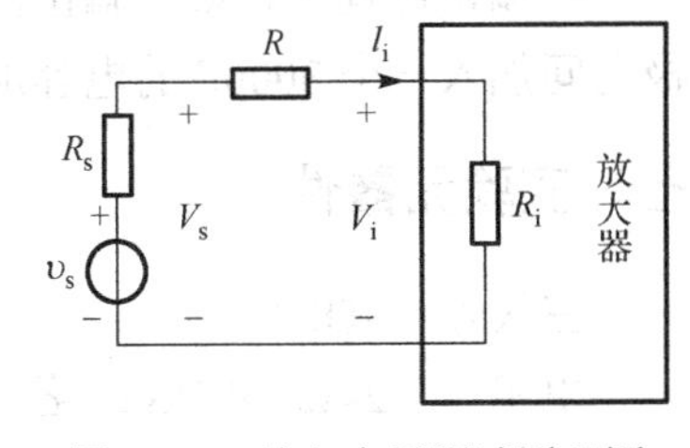

图7.3-2 输入电阻测试原理图

将测量数据填入表7.3-3。

表7.3-3 输入电阻

V_s	V_i	R_i

5．输出电阻 R_o

输入端加入 $f=1\text{kHz}$、$\upsilon_i=100\text{mV}$（峰-峰值）的正弦信号，使用万用表交流电压挡分别测量出空载（$R_L=\infty$）时和有负载（$R_L=10\text{k}\Omega$）时的输出电压，则有

$$R_o=\left(\frac{V_o}{V_{oL}}-1\right)R_L$$

式中，V_{oL} 为有负载时的输出电压，V_o 为空载时的输出电压，将所测数据填入表7.3-4。

表 7.3-4 输出电阻

V_o	V_{oL}	R_o

6．电压跟随特性

负载 R_L=10kΩ 时，在输入端加入 f=1kHz 的正弦信号，调节输入信号的幅值，用万用表交流电压挡测得输入信号大小分别如表 7.3-5 所示数值，然后用示波器观察输出波形，在不失真时测量对应的 V_{oL}，计算出 $A_υ$ 并进行比较。将所测数据填入表 7.3-5。

表 7.3-5 电压跟随特性

V_i	50mV	100mV	500mV	1V	2V
V_{oL}					
$A_υ$					

五、实验报告要求

1．整理记录数据，分析共集电极放大电路的性能和特点，得出相关结论。

2．将实验结果与理论计算比较，分析产生误差的原因。

六、注意事项

在调试过程中，如果输出波形出现寄生波形始终不能消除，可以在三极管的基极和集电极之间加入一个 300pF 的电容加以消除。

七、实验元器件

三极管 3DG6

电阻 2kΩ、4.7kΩ 各一只；10kΩ 两只

电容 10μF 两只

电位器 100kΩ 一只

实验四 多级放大电路

一、实验目的

1．进一步熟悉放大电路技术指标的测试方法。

2．了解多级放大电路的级间影响。

3．进一步学习和巩固通频带的测试方法。

二、预习要求

1．阅读相关章节，熟悉阻容耦合多级放大电路的工作原理和级间影响。

2．估算出各级电路的电压放大倍数和总的电压放大倍数。

3．了解各种耦合方式的特点。

三、实验原理及参考电路

1．参考电路

图 7.4-1 所示电路为共射-共集组态的阻容耦合两级放大电路。前级为共射极放大电路，后级为共集电极放大电路，这两种电路相关实验已在实验二、实验三中掌握。

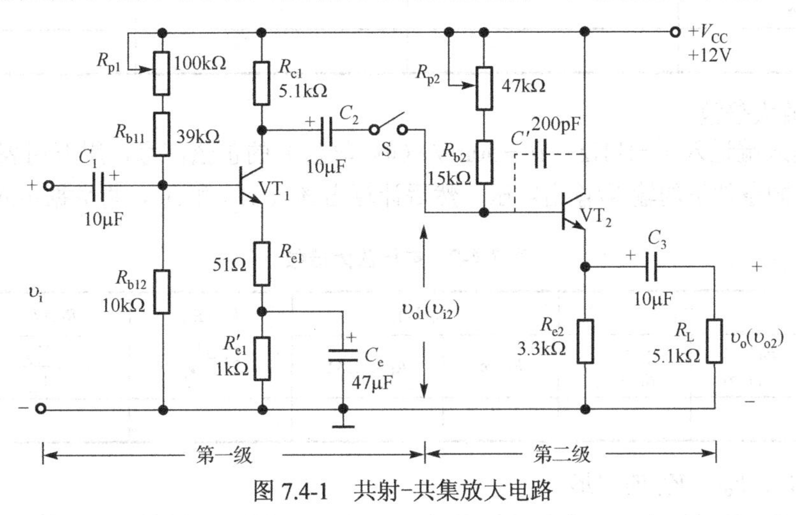

图 7.4-1　共射-共集放大电路

2．电路特点

图 7.4-1 所示电路采用阻容耦合形式，不论前、后级电路采用何种组态形式，根据阻容耦合的特性，电路都具有如下几个特点。

① 由于电容的隔直作用，使前、后两级放大电路的静态工作点相互独立，互不影响；

② 多级放大电路的电压放大倍数是各级电压放大倍数之积：$A_{\upsilon} = A_{\upsilon 1} \cdot A_{\upsilon 2}$；

③ $R_i=R_{i1}$，$\upsilon_{o1} = \upsilon_{i2}$，$R_{L1}=R_{i2}$，$R_o=R_{o2}$；

④ 多级放大电路的通频带小于任何一级放大器的通频带。

采用阻容耦合，对电路的设计和调试带来了很大的便利，并且对交流信号的传输也能得到较充分的利用。由于电容的作用，不能放大直流信号，在信号频率较低时，信号在传输时衰减严重，同时也不利于电路集成。该耦合方式主要适用于分立元件交流放大电路。

任何电子系统都由多个单元电路构成，了解各种不同的耦合方式，对电路的分析、设计及调试都会带来很大的帮助。常见的耦合方式还有以下几种。

（1）变压器耦合：主要用于低频功率放大和调谐放大电路。

（2）直接耦合：主要用于集成放大电路和直流放大电路。

（3）光电耦合：光电耦合是以光信号为媒介来实现电信号的耦合和传递的，因其抗干扰能力强而得到越来越广泛的应用。

四、实验内容

1．按图 7.4-1 电路所示连接电路，检查连接无误后接入+12V 电源。

2．静态工作点

合上开关 S，放大器输入端送入 f =1kHz、υ_i = 50mV（峰-峰值）的正弦信号，用示波器观察输出波形。调节 R_p，使 V_o 达到最大不失真。关闭信号源，用万用表直流电压挡分别测量第一级和第二级的静态工作点，将数据填入表 7.4-1。

表 7.4-1　静态工作点

VT / Q	V_{BE}（V）	V_{CE}（V）	I_C（mA）≈V_E/R_e
第一级			
第二级			

3．电压放大倍数

放大器输入端送入 f =1kHz、υ_i = 50mV（峰-峰值）的正弦信号，用万用表交流电压挡分别测量在不同条件下的输入/输出电压，然后计算出 $A_{\upsilon1}$、$A_{\upsilon2}$ 和 A_υ，将数据填入表 7.4-2。

表 7.4-2　电压放大倍数

V_o / R_L / V_i	V_{o1}		$V_{o2}(V_o)$		$R_{L1}=R_{i2}$	$R_{L1}=R_{i2}$，R_L=5.1kΩ	
	断开 S $R_{L1}=\infty$	闭合 S $R_{L1}=R_{i2}$	$R_L=\infty$	R_L=5.1kΩ	$A_{\upsilon1}=\dfrac{V_{o1}}{V_i}$	$A_{\upsilon2}=\dfrac{V_{o2}}{V_{o1}}$	$A_\upsilon=\dfrac{V_o}{V_i}$

4．绘制 V_i、V_{o1}、V_{o2} 的波形

选用 V_{o2} 作为外触发电压，送至示波器外触发端。将双踪示波器的 CH1 接 V_i，而 CH2 分别接 V_{o1}、V_{o2}，分别观察它们的波形并通过坐标纸绘制出来，比较它们的相位关系。

5．输入电路 R_i、输出电阻 R_o

测试多级放大电路的输入电阻 R_i 和输出电阻 R_o。测试方法同实验三。

6．通频带

多级放大电路的通频带比任何一级放大电路的通频带都要窄。测试方法同实验二。

五、实验报告要求

1．认真记录实验数据和波形。

2．对测试结果进行理论分析，找出产生误差的原因，提出减少实验误差的措施。

3．电路在组装和调试过程中，遇到什么困难？发现和排除了什么故障？

六、注意事项

1．调试过程中，如发现出现高频自激现象，可采用滞后补偿的办法，即在三极管的基极和集电极之间加一消振电容，容量为 300pF 左右。

2．如电路不能正常工作，应先检查各级静态工作点是否合适，如合适，则将交流输入信号送到各级，逐级追踪排查故障。

七、实验元器件

三极管　3DG6　两只

电阻　51Ω、1kΩ、3.3kΩ、6.8kΩ、15kΩ、39kΩ　各一只；5.1kΩ　两只

电容　　200pF　1～2 只；10μF　三只；47μF　一只
电位器　47kΩ　一只

实验五　JFET 共源极放大电路

一、实验目的

1. 了解 JFET 的可变电阻特性。
2. 掌握共源极放大电路的特点。
3. 进一步学习示波器测量电压波形的幅度与相位，万用表测量交、直流电压的方法。

二、预习要求

1. 复习结型场效应管及其放大电路的工作原理。
2. 先测出所用 JFET 管的 I_{DSS}、g_m 和 V_p 值，计算出图 7.5-3 所示电路中的 V_{DS}、I_D、V_{GS} 和 A_υ、R_o。

三、实验原理及参考电路

1. 结型场效应管可变电阻特性

N 沟道 JFET 管的输出特性如图 7.5-1 所示。由图可见，在预夹断前，若 υ_{GS} 不变，曲线的上升部分基本上为过原点的一条直线，故可将 JFET 管的 d、s 之间视为一电阻

$$r_{ds}=\frac{\Delta\upsilon_{DS}}{\Delta i_D} \tag{7.5-1}$$

显然，改变 υ_{GS} 值，可以得到不同的 r_{ds} 值。预夹断后曲线近于水平，这就是饱和区。MOS 管作放大作用时通常就工作在这个区域。

测量 r_{ds} 的实验参考电路如图 7.5-2 所示。图中 υ_i 为 1kHz 的交流电压，V_{GG} 为直流电源。考虑到 d、s 间的回路电流为

$$I_d=-\frac{V_1}{R_d}$$

所以

$$r_{ds}=\frac{V_2}{I_d}=-\frac{V_2}{V_1}R_d \tag{7.5-2}$$

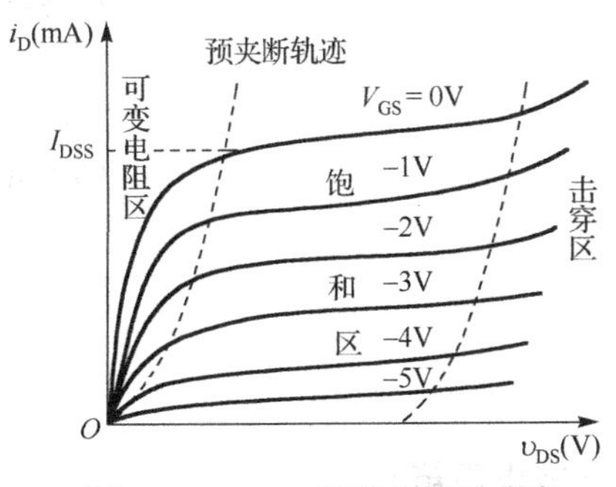

图 7.5-1　MOS 管输出特性曲线

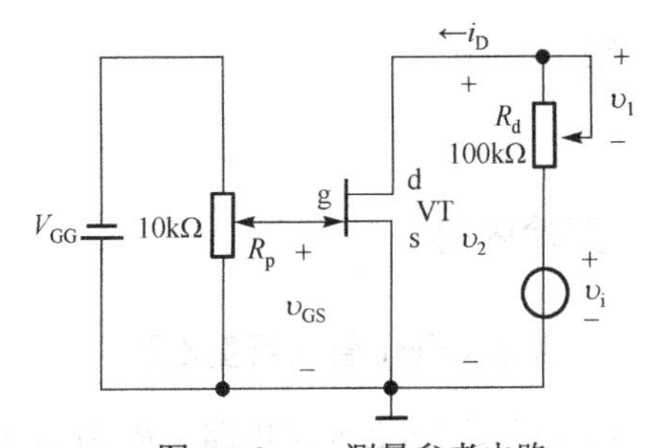

图 7.5-2　r_{ds} 测量参考电路

2．分压偏置式共源极放大电路

分压偏置式共源极放大电路如图 7.5-3 所示，在静态时

$$V_{GS}=V_G-V_S=\frac{R_{g2}}{R_{g1}+R_{g2}}V_{DD}-I_D(R_{s1}+R_{s2}) \tag{7.5-3}$$

考虑到图 7.5-4 所示的转移特性，可用式（7.5-4）表示

$$I_D=I_{DSS}\left(1-\frac{\upsilon_{GS}}{V_p}\right)^2 \quad （当 0\geqslant\upsilon_{GS}\geqslant V_p） \tag{7.5-4}$$

和

$$g_m=\frac{\Delta i_D}{\Delta\upsilon_{GS}} \tag{7.5-5}$$

将式（7.5-3）和式（7.5-4）联立求解，即可求出静态工作点。

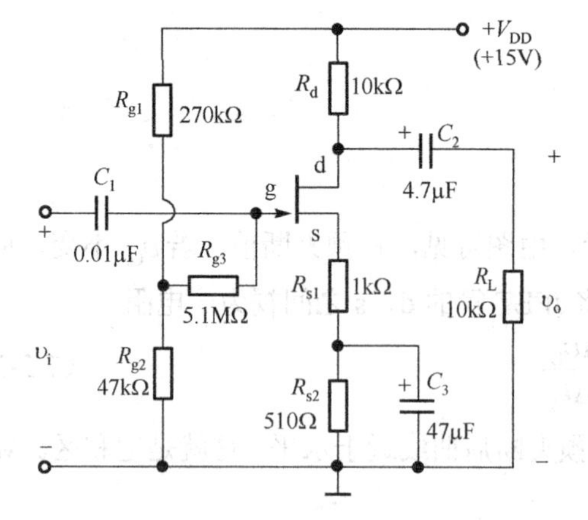

图 7.5-3　分压偏置式共源极放大电路（图中参数为参考值）

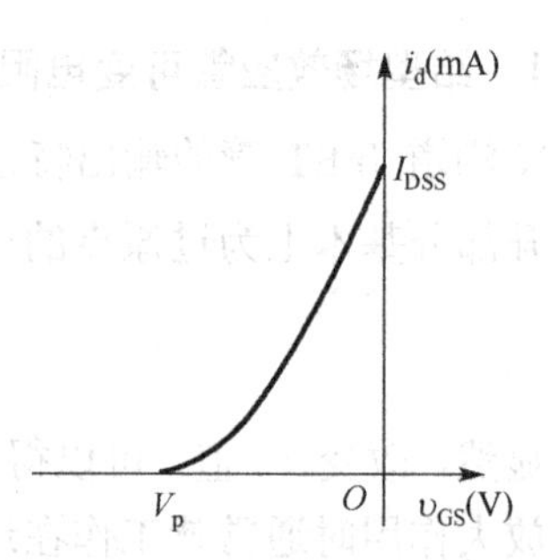

图 7.5-4　MOS 管转移特性

图 7.5-3 所示共源极放大电路的电压放大倍数为

$$\dot{A}_\upsilon=\frac{\dot{V}_o}{\dot{V}_i}=-\frac{g_m R_d//R_L}{1+g_m R_{s1}} \tag{7.5-6}$$

输入电阻

$$R_i=R_{g3}+R_{g2}//R_{g1} \tag{7.5-7}$$

输出电阻

$$R_o=R_d \tag{7.5-8}$$

四、实验内容

1．测量 JFET 管的可变电阻

（1）按图 7.5-2 连接电路，R_d 为 100kΩ 的可变电阻（或电阻箱）。

（2）调节 R_p，使 V_{GS}=0，改变 V_i 在 0～100mV 范围内变化，读出 V_2 和 V_1 的值，按式（7.5-2）算出 r_{ds}，并将数据填入表 7.5-1 中。

（3）改变 $V_{GS}=V_p/4$、$V_p/2$ 和 $V_p 3/4$，重复实验步骤（2）。

表 7.5-1　测量可变电阻

V_i（mV）		10	20	40	60	80	100
$V_{GS}=0$	V_2						
	V_1						
	r_{ds}						
$V_{GS}=\frac{1}{4}V_p$	V_2						
	V_1						
	r_{ds}						
$V_{GS}=\frac{1}{2}V_p$	V_2						
	V_1						
	r_{ds}						
$V_{GS}=\frac{3}{4}V_p$	V_2						
	V_1						
	r_{ds}						

注：表中 V_p 为实验所用 JFET 管的夹断电压值。

2．共源放大电路

（1）按图 7.5-3 连接电路，检查正确无误后接通+15V 电源。

（2）静态工作点

短路输入端，使 $V_i=0$（输入端接地），测量 V_G、V_S、V_D，算出 V_{DS} 和 $I_D[=V_S/(R_{s1}+R_{s2})]$，填入表 7.5-2 中。

表 7.5-2　静态工作点

V_G（V）	V_S（V）	V_D（V）	V_{DS}（V）	I_D（mA）

（3）电压放大倍数

输入 f=1kHz、$V_i=0.2$V（有效值）的正弦信号，测量输出电压 V_o，并计算 A_u，填入表 7.5-3 中。

表 7.5-3　电压放大倍数

V_i（V）	V_D（V）（R_L=10kΩ）	V'_o（V）（$R_L=\infty$）	R_o（kΩ）	A_u（R_L=10kΩ）

（4）输出电阻 R_o

将 R_L 开路，测量对应的输出电压 V'_o，填入表 7.5-3 中，并用实验结果根据下式

$$R_o=\left(\frac{V'_o}{V_o}-1\right)R_L$$

计算出 R_o，填入表 7.5-3 中。

（5）接上 R_L，用示波器观察并记录输出电压 υ_o 与输入电压 υ_i 的相位关系。

五、实验报告要求

1．根据实验内容 1 中 $V_i = 40mV$ 测得数据，以 r_{ds} 为纵坐标，以 υ_{GS} 为横坐标，画出 $r_{ds} = f(\upsilon_{GS})$ 关系曲线。

2．计算出 υ_{GS} 由 0 变化到 $\frac{3}{4}V_p$ 时，r_{ds} 如何变化。

3．比较实测静态工作点与根据实际的 JFET 管参数，用式（7.5-3）和式（7.5-4）联立求解所得值之间的误差，分析产生误差的原因。

4．将 A_υ、R_o 的实验值与根据实际的 JFET 管参数和图 7.5-3 所示电路参数计算的理论值比较。

六、思考题

1．N 沟道 JFET 管 υ_{GS} 为正值会产生什么情况？

2．在图 7.5-3 中，C_1 为什么可以选用 0.01μF？而双极型三极管低频放大电路中的输入耦合电容为什么不能选用如此小的电容？

七、注意事项

1．测静态工作点时，应关闭信号源。

2．因 JFET 管的参数分散性很大，图 7.5-3 所示电路参数仅作参考，需视 N 沟道 JFET 管的 I_{DSS} 和 V_p 值不同进行适当调整，以使电路性能较好地工作在放大区。

八、实验元器件

JFET 管　一片

电阻　510Ω、1kΩ、5.1kΩ、47kΩ、270kΩ　各一只；10kΩ　两只

电位器　10kΩ、100kΩ　各一只

电容　0.01μF、4.7μF、47μF　各一只

实验六　差分放大电路

一、实验目的

1．熟悉差分放大电路工作原理，了解零点漂移产生的原理与抑制方法。

2．学习差动放大器的基本测试方法。

3．熟悉典型差分放大电路与具有镜像恒流源的差分放大电路的差别，明确提高性能的措施。

二、预习要求

1. 复习差分放大器的工作原理及性能分析方法。

2. 阅读实验原理，熟悉实验内容及步骤。

三、实验原理及参考电路

1. 参考电路

差分放大电路的功能就是放大两个输入信号之差。常见的形式有三种：基本形式、长尾式和恒流式。在图 7.6-1 所示电路中，当开关 S 置于“1”时，属于长尾式（典型）差分放大电路；置于“2”时，属于恒流式差分放大电路。

实验电路采用 5G921S 型集成差分对管，其外引线排列图如图 7.6-2 所示。

由于制作差分对管的材料、工艺和使用环境相同，所以 4 只管子技术参数一致性好。使用时，1、8 脚应接到电路的零电位上。

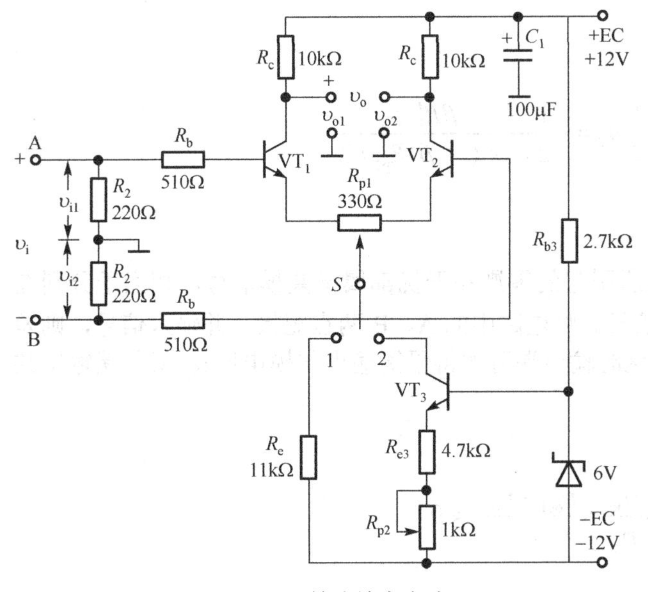

图 7.6-1　差分放大电路

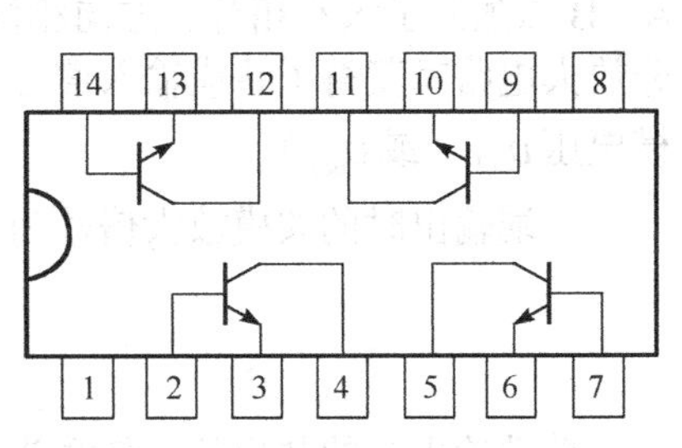

图 7.6-2　5G921S 外引线排列图

2. 电路结构及特点

图 7.6-1 所示电路中，VT_1、VT_2 组成对称电路，其参数也要绝对一致，但即使采用同一基片上制造出来的差分对管也不能保证绝对对称，因此，电路中还设有调零电位器 R_{p1}，调节 R_{p1} 可使 VT_1、VT_2 的集电极静态电流相等。

当平衡输入时，A 点与 B 点间连接两个等值电阻，两电阻中间接地，故输入信号能平均分配到 VT_1、VT_2 的发射结上，从而获得差模输入信号。

R_e 为 VT_1、VT_2 发射极公共电阻，对其共模干扰信号具有很强的交流负反馈作用，且 R_e 越大，共模抑制比 K_{CMR} 越高；R_e 对差模信号无负反馈作用，不影响差模放大倍数，但具有很强的直流反馈作用，可稳定 VT_1、VT_2 的静态工作电流并抑制输出端零点漂移。

R_{p2}为静态工作调整电位器，可调节VT_3基极电流（也为基准电流）I_{REF}，所以VT_1、VT_2两个三极管的集电极电流之和为

$$I_{CQ1}+I_{CQ2}=2I_{CQ1}=I_{CQ3}=I_{REF}$$

3．差模信号的放大

当VT_1、VT_2的基极分别输入幅度相等、极性相反的差模信号时（$\upsilon_{i1}=\upsilon_{i2}$），使$VT_1$、$VT_2$的发射极产生大小相等、方向相反的电流。当这两个电流同时作用于R_e时，相互抵消，即R_e中没有差模信号电流流过，也就没有对差模电压造成影响。但是对于VT_1、VT_2而言，就会造成一个的集电极电流增大，另外一个的集电极电流减小，最后在两个集电极之间形成的电压就是被放大了的差模输入电压。

双端输出时，差模放大倍数为

$$A_d=\frac{\upsilon_o}{\upsilon_i}=-\frac{\beta R_L'}{r_{be}+(1+\beta)R_{p1}/2}$$

式中，$R_L'=R_c//\frac{R_L}{2}$（图中的$R_L=\infty$）。

单端输出时，差模放大倍数为

$$A_{d1}=-A_{d2}=\frac{1}{2}A_d=-\frac{1}{2}\frac{\beta R_L'}{r_{be}+(1+\beta)R_{p1}/2}$$

4．共模信号的放大

放大电路因温度、电压波动等因素所引起的零漂和干扰都属于共模信号，相当于分别在A、B点加入了大小相等、方向相同的信号。将电路中的A、B两点短接，并输入信号，则差分放大电路就获得了共模输入信号υ_{ic}，这时输出端可测得平衡输出共模电压υ_{oc}或单端输出共模电压υ_{oc1}（或υ_{oc2}）。

双端输出时的共模放大倍数为

$$A_c=\frac{\upsilon_{oc}}{\upsilon_{ic}}=\frac{\upsilon_{oc1}-\upsilon_{oc2}}{\upsilon_{ic}}\approx 0$$

单端输出时的共模放大倍数为

$$A_{c1}=A_{c2}=\frac{-\beta R_L'}{r_{be}+(1+\beta)\left(\frac{R_{p1}}{2}+2R_e\right)}\approx\frac{-R_L'}{2R_e}=\frac{-R_c}{2R_e}$$

因为$R_e=11\text{k}\Omega\gg\frac{R_{p1}}{2}$，$(1+\beta)\left(\frac{R_{p1}}{2}+2R_e\right)\gg r_{be}$，$R_L'=R_c$。

5．共模抑制比K_{CMR}

双端输出时

$$K_{CMR}=\left|\frac{A_d}{A_c}\right|\approx\infty$$

单端输出时

$$K_{\mathrm{CMR}}=\left|\frac{A_{\mathrm{d1}}}{A_{\mathrm{c1}}}\right|\approx\frac{\beta R_{\mathrm{e}}}{r_{\mathrm{be}}+(1+\beta)\frac{R_{\mathrm{p1}}}{2}}$$

从式中可以看出，R_{p1}越大，电路的共模抑制能力越差；R_{e}越大，电路抑制共模干扰信号的能力越强，即K_{CMR}越高。

6. 恒流式

当开关S置于“2”时，恒流源就带了电阻R_{e}。当静态工作点相同时，其差模放大倍数与长尾式差放电路也相同，而由于恒流源的交流等效电阻$r'_{\mathrm{be3}}\gg R_{\mathrm{e}}$，所以共模放大倍数很小，共模抑制比很大。

7. 差分放大电路的用途

差分放大电路有两种输入方式和两种输出方式，组合后便有4种典型电路，现将它们的技术指标和用途归纳为表7.6-1，以便比较和应用。

差分放大电路对共模输入信号有很强的抑制能力，对差模信号却没有多大的影响，因此差分放大电路一般用作集成运算的输入级和中间级，可以抑制由外界条件的变化带给电路的影响，如温度噪声等。

表7.6-1　差分放大电路4种接法的性能比较

接法 / 性能	双端输入双端输出	双端输入单端输出	单端输入双端输出	单端输入单端输出
差模电压增益A_{d}	$-\dfrac{\beta\left(R_{\mathrm{c}}//\dfrac{R_{\mathrm{L}}}{2}\right)}{R+r_{\mathrm{be}}}$	$-\dfrac{1}{2}\dfrac{\beta(R_{\mathrm{c}}//R_{\mathrm{L}})}{R+r_{\mathrm{be}}}$	$-\dfrac{\beta\left(R_{\mathrm{c}}//\dfrac{R_{\mathrm{L}}}{2}\right)}{R+r_{\mathrm{be}}}$	$-\dfrac{1}{2}\dfrac{\beta(R_{\mathrm{c}}//R_{\mathrm{L}})}{R+r_{\mathrm{be}}}$
差模输入电阻R_{id}	$2(R+r_{\mathrm{be}})$	$2(R+r_{\mathrm{be}})$	$\approx 2(R+r_{\mathrm{be}})$	$\approx 2(R+r_{\mathrm{be}})$
输出电阻R_{o}	$2R_{\mathrm{c}}$	R_{c}	$2R_{\mathrm{c}}$	R_{c}
共模抑制比K_{CMR}	很高	较高	很高	较高
用途	输入、输出不需要接地时：常用于多级直接耦合放大电路的输入级、中间级	常用于多级直接耦合放大电路的输入级和中间级	常用于多级直接耦合放大电路的输入级	用在放大电路和输出电路均需有一端接地的电路中

四、实验内容

1. 长尾式（典型）性能测试（S置于“1”）

（1）静态工作点

将S置于“1”，A、B两点短接并接地，调节调零电阻R_{p1}，使双端输出电压$\upsilon_{\mathrm{o}}=0\mathrm{V}$，分别测量出$\mathrm{VT_1}$、$\mathrm{VT_2}$的静态工作点，并将测量数据填入表7.6-2中。

表7.6-2　静态工作点

	V_{BE1}	V_{CE1}	V_{E1}	V_{BE2}	V_{CE2}	V_{E2}	计算		
							I_{C1}	I_{C2}	$I_{\mathrm{C3}}=I_{\mathrm{C1}}+I_{\mathrm{C2}}$
理论值									
测量值									

（2）差模电压放大倍数

将S置于“1”，从A点（B点接地）输入$f=1\text{kHz}$、$\upsilon_{i1}=100\text{mV}$（峰-峰值）的正弦信号。用示波器观察并测量单端输入、双端输出时的电压波形；观察并测量单端输入、单端输出的电压波形。根据所测数据完成表7.6-3。

表7.6-3 差模电压放大倍数

电路	信号类型	υ_{o1} (V)	υ_{o2} (V)	υ_{o} (V)	A_{d1}	A_{d2}	A_{c2}	$K_{CMR}=A_{d2}/A_{c2}$
长尾式	差模							
	共模							
恒流式	差模							
	共模							

（3）共模电压放大倍数

将A、B两端短路，并直接接到信号源的输入端，信号保持不变，用示波器测量υ_{o2}，算出A_{c2}及$K_{CMR}=A_{d2}/A_{c2}$，填入表7.6-3中。

2．恒流式性能测试（S置于“2”）

调节电位器R_{p2}，使I_C等于长尾式差分放大电路的I_C，重复实验内容1中的（2）、（3）步骤，将结果填入表7.6-3中。

五、实验报告要求

1．整理实验数据，填入实验表格中。

2．画出实验中观察到的波形，比较其相位关系。

3．根据测试结果，说明两种差分放大电路性能的差异及其原因。

六、思考题

1．为什么要对差分放大器进行调零？调零时能否用晶体管毫伏表来指示输出υ_o值？

2．对基本差分放大器而言，在+EC和–EC已确定的情况下，要使工作点电流达到某个预定值，应怎样调整？

3．差分放大器的差模输出电压是与输入电压的差还是和成正比？

4．设电路参数对称，当加到差分放大器两管基极的输入信号大小相等、相位相同时，输出电压等于多少？

七、注意事项

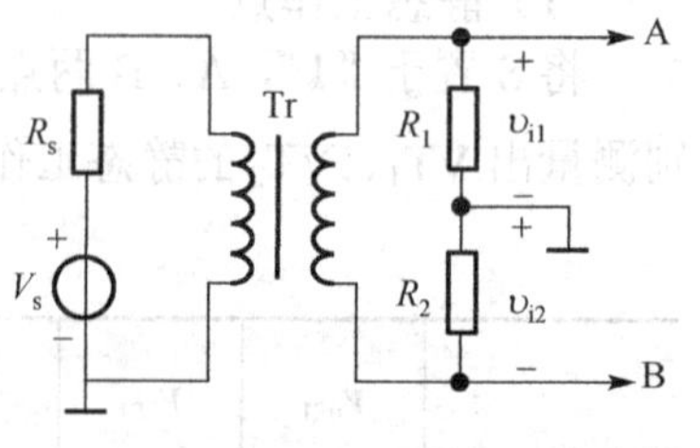

图7.6-3 隔离变压器电路

1．为实验简单，测差分放大电路的差模电压放大倍数时，采用了单端输入方式。若采用双端输入方式，信号源需接隔离变压器后再与被测电路相接，如图7.6-3所示。调节信号源输出电压并同时用交流毫伏表测量差动放大电路输入端A（或B）到地的电压，使$\upsilon_A=\upsilon_{i1}$，即$\upsilon_{AB}=\upsilon_i=2\upsilon_{i1}$。

2．测量静态工作点和动态指标前，一定要先调零（即$\upsilon_i=0$时，使$\upsilon_o=0$）。

八、实验元器件

集成差分对管　5G921S　一片

电阻　2.7kΩ、4.7kΩ、11kΩ　各一只；220Ω、510Ω、10kΩ　各两只

电容　100μF　一只

电位器　1kΩ　一只

实验七　负反馈放大电路

一、实验目的

1. 进一步学习多级放大电路静态工作点的调试方法。
2. 加深对负反馈放大电路的工作原理的理解。
3. 熟悉负反馈放大电路性能的测量和调试方法。

二、预习要求

1. 复习电压串联负反馈的有关章节，熟悉电压串联负反馈电路的工作原理及对放大电路性能的影响。
2. 估算图 7.7-1 所示电路在有反馈和无反馈时的电压放大倍数。设 $\beta_1=\beta_2=50$，$R_p=60\text{k}\Omega$。
3. 估算图 7.7-1 所示电路在有反馈和无反馈时的输入电阻和输出电阻。

三、实验原理及参考电路

1. 实验原理

所谓反馈，是指在电子系统中将输出电量（电压或电流）的一部分通过反馈网络馈送到输入回路的过程。根据反馈信号是直流分量还是交流分量，可分为直流反馈和交流反馈；根据反馈极性的不同，可分为正反馈和负反馈。

反馈信号削弱外加输入信号的作用，使放大电路的放大能力下降，称之为负反馈。

负反馈电路有 4 种组态形式：电压串联负反馈、电压并联负反馈、电流串联负反馈、电流并联负反馈。

2. 参考电路

实验参考电路如图 7.7-1 所示。放大器由两级共发射极放大电路构成，R_f 为反馈电阻。该电路的反馈类型属于电压串联负反馈。

3. 电路特点及应用

本实验主要研究电压串联负反馈放大电路的特点，从图 7.7-1 中可以看出，该电路同时也属于交流负反馈电路。该负反馈电路具有如下几个特点。

① 降低电压放大倍数；

② 提高增益的稳定性；

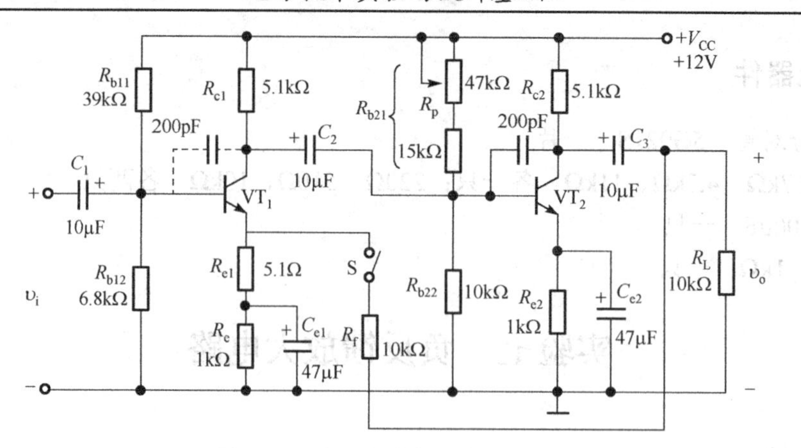

图 7.7-1 电压串联负反馈放大电路

③ 减小非线性失真；

④ 抑制反馈环内噪声；

⑤ 拓宽放大器的通频带；

⑥ 对输入/输出电阻的影响：串联负反馈增大输入电阻，并联负反馈降低输入电阻；电压负反馈减小输出电阻，电流负反馈增大输出电阻。

从以上特点可以看出，放大电路引入负反馈是以牺牲增益为代价来改善放大电路性能的。

为了便于比较和应用，将各类负反馈对放大器性能的影响总结于表 7.7-1 中。

表 7.7-1 负反馈对放大器性能的影响及应用

电路组态 / 项目	电压串联	电流串联	电压并联	电流并联
输出电阻	减小	增大	减小	增大
输入电阻	增大	减小	减小	增大
非线性失真与噪声	减小	减小	减小	减小
通频带	拓宽	拓宽	拓宽	拓宽
应用	电压放大电路的输入级或中间级	电流放大	电流-电压变换器及放大电路的中间级	电压-电流变换器及放大电路的输入级

四、实验内容

1. 静态工作点调整

按图 7.7-1 组装电压串联负反馈电路，按照实验二的方法调整各级静态工作点。

输入适当 $f=1\text{kHz}$、$υ_i=50\text{mV}$（峰-峰值）的正弦信号，观察输出波形是否有自激振荡，若有自激，可在 VT_2 的基极和集电极加上一个约 200pF 的电容进行消振。确认无自激后，关闭信号源，用万用表直流电压挡分别测量 VT_1、VT_2 的静态工作点，并将数据填入表 7.7-2。

表 7.7-2 静态工作点

Q 点 / VT	V_{BE}	V_{CE}	I_C
VT_1			
VT_2			

2．负反馈对放大器性能的影响

（1）对放大倍数的影响

分别测量 A_υ 和 $A_{\upsilon f}$，比较两者的大小。

开环电压放大倍数 A_υ 是指 S 断开（负反馈未接入放大器）时，放大器的电压放大倍数；闭环电压放大倍数 $A_{\upsilon f}$ 是指 S 闭合（负反馈接入负反馈）时，放大器的电压放大倍数。

（2）对电压增益稳定性的影响

当电源电压由+12V 降低至+9V 时，按照上述方法分别测量相应的 A_υ、$A_{\upsilon f}$，按照下列公式计算电压放大倍数的稳定度，进行比较。

$$\frac{A_\upsilon(+12\text{V})-A_\upsilon(+9\text{V})}{A_\upsilon(+12\text{V})}\times 100\%=$$

$$\frac{A_{\upsilon f}(+12\text{V})-A_{\upsilon f}(+9\text{V})}{A_{\upsilon f}(+12\text{V})}\times 100\%=$$

（3）对非线性失真的影响

在开环状态下，保持输入信号的频率不变，逐渐增加 υ_i，使输出信号的波形刚刚达到失真时，记录下 υ_o 的幅值。然后接入负反馈形成闭环，再次加大 υ_i，使 υ_o 幅值达到开环时相同值，再观察输出波形的变化情况。对比以上两种情况，得出结论。

五、实验报告要求

1．认真整理实验数据和波形，填入自拟表格中。

2．分析实验现象和数据，总结电压串联负反馈对放大器性能的影响。

六、注意事项

测量静态工作点时，必须保证放大电路不存在自激振荡。若出现自激振荡，应加消振电容消振。

七、实验元器件

三极管　3DG6　两只

电阻　51Ω、6.8kΩ、15kΩ、39kΩ　各一只；1kΩ、5.1kΩ　各两只；10kΩ　三只

电容　200pF、47μF　各两只；10μF　三只

电位器　47kΩ　一只

实验八　基本运算放大电路（一）

一、实验目的

1．掌握用集成运算放大器构成各种基本运算电路的方法。

2．进一步学习使用示波器观察波形的方法。

二、预习要求

1．复习由运算放大器组成的反相比例、同相比例运算电路的工作原理。
2．实验前计算好实验内容中的有关理论值，以便与实验测量结果进行比较。
3．了解集成运放应用的注意事项。

三、实验原理及参考电路

1．应用

集成运算放大器（简称集成运放）是模拟电路中应用极为广泛的一种器件，它不仅用于信号的运算、处理、变换、测量和信号产生电路，而且还可以用于开关电路中。

集成运算放大器是一种具有两个输入端、一个输出端的高增益、高输入阻抗的电压放大器，既可以放大交流信号，也可以放大直流信号。在运放输入/输出端之间接入反馈网络，便可构成基本的同相放大电路、反相放大电路。在此基础上，当反馈网络为线性电路时，可实现减法、加法、积分、微分等运算；当反馈网络为非线性电路时，可实现乘法、除法、对数等运算；还可以构成正弦波、三角波等波形产生电路。

本实验采用LM324集成运算放大器和外接由电阻、电容构成的反馈网络构成相应的运算电路。LM324外引线排列图如图7.8-1所示。

LM324具有功耗小、工作电压范围宽等特点，可用正电源3～30V或正负双电源±1.5～±15V供电。内部包含4组特性完全相同的运算放大器，除电源公用外，4组运放相互独立，每组运算放大器的符号如图7.8-2所示。

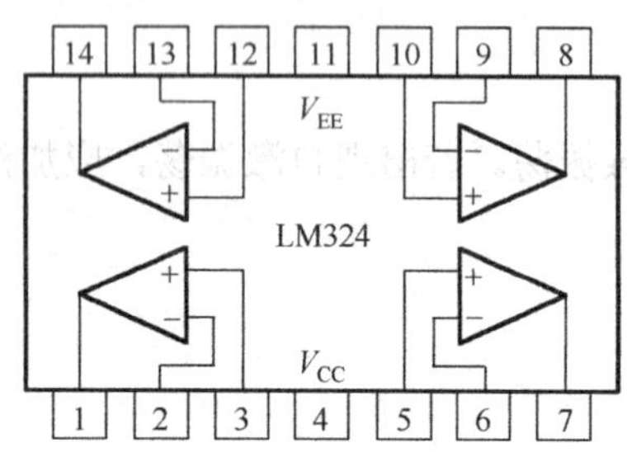

图7.8-1　LM324外引线排列图

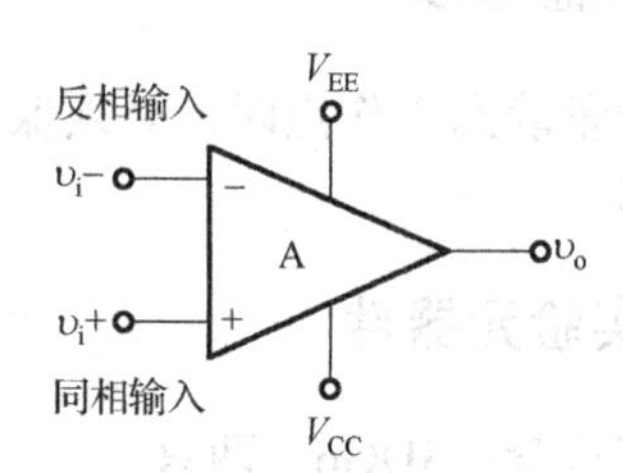

图7.8-2　LM324应用原理图

2．反相比例运算

电路如图7.8-3所示，输入信号电压V_i通过R_1作用于运放的反向端，R_f跨接在运放的输出端和反向端之间，同相端经R_2接地。

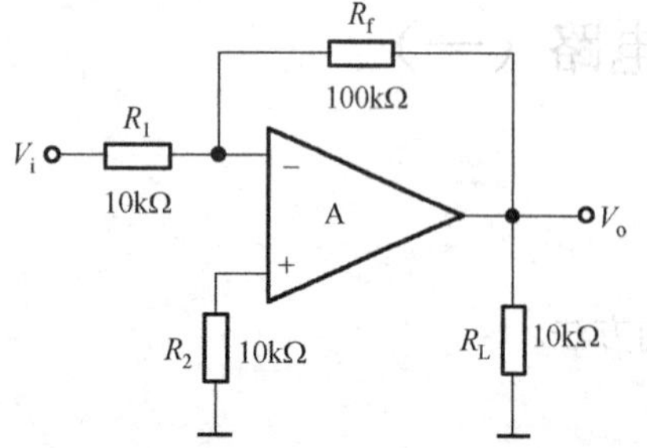

图7.8-3　反相比例运算电路

重要特征：反相放大电路在闭环工作状态下存在虚地。

当将集成运放视为理想器件时，则：根据虚短有$V_P = V_N$；根据虚断有$i_1 = i_f$；根据虚地有$V_N = 0$。

$$i_1 = \frac{V_i - V_N}{R_1}\text{；}\ i_f = \frac{V_N - V_o}{R_f} \Rightarrow \frac{V_i - V_N}{R_1} = \frac{V_N - V_o}{R_f}$$

由此可得，闭环电压增益为

$$A_{\text{uf}}=\frac{V_{\text{o}}}{V_{\text{i}}}=-\frac{R_{\text{f}}}{R_{1}} \qquad (7.8\text{-}1)$$

以上公式表明，该电路的电压增益由电阻 R_1 和 R_f 的比值决定；负号表面输出信号与输入信号相位相反。要调整放大器的增益，只需调整 R_1 或 R_f 的大小即可。

但需要注意的是，若 R_f 太大，则 R_1 也大，这样容易引起较大的失调温度漂移；若 R_f 太小，则 R_1 也小，输入电阻 R_i 也小，不能满足高输入阻抗的要求。一般 R_f 的取值在几十千欧到几百千欧之间。

由于 $R_i = R_1$，因此反相比例运算放大电路只适合用于信号源对负载阻抗要求不高的场合。

R_2 为平衡电阻，为了减小偏置电流和温度漂移的影响，一般取 $R_2=R_f // R_1$，由于反相比例运算电路属于电压并联负反馈，其输入阻抗、输出阻抗均较低。

3. 同相比例运算

电路如图 7.8-4 所示，输入信号电压 V_i 加到运放的同相输入端与地之间，输出电压 V_o 经 R_1 和 R_f 分压作用于反相端。

重要特征：同相放大电路，加到两个输入端的电压大小近似相等，相位相同。

当将集成运放视为理想器件时，则：根据虚断有 $V_P = V_i$、$i_1 = i_f$；根据虚短有 $V_P = V_N$。

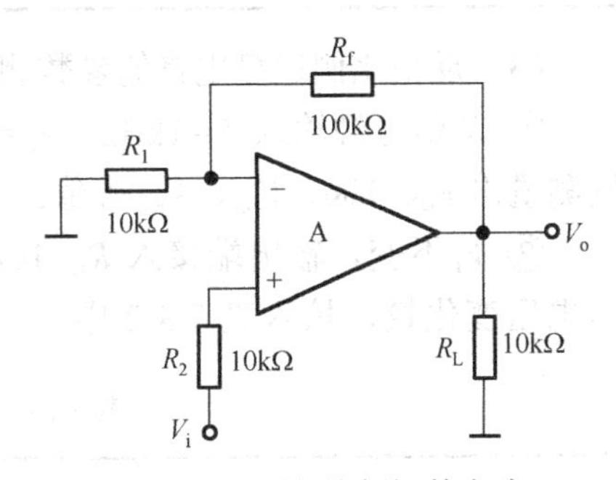

图 7.8-4　同相比例运算电路

$$V_{\text{N}}=\frac{V_{\text{o}}}{R_1+R_{\text{f}}}\cdot R_1$$

由此可得，闭环电压增益为

$$A_{\text{uf}}=\frac{V_{\text{o}}}{V_{\text{i}}}=1+\frac{R_{\text{f}}}{R_{1}} \qquad (7.8\text{-}2)$$

式（7.8-2）表明，该电路的电压增益由 R_1 和 R_f 的比值决定。如需获得相应的电压增益，改变 R_1 或 R_f 的大小即可实现。

四、实验内容

在测试反相比例运算电路和同相比例运算电路时，都应完成以下两项内容。

① 电路检测

从 LM324 选择一组运放按电路图接好电路后，仔细检查，确保无误后，将各输入端接地，接通电源，用示波器观察输出是否出现自激振荡。若出现自激振荡，则需更换集成运放。

*② 调零

若选择带有调零端的运放（如 μA741），则需进行调零。

调零的方法是：连接好电路后仍将各输入端接地，在相应的调零端接入一可调电阻，可调电阻中心抽头端接 V_{EE}，然后调节可调电阻，使输出电压为零（输出电压绝对值不应超过 0.5mV）。

在调试过程中，如果出现输出电压始终居高不下（接近电源电压），说明运放已损坏，应更换。

1．反相比例运算

（1）按图 7.8-3 安装反相比例运算电路，并进行测试前的检查和调零。

（2）反相比例运算电路运算测试

将 f=1kHz 的正弦信号送入反相比例运算电路的输入端，调节信号源，使万用表交流电压挡所测的 V_i 分别如表 7.8-1 中所列各值，在示波器观察输出电压不失真时，用万用表交流电压挡测量出对应的 V_o 的值，填入表 7.8-1 中。

表 7.8-1　反相比例运算电路运算测试

V_i（mV）		50	100	200	300	500
V_o（mV）	理论值					
	实际值					
	误差					

（3）反相比例运算电路的参数测试

① 从信号源输入 f=1kHz、V_i= 200mV（有效值）正弦信号，使用万用表交流电压挡分别测量出 V_o、V_{PN}、V_{R1}、V_{R2} 等值。

② V_i 不变，输出端接入 R_L=10kΩ，测量出 V_o 的值，求出 R_L 由开路变为 10kΩ 时的输出电压变化量，填入表 7.8-2 中。

表 7.8-2　反相比例运算电路的参数测试

	测试条件	理论值	实际值
V_o	R_L 开路 V_i = 200mV		
V_{PN}			
V_{R1}			
V_{R2}			
ΔV_{oL}	V_i 不变，R_L 由∞变为 10kΩ		

2．同相比例运算

（1）按图 7.8-4 安装同相比例运算电路，并进行测试前的检查和调零。

（2）同相比例运算电路运算测试

将 f=1kHz 的正弦信号送入同相比例运算电路的输入端，调节信号源，使万用表交流电压挡所测的 V_i 分别如表 7.8-3 中所列各值，在示波器观察输出电压不失真时，用万用表交流电压挡测量出对应的 V_o 的值，填入表 7.8-3 中。

表 7.8-3　同相比例运算电路运算测试

V_i（mV）		50	100	200	300	500
V_o（mV）	理论值					
	实际值					
	误差					

（3）同相比例运算电路的参数测试

① 从信号源输入 f =1kHz、V_i = 200mV（有效值）正弦信号，使用万用表交流电压挡分别测量出 V_o、V_{PN}、V_{R1}、V_{R2} 等值。

② V_i 不变，输出端接入 R_L=10kΩ，测量出 V_o 的值，求出 R_L 由开路变为 10kΩ 时的输出电压变化量。

表 7.8-4　同相比例运算电路的参数测试

	测试条件	理论值	实际值
V_o	R_L 开路 V_i=200mV		
V_{PN}			
V_{R1}			
V_{R2}			
ΔV_{oL}	V_i 不变，R_L 由∞变为 10kΩ		

五、实验报告要求

1. 总结基本运算电路的特点及性能。
2. 分析理论值与实际值出现误差的原因。

六、思考题

1. 反相比例运算电路与同相比例运算电路的输入电阻、输出电阻各有什么特点？试用深度负反馈的概念分析。
2. 工作在线性范围内的集成运放两个输入端的电流和电位差是否可视为零？为什么？
3. 在图 7.8-3 或图 7.8-4 所示电路中，如果反馈电阻开路（即 $R_f = \infty$），输入 f =1kHz、V_i =100mV 的正弦信号，输出的信号应为什么波形？为什么？

七、注意事项

1. 组装电路前须对所有电阻阻值逐一测量，做好记录。
2. LM324 集成运放的各个引脚不要接错，尤其是电源不能接反，否则极易损坏。
3. 集成运放既可放大交流信号，也可放大直流信号。实验中，可以使用函数信号发生器产生一近似于直流信号的交流信号作为直流信号输入。近似于直流信号的交流信号如图 7.8-5 所示。

函数参数：函数类型—方波；频率—0.1Hz；直流偏置—0V；占空比—99%。

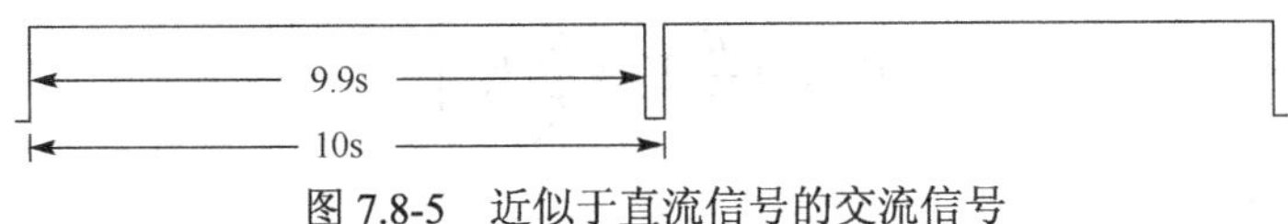

图 7.8-5　近似于直流信号的交流信号

八、实验元器件

集成运算放大器　LM324　一片

电阻　10kΩ　三只；100kΩ　一只

实验九　基本运算放大电路（二）

一、实验目的

1．掌握在基本运算电路的基础上构成其他运算电路的方法。
2．学习各种常用运算电路的特性及函数关系。
3．重点掌握积分器输入、输出波形的测量和描绘方法。
4．研究运算放大器在单电源供电时的工作特点。

二、预习要求

1．复习加法、减法、积分运算电路的工作原理。
2．实验前计算好实验内容中的有关理论值，以便与实验测量结果进行比较。

三、实验原理及参考电路

1．反相比例加法运算

图 7.9-1 所示电路为反相比例加法运算电路。

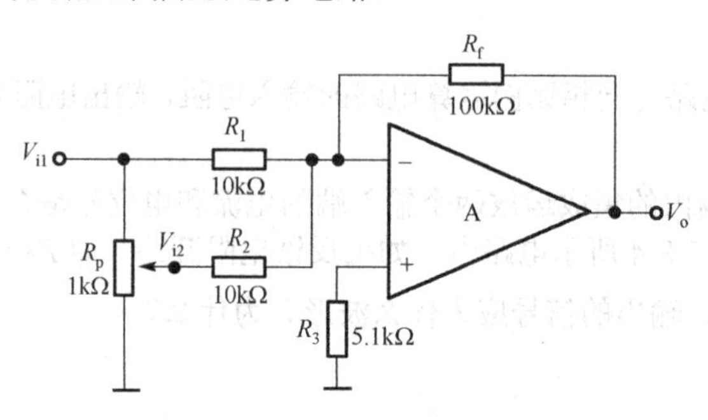

图 7.9-1　反相比例加法运算电路

将集成运放视为理想器件，有 $i_f = i_1 + i_2$，由于输入端为虚地状态，i_1 和 i_2 分别是 V_{i1} 和 V_{i2} 作用于 R_1 和 R_2 时所产生的电流

$$I_1 = \frac{V_{i1}}{R_1}，\ I_2 = \frac{V_{i2}}{R_2}$$

则

$$V_o = -\left(\frac{R_f}{R_1}V_{i1} + \frac{R_f}{R_2}V_{i2}\right)$$

当 $R_1 = R_2 = R$ 时

$$V_o = -\frac{R_f}{R}(V_{i1} + V_{i2}) \qquad (7.9\text{-}1)$$

从式（7.9-1）中可以看出，当 R_f 和 R 的比值为 1 时，输出电压便是两个输入信号电压之

和。为保证运算精度，应尽量选用精度高、稳定性好的集成运放和电阻。R_f和 R 的取值范围可参照反相比例运算电路的选取原则。电路中，$R_3 = R_1 // R_2 // R_f$。

2. 减法运算

图 7.9-2 所示电路为减法运算电路。

将集成运放视为理想器件，有 $V_N = V_P$、$I_1 = I_f$，同相端电位由 R_2和 R_3对 V_{i2}分压获得

$$V_P = \frac{V_{i2}}{R_2 + R_3} \cdot R_3$$

当 $R_1 = R_2 = R$，$R_3 = R_f$时，输出电压为

$$V_o = \frac{R_f}{R}(V_{i1} - V_{i2}) \tag{7.9-2}$$

从式（7.9-2）中可以看出，当 R_f和 R 的比值为 1 时，输出电压便是两个输入信号电压之差。为保证运算精度，应尽量选用精度高、稳定性好的集成运放和电阻。

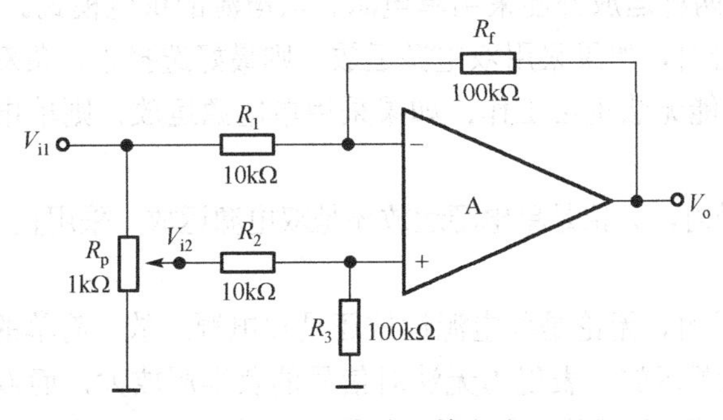

图 7.9-2　减法运算电路

3. 积分运算

图 7.9-3 所示电路为积分运算电路。

将集成运放视为理想器件，可认为 $i_R = i_C$，其中

$$i_R = \frac{v_i}{R_1};\quad i_C = C\frac{dv_o(t)}{dt}$$

将 i_R、i_C代入，并设电容两端初始电压为零，则有

$$v_o(t) = -\frac{1}{R_1 C}\int_0^t v_i(t)dt$$

当输入信号 $v_i(t)$ 为幅度 V 的阶跃电压时，则

$$v_o(t) = -\frac{1}{R_1 C}\int_0^t V dt = -\frac{1}{R_1 C}Vt$$

当输入信号 $v_i(t)$ 为幅度 V 的矩形波时，其输出电压 $v_o(t)$ 为三角波，如图 7.9-4 所示。

实际应用中，通常在积分电容两端并接反馈电阻 R_f（如图 7.9-3 虚线部分），用作直流负反馈，其目的是减小集成运放输出端的直流漂移。但是反馈电阻的存在将影响积分电路的线性关系，为了改善线性特性，反馈电阻不宜太小，但太大又会对抑制直流漂移不利，需满足 $R_fC \gg R_1C$，通常取 $R_f > 10R_1$，$C < 1\mu F$。

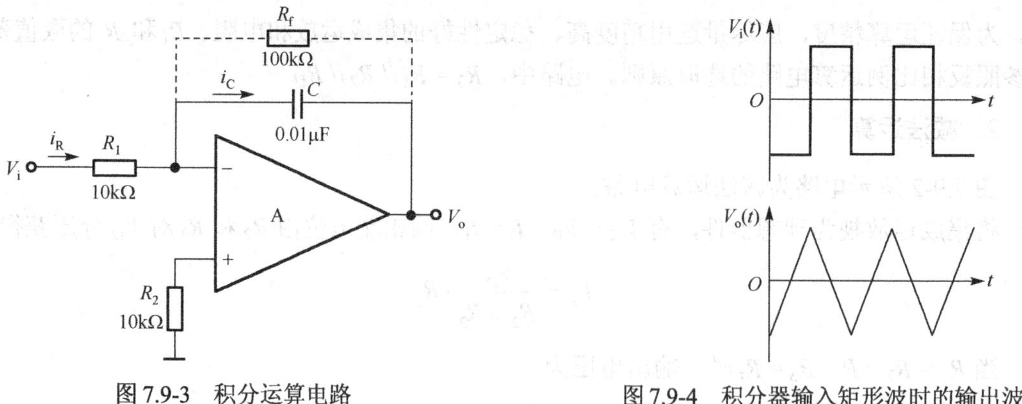

图 7.9-3　积分运算电路　　　　图 7.9-4　积分器输入矩形波时的输出波形

4．集成运放的供电

大部分的集成运算放大器都要求采用双电源供电，只有少部分可以在单电源供电状态下工作。在实际应用中，两种运放都能采用单电源、双电源的供电模式。具体使用方式如下。

① 在放大直流信号时，如果采用双电源运放，则最好选择正、负双电源供电，否则当输入信号幅度较小时，可能无法正常工作；如果采用单电源运放，则单电源供电或双电源供电都可以正常工作。

② 在放大交流信号时，无论是单电源运放还是双电源运放，采用正、负双电源供电都可以正常工作。

③ 在放大交流信号时，无论是单电源运放还是双电源运放，简单的采用单电源供电都无法正常工作，对于单电源运放，表现为无法对信号的负半周放大，而双电源运放无法正常工作。要采用单电源，就需要所谓的“偏置”，而偏置的结果是把供电所采用的单电源相对地变成“双电源”。

图 7.9-5 所示电路是一个双电源供电的集成运放工作在单电源状态下构成的交流信号放大电路。

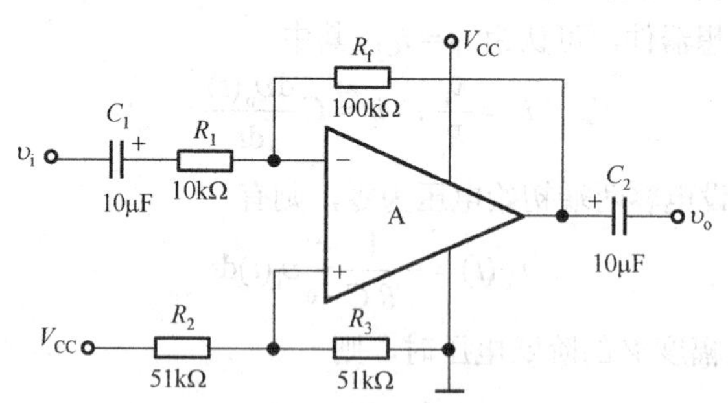

图 7.9-5　双电源运放采用单电源供电

首先，为防止交、直流信号相互影响，在电路中采用电容（C_1、C_2）将输入/输出的交流信号与电路中的直流部分隔离开来；然后进行偏置，在电源与地之间串联 R_2、R_3，其中间连接点接运放同相端；最后，从电路中可以看出，构成的是反相比例运算电路，电路的分析和实验八中的反相比例运算电路相同，区别是该电路只能对交流信号进行放大。

这里需要重点说明的是“偏置”。将两个等值电阻（R_2、R_3）串接在 V_{CC} 与地之间，然后将中间点接到运放同相输入端，由于运放的“虚短”，使得运放两个输入端电位抬升到电源电压的一半，即 $V_{CC}/2$。假设电源电压为+12V，将 R_2、R_3 中间点视为零电位，则 V_{CC} 为+6V，而原来的地则为–6V，与采用双电源供电相同，只是电压范围是双电源的一半，输出电压幅度相应会比较小。当然，这里之所以可相对地分析电位，是因为有了电容的隔直作用，而电位本身就是一个相对的概念。

四、实验内容

1．反相比例加法运算

（1）按图 7.9-1 所示安装电路，并进行调试。

（2）加法运算测试

在输入端加入 f =1kHz 的正弦信号，根据表 7.9-1 所示数值调整 V_{i1}、V_{i2} 的大小，测量出对应的 V_o，并与理论值比较。

表 7.9-1　加法运算测试

V_{i1}（mV）		0	50	200	200
V_{i2}（mV）		0	50	100	150
V_o（mV）	理论值	0			
	实际值				
误差					

2．减法运算

（1）按图 7.9-2 所示安装电路，并进行调试。

（2）减法运算测试

在输入端加入 f =1kHz 的正弦信号，根据表 7.9-2 所示数值调整 V_{i1}、V_{i2} 的大小，测量出对应的 V_o，并与理论值比较。

表 7.9-2　减法运算测试

V_{i1}（mV）		0	50	100	200
V_{i2}（mV）		0	50	50	150
V_o（mV）	理论值	0			
	实际值				
误差					

3．积分运算

按图 7.9-3 所示，安装并调试电路。

输入端加入 f = 1kHz、V_i = 1V 的方波信号。用示波器同时观察 V_i、V_o 的波形，记录在坐标纸上并标出幅度和周期。

五、实验报告要求

1．画出实验电路，整理实验数据。

2．记录并描绘积分器的 V_i、V_o 波形。

3．记录实验过程中出现的故障或不正常现象，分析原因，说明解决的办法和过程。

六、思考题

1．运算放大器构成积分器时，在积分电容两端跨接电阻，为什么能减少输出端的直流漂移？

2. 运放做比例运算时，R_1 和 R_f 的阻值误差为±10%，应如何分析和计算电压增益的误差？

3．在做求和、减法运算电路实验时，如不进行调零，可以吗？为什么？

七、实验元器件

集成运算放大器　LM324　一片
电阻　5.1kΩ　一只；10kΩ、51kΩ、100kΩ　各两只
电容　0.01μF　一只；10μF　两只
电位器　1kΩ　一只

实验十　有源滤波电路

一、实验目的

1．熟悉使用集成运放、电阻和电容构成的有源滤波电路。

2．掌握有源滤波电路的调试和性能测试的方法。

二、预习要求

1．复习有源低通、高通、带通和带阻滤波器的工作原理。

2．计算各实验电路的截止频率 f_L、f_H。

三、实验原理及参考电路

在实际的电力电子系统中，输入信号往往包含一些不要的信号成分，必须设法将它衰减到足够小的程度，或者把有用信号挑选出来，实现这种功能的电子电路称为滤波器。

滤波器是一种选频电路，它是一种能使有用频率信号通过，而同时抑制（或衰减）无用频率信号的电子装置。而有源滤波器是一种具有特定频率响应的放大器，它是在运算放大器的基础上增加一些 R、C 等无源元件构成的。由于集成运放的带宽有限，目前有源滤波器的最高工作频率只能达到 1MHz 左右。

有源滤波器可用于信息处理、数据传输、抑制干扰等方面，但因受到频带的限制，这类滤波器主要用于低频率范围。根据对频率范围的选择不同，可分为低通（LPF）、高通（HPF）、带通（BPF）、带阻（BFF）4 种滤波器。

考虑到高于二阶的滤波器都可以由一阶和二阶有源滤波器构成，故本实验重点研究二阶有源滤波器。

1．二阶有源低通滤波器

图 7.10-1 所示电路为二阶有源低通滤波器电路。低通滤波器的作用是让通带内的低频信号通过，而抑制（或衰减）其他无用信号。

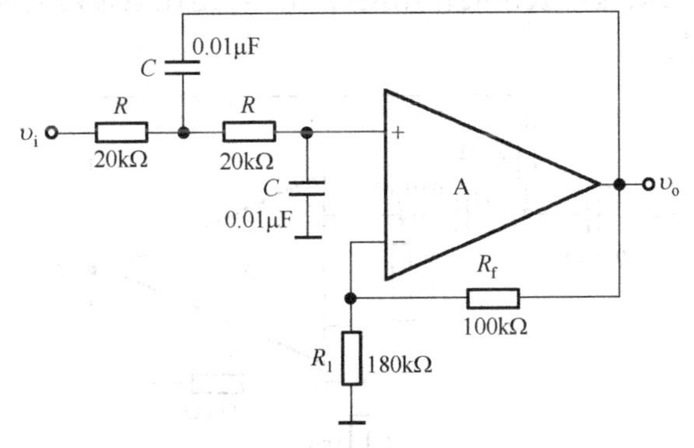

图 7.10-1　二阶有源低通滤波器

可以证明其幅频响应表达式为

$$\left|\frac{A(\mathrm{j}\omega)}{A_{\upsilon\mathrm{f}}}\right|=\frac{1}{\sqrt{\left[1-\left(\frac{\omega}{\omega_{\mathrm{c}}}\right)^2\right]^2+\frac{\omega^2}{\omega_{\mathrm{c}}^2Q^2}}} \tag{7.10-1}$$

式中

$$\left.\begin{aligned}A_{\upsilon\mathrm{f}}&=1+\frac{R_1}{R_\mathrm{f}}\\ \omega_\mathrm{c}&=\frac{1}{RC}\\ Q&=\frac{1}{3-A_{\upsilon\mathrm{f}}}\end{aligned}\right\} \tag{7.10-2}$$

式（7.10-2）中的特征角频率 $\omega_\mathrm{c}=\frac{1}{RC}$ 就是 3dB 截止角频率。因此，上限截止频率为

$$f_\mathrm{H}=\frac{1}{2\pi RC} \tag{7.10-3}$$

当 $Q=0.707$（即 $\frac{\sqrt{2}}{2}$）时，这种滤波器称为巴特沃斯滤波器。

2．二阶有源高通滤波器

如果将图 7.10-1 中的电阻 R 和电容 C 位置互换，即可得到二阶有源高通滤波器电路，如图 7.10-2 所示。

其幅频响应表达式为

$$\left|\frac{A(\mathrm{j}\omega)}{A_{\upsilon\mathrm{f}}}\right|=\frac{1}{\sqrt{\left[\left(\frac{\omega}{\omega_{\mathrm{c}}}\right)^2-1\right]^2+\frac{\omega^2}{\omega_{\mathrm{c}}^2Q^2}}} \tag{7.10-4}$$

其下限截止频率为

$$f_L = \frac{1}{2\pi RC} \tag{7.10-5}$$

高通滤波器的作用与低通滤波器的作用刚好相反，是让通带内的高频信号通过，而抑制（或衰减）其他无用信号。

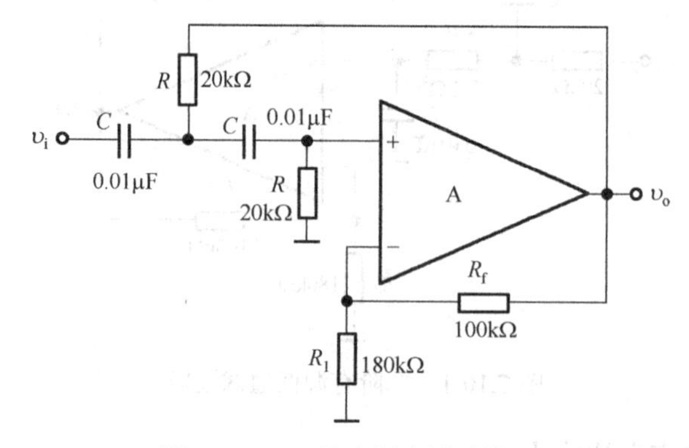

图 7.10-2　二阶有源高通滤波器

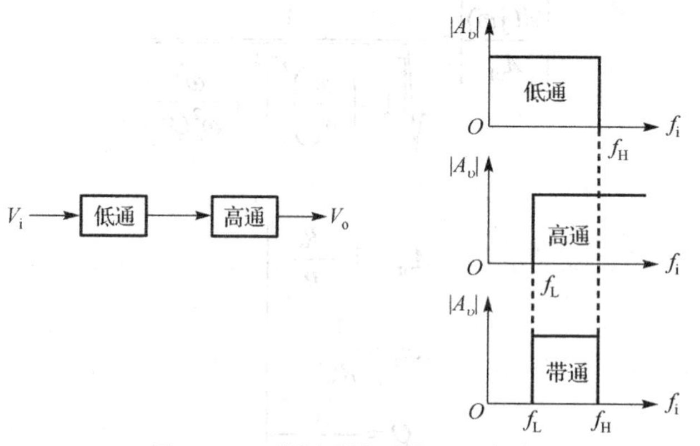

图 7.10-3　带通滤波器构成示意图

3. 二阶带通滤波器

适当调整元件参数，然后将低通滤波器和高通滤波器相互连接，便可构成带通滤波器，条件是低通滤波器的上限截止频率 f_H 要大于高通滤波器的下限截止频率 f_L。带通滤波器是让通带内的频率信号通过，而抑制（或衰减）通带外的频率信号。

四、实验内容

1. 二阶有源低通滤波器

按图 7.10-1 安装电路，输入 V_i =100mV（有效值）的正弦信号，测试二阶低通滤波器的幅频响应。将测试结果记入表 7.10-1 中，并根据所测数据描绘出低通滤波器的幅频特性曲线。

表 7.10-1　低通滤波器的测试结果

f(Hz)	50	100	200	400	600	720	800	850	1k	2k	5k
V_o(V)											
$20\lg\|V_o/V_i\|$(dB)											

2. 二阶有源高通滤波器

按图 7.10-2 安装电路，输入 V_i=100mV（有效值）的正弦信号，测试二阶高通滤波器的幅频响应。将测试结果记入表 7.10-2 中，并根据所测数据描绘出高通滤波器的幅频特性曲线。

表 7.10-2 高通滤波器的测试结果

f(Hz)	50	100	300	500	680	800	850	1k	2k	5k	10k
V_o(V)											
$20\lg\|V_o/V_i\|$(dB)											

*3. 带通滤波器

将图 7.10-2 中的电容 C 改为 0.033μF，同时将图 7.10-1 的输出端与图 7.10-2 的输入端相连，测试它们串联起来的幅频响应。将测试结果记入表 7.10-3 中，并根据所测数据描绘出带通滤波器的幅频特性曲线。

表 7.10-3 带通滤波器的测试结果

f(Hz)	50	100	200	300	480	550	700	800	1k	2k
V_o(V)										
$20\lg\|V_o/V_i\|$(dB)										

五、实验报告要求

1. 根据测试结果，以频率为横坐标，以电压增益（或输出电压）为纵坐标，在同一坐标上分别绘制出低通、高通滤波器的幅频特性曲线。
2. 简要说明测试结果与理论值有一定差异的主要原因。
3. 高通滤波器的幅频特性，为什么在频率很高时，其电压增益会随频率的升高而下降？

六、思考题

若将图 7.10-1 所示二阶低通滤波器的 R、C 位置互换，组成图 7.10-2 所示的二阶高通滤波器，且 R、C 值不变，试问高通滤波器的截止频率 f_L 是否等于低通滤波器的截止频率 f_H？

七、注意事项

在实验过程中，改变输入信号频率时，注意保持 V_i=100mV（有效值）不变。

八、实验元器件

集成运算放大器　LM324　一片
电阻　20kΩ　4 只；100kΩ、180kΩ　各两只
电容　0.01μF　4 只；0.033μF　两只

实验十一　波形产生电路

一、实验目的

1．学习迟滞比较器的工作原理。

2．掌握常见函数信号产生器的主要特点及分析方法。

3．学习使用示波器测量振荡频率、幅度的方法。

二、预习要求

1．复习迟滞比较器的构成及工作原理。

2．根据实验电路所给定的参数，计算相关理论值。

三、实验原理及参考电路

正弦波和非正弦波产生电路常常作为信号源，被广泛应用于无线电通信及自动测量和自动控制等系统中。例如，电子技术实验中经常使用的低频信号产生器就是一种正弦波振荡电路。

非正弦波产生电路主要用于脉冲和数字系统中，作为信号源。常见的非正弦波产生电路有方波产生电路、三角波产生电路和锯齿波产生电路等。本实验主要研究由集成运放构成的非正弦波产生电路。

1．方波产生电路

方波产生电路如图 7.11-1 所示。电路由一个迟滞比较器和一个 RC 电路构成。集成运放和电阻 R_1、R_2 组成迟滞比较器，电阻 R（R_p、R_3）和电容 C 构成充、放电回路，稳压二极管 VD_z 和电阻 R_4 的作用是钳位，将迟滞比较器的输出电压限制在其稳压值$\pm V_z$。

方波的振荡周期为

$$T = 2RC\ln\left(1+\frac{2R_1}{R_2}\right) \tag{7.11-1}$$

由此可知，改变充、放电时间常数 C 及迟滞比较器的电阻 R_1、R_2，即可调节方波的振荡周期。稳压管的 V_z 与方波周期无关，它决定的是方波的幅度。

2．占空比可调的方波产生电路

图 7.11-1 所示电路的输出电压是一个正、负半周对称的方波，其占空比为固定值。实际应用中，往往要求方波的占空比可以根据需要进行调节，则可以通过改变充、放电的时间常数来实现，如图 7.11-2 所示。

R_p 和 VD_1、VD_2 的作用是将电容充电和放电时间的回路分开，并调节充电和放电两个时间常数的比例。假设 R_p 上半部分的电阻是 R_{p1}，下半部分的电阻是 R_{p2}，当忽略二极管的导通电阻时，电容的充、放电时间分别为

$$T_1=(R+R_{p2})C\ln\left(1+\frac{2R_1}{R_2}\right)\qquad（充电）$$

$$T_2=(R+R_{p1})C\ln\left(1+\frac{2R_1}{R_2}\right)\qquad（放电）$$

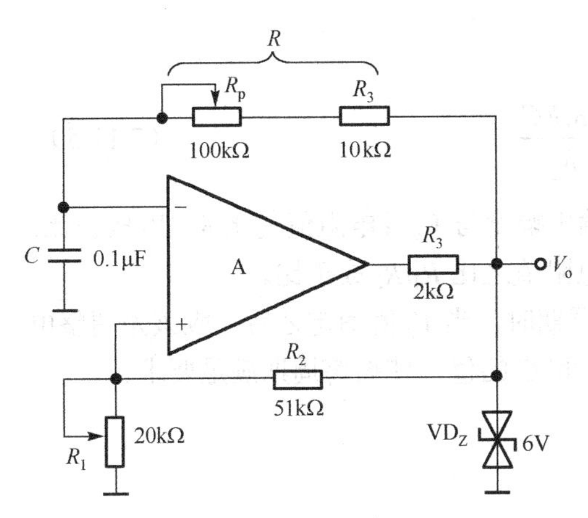

图 7.11-1　方波产生电路

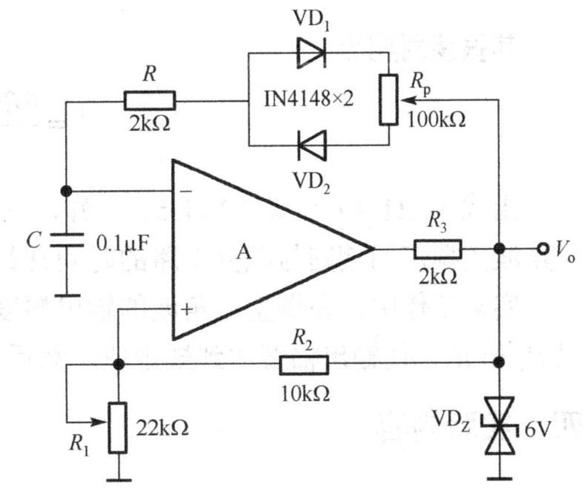

图 7.11-2　占空比可调节的方波产生电路

输出波形的振荡周期为

$$T=T_1+T_2=(2R+R_p)C\ln\left(1+\frac{2R_1}{R_2}\right)\qquad(7.11\text{-}2)$$

方波的占空比为

$$D=\frac{T_1}{T}=\frac{R+R_{p2}}{2R+R_p}\qquad(7.11\text{-}3)$$

从式（7.11-3）可以看出，调节 R_p 即可调节方波的占空比，而总的振荡周期不受影响。

3．三角波产生电路

获得三角波的方法很多，本实验是将迟滞比较器与积分器首尾相连，如图 7.11-3 所示，即可构成三角波产生器。

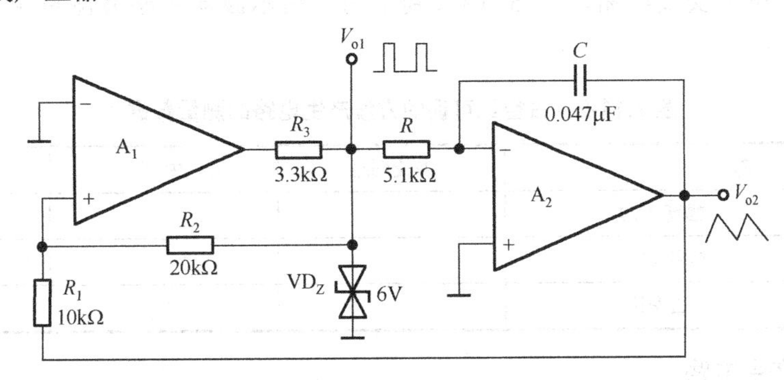

图 7.11-3　方波-三角波产生器

图 7.11-3 所示电路中，A_1 组成迟滞比较器，A_2 组成积分电路。迟滞比较器的输出接到积

分器的反相输入端进行积分，而积分电路的输出又接到比较器的同相输入端，控制迟滞比较器输出端的状态产生跳变。

三角波的输出幅度为

$$V_{o2}=\frac{R_1}{R_2}V_z \tag{7.11-4}$$

其振荡周期为

$$T=\frac{4RCV_{o2}}{V_z}=\frac{4R_1RC}{R_2} \tag{7.11-5}$$

由式（7.11-4）和式（7.11-5）可知，三角波的输出幅度与 V_z 及电阻值之比 R_1/R_2 成正比。三角波的振荡周期则与积分电路的时间常数 RC 及电阻值之比 R_1/R_2 成正比。

实际工作中，在调整三角波的输出幅度和振荡周期时，当 V_z 值确定之后，应该先调整电阻 R_1 和 R_2，使输出幅度达到规定值，然后再确定 R 和 C 的值，使振荡周期满足要求。

四、实验内容

1. 方波产生电路

按图 7.11-1 所示安装电路，用示波器观察 V_o 和 V_C 的波形，测量出幅值和频率，填入表 7.11-1 中，并在同一坐标中绘制出 V_o 和 V_C 的波形（R_p=50kΩ）。

表 7.11-1　方波产生电路的测量数据

R_p		0Ω	50kΩ	100kΩ
V_o	幅度			
	频率			
V_C	幅度			
	频率			

2. 占空比可调的方波产生电路

按图 7.11-2 所示安装电路，将 R_1 调节到中间，用示波器观察并测量 V_o 的波形，填入表 7.11-2 中。

表 7.11-2　占空比可调的方波产生电路的测量数据

R_p		左旋到底	中间	右旋到底
输出	幅度（V）			
	频率（Hz）			
	占空比			

3. 三角波产生电路

按图 7.11-3 所示安装电路，用示波器观察并测量出 V_{o1} 和 V_{o2} 的波形，将测量数据填入表 7.11-3 中，并在同一坐标中绘制出 V_{o1} 和 V_{o2}。

表 7.11-3　三角波产生电路的测量数据

	波形类型	输出幅度	输出频率
V_{o1}			
V_{o2}			

五、实验报告要求

1．将实验测得的振荡频率与理论值比较，分析产生误差的原因。
2．用坐标纸绘制出各电路的输出波形，并标注出周期（或频率）、幅度。

六、思考题

1．图 7.11-2 所示电路中，当 R_1=0 时，为什么不能产生振荡信号？
2．用示波器测量频率有哪几种常用的方法？

七、实验元器件

集成运算放大器　LM324　一片
电阻　2kΩ　两只；3.3kΩ、10kΩ、20kΩ、51kΩ　各一只
电容　0.047μF、0.1μF　各一只
电位器　22kΩ、100kΩ　各一只
稳压管　2CW7　一只
二极管　IN4148　两只

实验十二　精密全波整流电路

一、实验目的

学习并掌握用运算放大器构成精密全波整流电路的原理。

二、预习要求

1．复习单向全波整流电路工作原理。
2．复习精密半波和全波整流电路工作原理。

三、实验原理及参考电路

整流电路的任务是将交流信号变为直流信号。由于二极管的伏安特性在小信号时处于截止或特性曲线的弯曲部分，在小信号检波时输出端将得不到原信号（或使原信号失真很大）。如果把二极管置于由运算放大器组成的负反馈环路中，就能大大削弱这种影响，提高电路精度。

精密全波整流电路如图 7.12-1 所示，输入电压 υ_i 与输出电压 υ_o 关系如下：

$$\upsilon_o = \upsilon_i,\ \ \upsilon_i > 0$$

$$\upsilon_o = -\upsilon_i,\ \upsilon_i < 0$$

图中 A_1 组成同相放大器，A_2 组成差动放大器，信号 υ_i 都加在运放的同相输入端，具有较高的输入阻抗。

当 $\upsilon_i > 0$ 时，VD_1 截止，VD_2 导通，此时 A_1 构成电压跟随器，有 $\upsilon_{N1} = \upsilon_{P1} = \upsilon_i$，此电压通过 R_{f1} 和 R_2 加到 A_2 的反相端；而 A_2 的同相端输入电压为 υ_i，所以 A_2 的输出电压 υ_o 为

$$\upsilon_o = \left(1 + \frac{R_{f2}}{R_{f1} + R_2}\right)\upsilon_i - \frac{R_{f2}}{R_{f1} + R_2}\upsilon_i = \upsilon_i$$

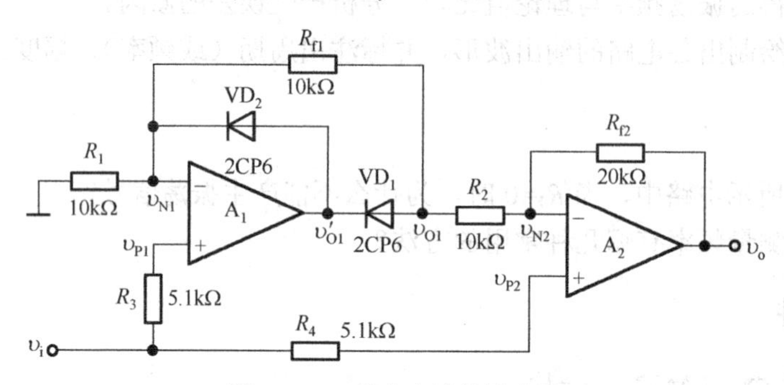

图 7.12-1 精密全波整流电路

当 $\upsilon_i < 0$ 时，VD_1 导通，VD_2 截止，此时 A_1 为同相放大器，则有

$$\upsilon_{o1} = \left(1 + \frac{R_{f1}}{R_1}\right)\upsilon_i$$

而 A_2 的输出电压为

$$\upsilon_o = \left(1 + \frac{R_{f2}}{R_2}\right)\upsilon_i - \frac{R_{f2}}{R_2}\upsilon_{o1} = \left(1 + \frac{R_{f2}}{R_2}\right)\upsilon_i - \frac{R_{f2}}{R_2}\left(1 + \frac{R_{f1}}{R_1}\right)\upsilon_i$$

当电路参数如图 7.12-1 所示，即选择 $R_{f2}=2R_{f1}=2R_1=2R_2$ 时，则有

$$\upsilon_o = 3\upsilon_i - 4\upsilon_i = -\upsilon_i$$

上述分析表明，在输出端可得到单向电压，实现了全波整流。该电路的电压传输特性及输入/输出电压波形分别如图 7.12-2 和图 7.12-3 所示。

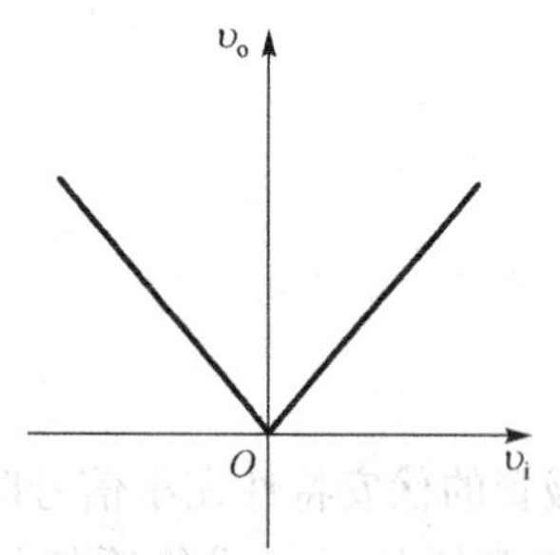

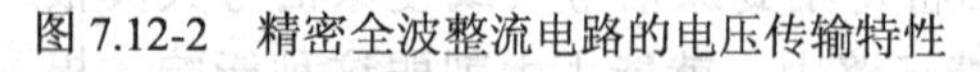

图 7.12-2 精密全波整流电路的电压传输特性

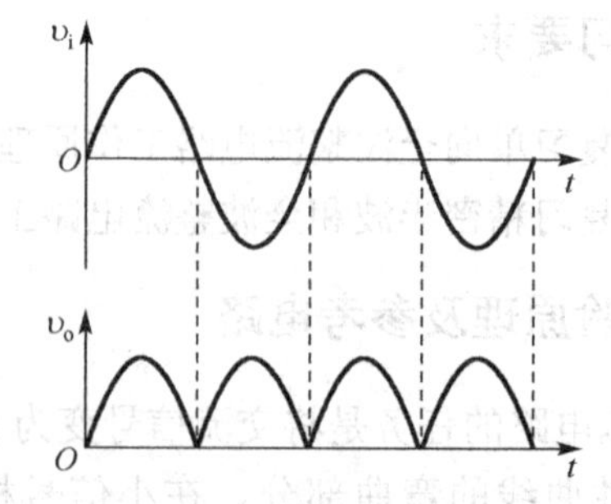

图 7.12-3 精密全波整流电路的输入/输出电压波形

四、实验内容

1．按图 7.12-1 安装电路。然后将输入端接地，使 $\upsilon_i = 0$，测量电路有无自激输出，如果电路有自激现象，应及时消除。

2．按表 7.12-1 所示调整输入端的直流电压，分别测量出 V'_{O1}、V_{O1} 和 V_O，并画出 V_O-V_I 的传输特性。

表 7.12-1　测量数据

负直流电压 V_I（V）		0	0.05	0.1	0.2	0.3	0.4	0.5	0.6	0.8	1	2	3	4	5
输出电压（V）	V'_{O1}														
	V_{O1}														
	V_O														
正直流电压 V_I（V）		0	0.05	0.1	0.2	0.3	0.4	0.5	0.6	0.8	1	2	3	4	5
输出电压（V）	V'_{O1}														
	V_{O1}														
	V_O														

3．输入正弦电压 $V_i = 4V$（有效值）、$f = 1kHz$，观察并记录 υ_{o1}、υ_o 的波形，标出 υ_i、υ_o 的幅值。

五、实验报告要求

1．整理实验数据，画出传输特性及 υ_i、υ_o 的波形。

2．分析讨论实验结果。

六、思考题

1．如果本实验不选择匹配电阻，特性传输会怎样？

2．如果运放的零漂严重，V_o 会怎样？

七、注意事项

整流的精度取决于 R_{f1}、R_1、R_{f2}、R_2 的匹配精度。

八、实验元器件

集成运算放大器　LM324　一片
二极管　2CP6　两只
电阻　5.1kΩ　两只；10kΩ　三只；20kΩ　一只
电位器　1kΩ　一只

实验十三　功率放大电路

一、实验目的

1．了解 OTL 互补对称功率放大电路的调试方法。

2．测量 OTL 互补对称功率放大电路的最大输出功率、效率。

3．测量集成功率放大器的各项性能指标。

二、预习要求

1．复习 OTL 互补对称功率放大电路的工作原理。

2．计算实验电路的最大输出功率 P_{om}、管耗 P_T、直流电源供给的功率 P_V 和效率 η。

三、实验原理及参考电路

1．带自举 OTL 互补对称功率放大电路

图 7.13-1 所示为带自举的 OTL 互补对称功率放大电路。其中 R_2、C_3 为自举电路。当 $\upsilon_i = 0$ 时，$\upsilon_A = \frac{1}{2}V_{CC}$，$\upsilon_B = V_{CC} - i_{R2}R_2$，电容 C_3 两端电压 $\upsilon_{C3} = \upsilon_A - \upsilon_B = \frac{1}{2}V_{CC} - i_{R2}R_2$。当 R_2C_3 的乘积足够大时，可以认为 $\upsilon_{C3} = V_{C3}$ 基本为常数，不随 υ_i 而改变。这样，当 υ_i 为负半周时，VT_2 导通，υ_A 由 $\frac{1}{2}V_{CC}$ 向更正的方向变化，即使输出电压 υ_o 幅度升得很高，也有足够的电流流过 VT_2 基极，使 VT_2 充分导电。这种工作方式称为“自举”，意思就是电路本身把 υ_B 提高了。

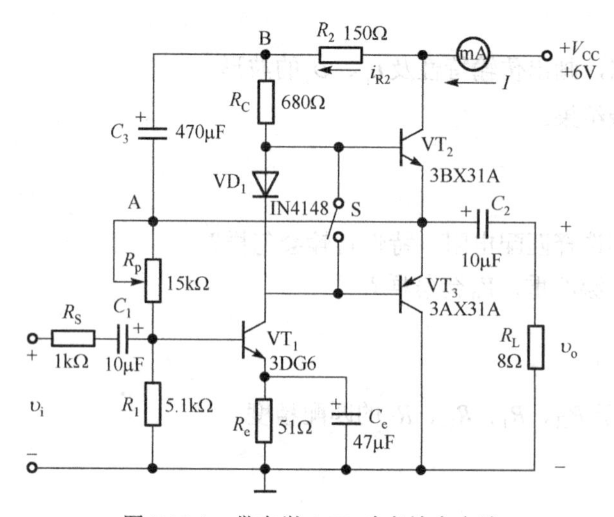

图 7.13-1 带自举 OTL 功率放大电路

2．集成 OTL 功率放大器

LM386 是美国国家半导体公司生产的音频功率放大器，主要应用于低电压消费类产品。LM386 外引线排列图如图 7.13-2 所示为使外围元件最少，电压增益内置为 20。但在①和⑧之间增加一只外接电阻和电容，便可将电压增益调为任意值，直至 200。输入端以地为参考，同时输出端被自动偏置为电源电压的一半，在 6V 电源电压下，它的静态功耗仅为 24mW，使得 LM386 特别适用于电池供电的场合。②为反相输入端；③为同相输入端；⑤为输出端；⑥和④分别为

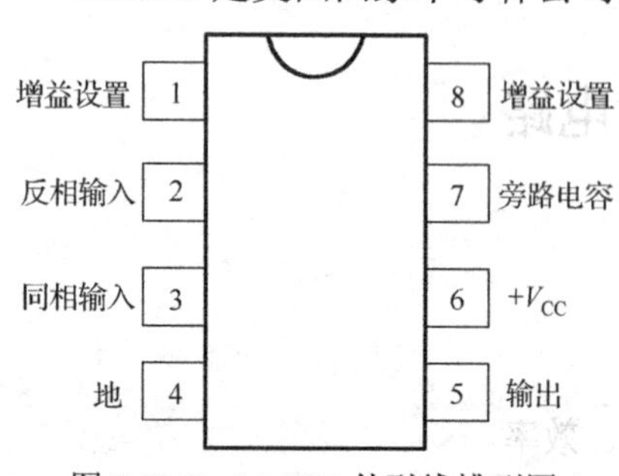

图 7.13-2 LM386 外引线排列图

电源和地；①和⑧为电压增益设定端；使用时，在⑦和地之间接旁路电容，通常取 10μF。

电源电压 4～12V 或 5～18V（LM386N-4）；静态消耗电流为 4mA；电压增益为 20～200dB；在①、⑧脚开路时，带宽为 300kHz；输入阻抗为 50kΩ；音频功率 0.5W。

图 7.13-3 所示为 LM386 内部电路原理图，第一级为差分放大电路，VT_1 和 VT_3、VT_2 和 VT_4 分别构成复合管，作为差分放大电路的放大管；VT_5 和 VT_6 组成镜像电流源作为 VT_1 和 VT_2 的有源负载；VT_3 和 VT_4 信号从管的基极输入，从 VT_2 管的集电极输出，为双端输入单端输出差分电路。使用镜像电流源作为差分放大电路有源负载，可使单端输出电路的增益近似等于双端输出电容的增益。

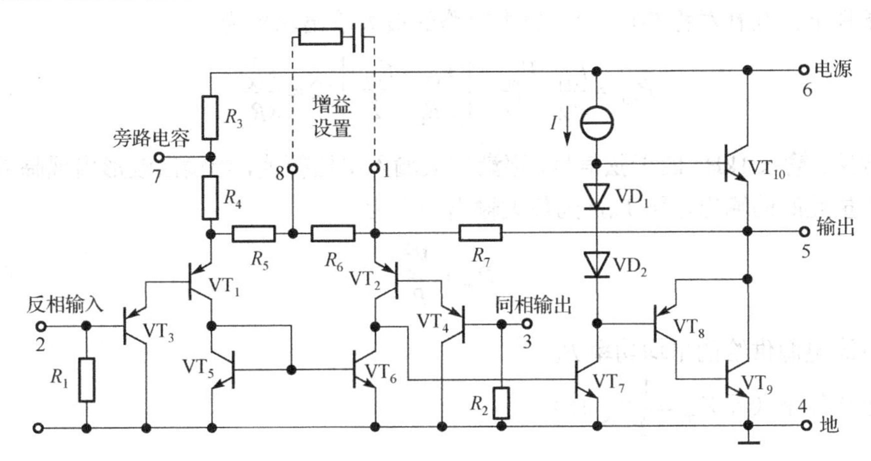

图 7.13-3　LM386 内部电路原理图

第二级为共射放大电路，VT_7 为放大管，恒流源作有源负载，以增大放大倍数。

第三级中的 VT_8 和 VT_9 管复合成 PNP 型管，与 NPN 型管 VT_{10} 构成准互补输出级。二极管 VD_1 和 VD_2 为输出级提供合适的偏置电压，可以消除交越失真。

电路由单电源供电，故为 OTL 电路。输出端⑤应外接输出电容后再接负载。

电阻 R_7 从输出端连接到 VT_2 的发射极，形成反馈通路，并与 R_5 和 R_6 构成反馈网络，从而引入了深度电压串联负反馈，使整个电路具有稳定的电压增益。

参照图 7.13-4，可以通过设置 R_x 的大小改变电路的增益。当 R_x 无穷大时，输出增益为 20；当 R_x 为 0 时，输出增益为 200。其具体的增益计算公式如下：

$$A_\upsilon \approx \frac{2R_7}{R_5 + R_6 // R_x} \tag{7.13-1}$$

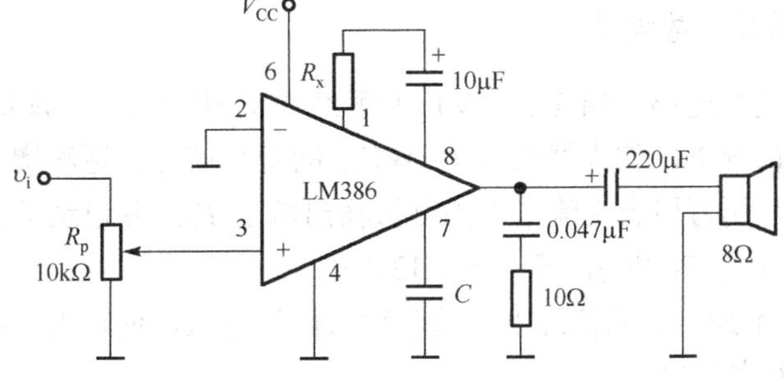

图 7.13-4　LM386 典型应用电路

也可在①和⑤之间外接电阻来改变电压放大倍数，调节范围也在 20～200 之间。可通过如下公式来计算放大增益：

$$A_{\mathrm{v}} \approx \frac{2(R_7//R)}{R_5+R_6} \tag{7.13-2}$$

式中，R 为外接电阻。

3．功率放大电路重要指标及测量方法

（1）最大输出功率 P_{om}

理想条件下，互补对称 OTL 功率放大电路的最大输出功率为

$$P_{\mathrm{om}} = \frac{I_{\mathrm{cm}}}{\sqrt{2}} \cdot \frac{V_{\mathrm{om}}}{\sqrt{2}} = \left[\frac{V_{\mathrm{CC}}}{2R_{\mathrm{L}}} \cdot \frac{V_{\mathrm{CC}}}{2}\right]/2 = \frac{V_{\mathrm{CC}}^2}{8R_{\mathrm{L}}} \tag{7.13-3}$$

测量方法：输入 1kHz 的正弦信号，逐渐加大输入电压幅值，当输出波形出现临界削波时，用毫伏表测量此时的输出电压 V_{o}，则最大输出功率为

$$P_{\mathrm{om}} = \frac{V_{\mathrm{o}}^2}{R_{\mathrm{L}}} \tag{7.13-4}$$

（2）直流电源供给的平均功率 P_{V}

在理想条件下（即 $V_{\mathrm{om}} \approx \frac{1}{2}V_{\mathrm{CC}}$ 时），

$$P_{\mathrm{V}} \approx \frac{4}{\pi} P_{\mathrm{om}} \tag{7.13-5}$$

测量方法：在测量 V_{o} 的同时，记下直流电流 I，可算出此时电源供给的功率为

$$P_{\mathrm{V}}=V_{\mathrm{CC}}I \tag{7.13-6}$$

（3）效率 η

$$\eta = \frac{P_{\mathrm{om}}}{P_{\mathrm{V}}} \tag{7.13-7}$$

（4）最大输出功率时三极管的管耗 P_{T}

$$P_{\mathrm{T}} = P_{\mathrm{V}} - P_{\mathrm{om}} \tag{7.13-8}$$

四、实验内容

1．OTL 互补对称功率放大器

（1）按图 7.13-1 连接电路。给 $\mathrm{VT_2}$、$\mathrm{VT_3}$ 发射结加正偏置电压，调节 R_{p}，使 $V_{\mathrm{A}}=V_{\mathrm{CC}}/2$。

（2）在加自举的情况下，放大器输入 f=1kHz 的正弦信号。逐渐增大输入电压，当输出波形出现临界削波时，用万用表交流电压挡测量输出电压 V_{o}，并记录下此时的电流 I 和电源电压 V_{CC}，算出 P_{om}、P_{T}、P_{V} 和 η，填入表 7.13-1 中。

（3）断开 C_3，在不加自举的情况下，调节输入信号电压，使输出波形达到临界削波，将测量出的 V_{CC} 和 I 填入表 7.13-1 中。

表 7.13-1　OTL 互补对称功率放大器测量数据

	V_o (V)	I(mA)	V_{CC}(V)	$P_{om}=V_o^2/R_L$ (W)	$P_V=V_{CC}I$ (W)	$P_T=P_V-P_{om}$ (W)	η
不加自举							
加自举							

（4）保持内容 3 中的输入信号电压不变，用示波器分别观察 VT_2、VT_3 发射结有、无正偏置电压两种情况（即 S 断开和接通）对交越失真的影响，并记录两种情况下的输出信号电压波形。

2．集成功率放大器

（1）按图 7.13-4 连接电路，电容 C 可选择 10μF，检查无误后接入电源。

（2）在放大器输入端输入 f =1kHz、$\upsilon_i=50$mV（峰-峰值）的正弦信号。使用万用表交流电压挡分别测量出 V_i、V_o 及电源供给的电流 I，计算出 P_{om}、P_V、P_T、η 和 A_υ，并填入表 7.13-2 中。

表 7.13-2　集成功率放大器测量数据

	V_i (V)	V_o(V)	I (mA)	$A_\upsilon=\frac{V_o}{V_i}$	P_{om}	P_V	η
①、⑧开路悬空（R_x=∞）							
①、⑧串接 10μF 电容（R_x=0）							
R_x=1.2kΩ							

五、实验报告要求

1．列出实验内容 1 或 2 的实验结果，并说明 P_{om} 及 η 值偏离理想值的主要原因。

2．简述实验心得体会。

六、思考题

1．在图 7.13-1 中，为什么接入 R_S 电阻？将 R_S 短路会造成什么结果？

2．在图 7.13-1 中，S 闭合，无信号时，VT_2、VT_3 的管耗是多少？S 断开，VT_2、VT_3 分别工作在何种状态？

3．在图 7.13-1 中，若 R_2 短路，自举作用将发生什么变化？

七、注意事项

1．图 7.13-1 中的 R_S 不能短接。

2．图 7.13-4 的元件参数根据实际情况选定。

八、实验元器件

1．带自举 OTL 功率放大电路

三极管　3DG6、3BX31A、3AX31A　各一只

电阻　8Ω、51Ω、150Ω、680Ω、1kΩ、5.1kΩ　各一只

电容　10μF　两只；47μF、470μF　各一只

电位器　15kΩ　一只

二极管　IN4148　一只

2．LM386 典型应用电路

集成功率放大器　LM386　一片

电阻　10Ω　一只

电容　0.047μF、10μF、220μF　各一只

电位器　10kΩ　一只

扬声器　8Ω　一只

实验十四　串联型稳压电源

一、实验目的

1．了解桥式整流电路的工作原理。

2．掌握串联型稳压电源的工作原理。

3．学习串联型稳压电源技术指标的测试方法。

4．掌握集成稳压器主要性能指标的测试方法。

二、预习要求

1．复习串联稳压电源的相关内容。

2．了解集成稳压器的主要技术指标。

三、实验原理及参考电路

电源是电压源和电流源的统称，为电子电路提供必要的能量，是电子系统不可或缺的组成部分。线性稳压电源主要由变压器、整流电路、滤波电路及稳压电路 4 部分组成。

1．分立元件串联型稳压电源

分立元件串联型稳压电源电路如图 7.14-1 所示。

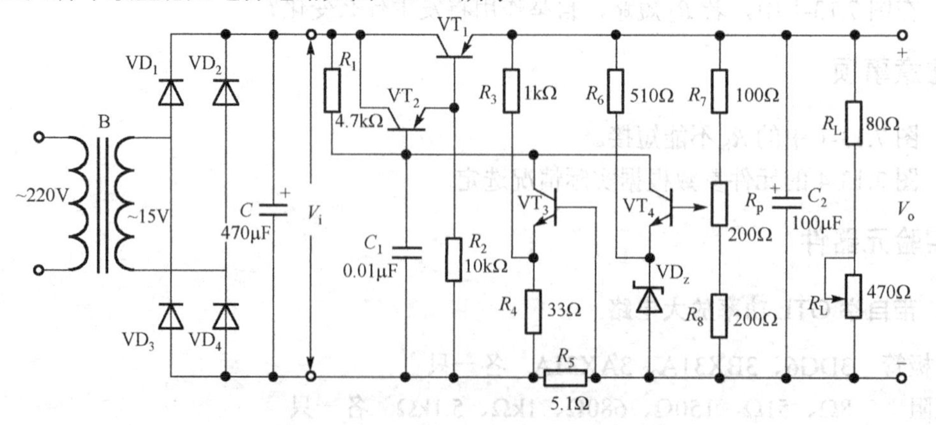

图 7.14-1　分立元件串联型稳压电源电路

（1）降压、整流、滤波电路

变压器：将市电转换为 15V 的交流电压。

整流：利用二极管的单向导通特性将交流电压变化成脉动的直流电压。VD_1～VD_4 构成桥式整流电路，桥式整流电路是一种全波整流电路。

滤波：将单向脉动电压中的交流成分滤掉，输出较平滑的直流电压。电容 C 为滤波元件。

（2）稳压电路

串联型稳压电路由调整、取样、基准、稳压 4 部分组成，组成框图如图 7.14-2 所示。一个好的稳压电路还应具备保护措施，以确保电路在各种条件下都能正常工作。

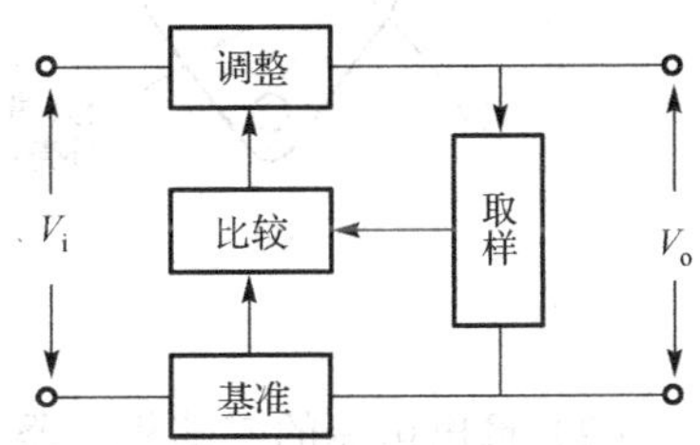

图 7.14-2　串联型稳压电路组成框图

① 调整部分

由 VT_1、VT_2、R_1、R_2、C_1 组成。VT_1、VT_2 构成复合管，增强调整能力。

② 取样部分

由 R_7、R_p、R_8 组成。取样信号通过 R_p 送入 VT_4 基极，调整 R_p 的大小即可改变取样信号量的多少。

③ 基准、比较部分

基准由 DW、R_5 构成。为 VT_4 发射极提供稳定基准电压（6V）。

VT_4 作为比较器件，将取样信号和基准信号进行比较，通过放大后控制调整管的基极，从而对输出电压进行调整。

④ 保护部分

VT_3、R_3、R_4、R_6 组成过流保护电路。

2．集成稳压电源

目前，分立元件构成的稳压器几乎被淘汰，取而代之的是应用广泛的集成稳压器。集成稳压器具有体积小，可靠性高，使用方便，价格低廉以及温度特性好等优点。根据输出电压情况可分为固定输出和可调输出两大类。

（1）固定输出的三端稳压器

78××系列三端稳压器为正电压输出，79××系列三端稳压器为负电压输出。

其稳定输出电压从±5～±24V 有 7 挡，加装散热片后输出额定电流可达 1.5A。稳压器内部具有过流、过热、安全工作区保护电路，一般不会因为过载而损坏。只需在外面连接少量元件便可构成可调式稳压器或恒流源。

在图 7.14-3 中，(a)为 78××的金属封装外形，(b)为 78××的塑封外形，(c)为 78××的符号及引脚图。79××与之类似。

图 7.14-4 所示电路中，C_i 用于抑制过大的纹波电压，C_o 用于改善负载瞬态响应。为避免输入端短路或输入滤波电容开路造成输出瞬间过压，可在输入和输出之间连接保护二极管或者在输出端加泄放电阻 R。

为了使稳压器正常工作，一般要求输入电压不宜过高，高太多会造成稳压器功耗过大，易损坏稳压器。

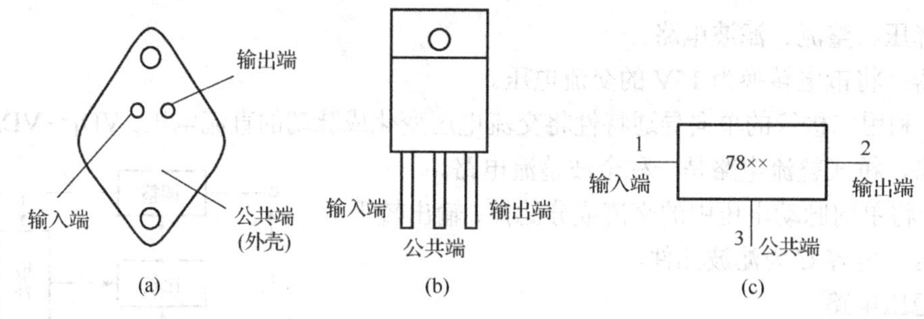

图 7.14-3　78××的外形与符号

（2）输出可调的三端稳压器

LM317 为可调式（正电压输出）三端稳压器，其输出端与输入端之间的电压为 1.25V，称为基准电压。图 7.14-6 所示为 LM317 的外形与符号，(a)为 LM317 的金属封装外形，(b)为 LM317 的塑封外形，(c)为 LM317 的符号及引脚图。

LM317 的典型应用电路如图 7.14-5 所示。由于调整端的电流很小，几乎可以忽略不计，则输出电压为

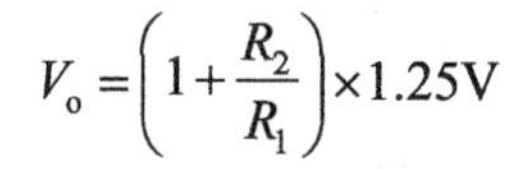

$$V_o=\left(1+\frac{R_2}{R_1}\right)\times 1.25\text{V}$$

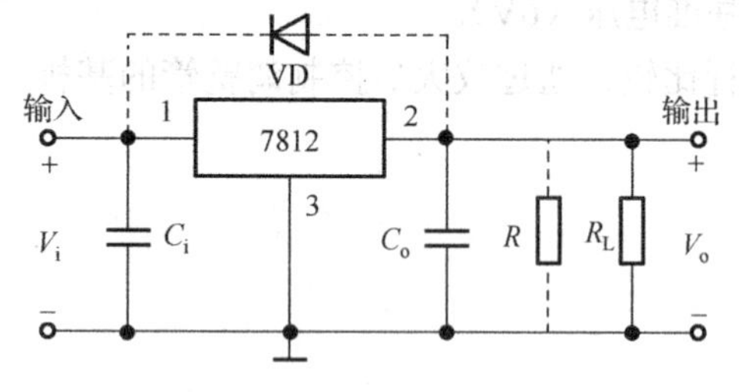

图 7.14-4　78××的典型应用电路

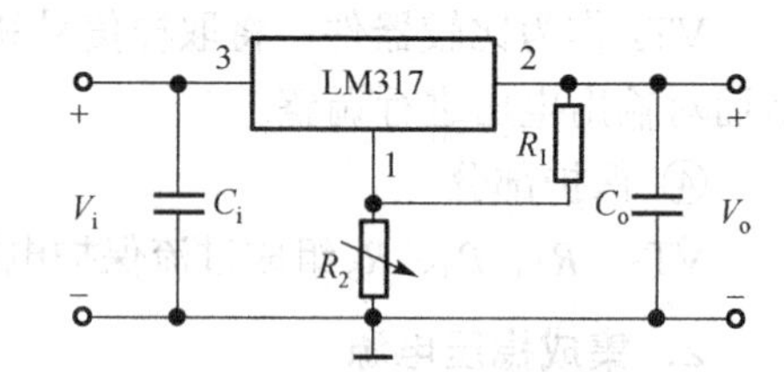

图 7.14-5　LM317 的典型应用电路

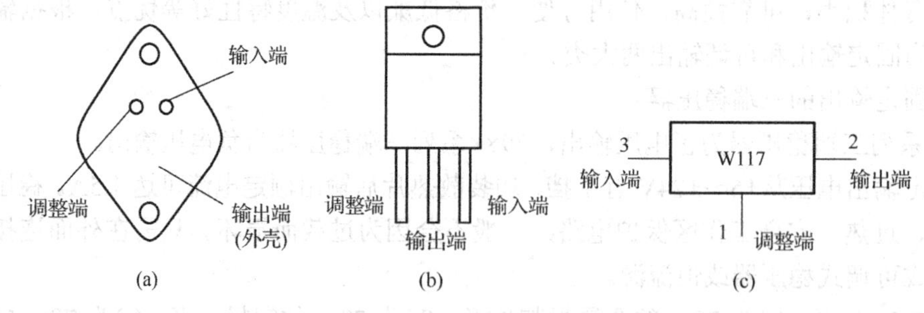

图 7.14-6　LM317 的外形与符号

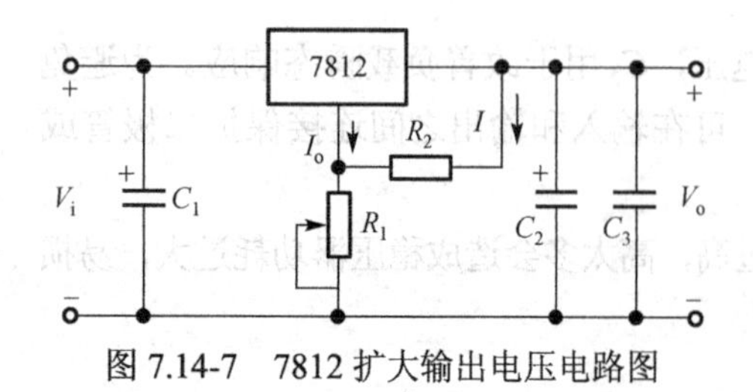

图 7.14-7　7812 扩大输出电压电路图

（3）扩大输出电压范围

当选定固定输出的三端稳压器的型号后，其输出电压基本固定，若需扩大输出电压，可改变公共端电压实现输出电压的改变。用固定三端稳压器组成的扩大输出三端稳压器如图 7.14-7 所示。

R_2上的偏置电压由静态电流I_o和R_1上提供的偏

置电流共同决定，在 R_2 上产生一个可调的变换电压，并加在公共端，则输出电压为

$$V_o = V_o'\left(1+\frac{R_2}{R_1}\right)+I_o R_2$$

式中，V_o' 为集成稳压器的固定输出电压，I_o 为集成稳压器的静态电流（7812 的 I_o=5mA）。

$$R_1=\frac{V_o}{5I_o}，\quad R_2=\frac{V_o-V_o'}{6I_o}$$

四、实验内容

1．按照图 7.14-1 所示安装电路，检测连接线准确无误后方可通电测试。

2．稳压电路可调范围

输出端连接负载 R_L，调节 R_p 测试输出电压是否可以改变，输出电压可调时，测量 V_o 的最大值和最小值及对应的输入电压 V_i 和 VT_1 的管压降 V_{CE1}，将测量结果填入表 7.14-1。

表 7.14-1　测量数据 1

	V_i(V)	V_o (V)	V_{CE1}(V)
R_w 左旋到底			
R_w 右旋到底			

3．稳压系数 S_V

定义：改变输入电压（负载不变），输出电压相对变化量与输入电压相对变化量之比，称为稳压系数，用 S_V 表示，计算公式如下

$$S_V=\left.\frac{\Delta V_o/V_o}{\Delta V_i/V_i}\right|_{\Delta I_L=0}$$

测量方法：V_i 增大或减小 10%时，测量出对应的输出电压 V_o，求出 ΔV_o，并将其代入 S_V 计算式中。显然，S_V 越小，稳压效果越好。

4．稳压电路的外特性

空载时调节 R_w 使 V_o=10V，然后接入负载电阻 R_L。改变负载电阻大小，将测量结果填入表 7.14-2 中。

表 7.14-2　测量数据 2

V_o(V)					
R_L(Ω)					
$I_L=V_o/R_L$					

5．纹波电压

调节电路，使 V_o=10V、I_L=50mA 时，用万用表交流电压挡测量稳压电路输出电压的交流分量有效值 V_o，即为稳压电路的输出纹波电压值。

6．集成稳压器的参数测试

按照图 7.14-4 连接电路，按照上述方法测量出稳压系数 S_V、稳压电路的外特性、纹波电压等重要指标，表格自拟。

*7．按图 7.14-7 所示安装电路，R_1 取 100Ω、R_2 取 680Ω，当 V_I=28V 时，调节 R_2，测量输出电压的调节范围。

五、实验报告要求

1．记录测试条件和测试结果。

2．分析并整理实验数据，对集成稳压器的性能给予评价。

六、注意事项

1．集成稳压器的输入、输出不能反接，若反接电压超过 7V，将会损坏稳压器。

2．集成稳压器输入端不能短路，故应在输入、输出端接一个保护二极管。

3．防止浮地故障。集成稳压器的外壳应与可靠的公共地端连接。

七、实验元器件

三极管	3BX31A、3DG12　各一只；3DG6　两只
二极管	IN4007　4 只
稳压二极管	2CW7　一只
电阻	5.1Ω、33Ω、80Ω/5W、100Ω、200Ω、510Ω、1kΩ、4.7kΩ、10kΩ　各一只
电位器	200Ω、470Ω　各一只
电容	0.01μF、100μF、470μF　各一只
集成稳压块	7812、LM317　各一片

第8章　数字电子技术实验

实验一　与非门的功能测试及应用

一、实验目的

1．熟悉与非门的逻辑功能和基本指标。

2．掌握组合逻辑电路的分析方法。

二、预习要求

1．复习与非门的逻辑表达式及功能。

2．熟悉 74LS00、CD4011 的外引线排列图。

3．学习逻辑电路的分析方法。

三、实验原理及参考电路

1．与非门的逻辑功能

与非门的逻辑符号和逻辑真值表如图 8.1-1 和表 8.1-1 所示，逻辑表达式为

$$L=\overline{A\cdot B}$$

表 8.1-1 以双输入与非门为例说明其功能，其中 A、B 作为与非门的输入端，L 为与非门的输出端，功能可归纳为“有 0 出 1，全 1 出 0”。

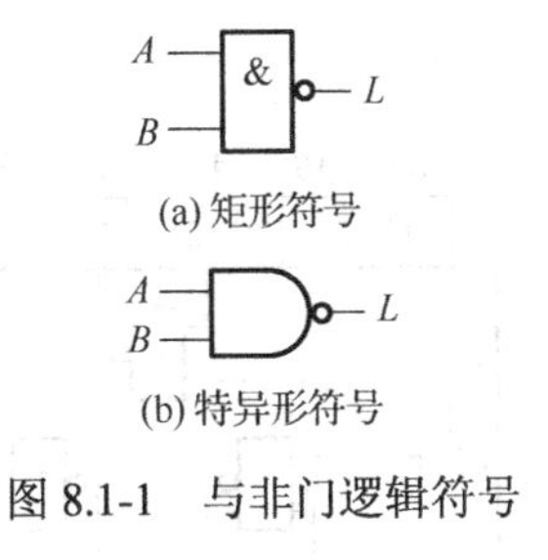

(a) 矩形符号

(b) 特异形符号

图 8.1-1　与非门逻辑符号

表 8.1-1　与非门真值表

A	B	L
0	0	1
0	1	1
1	0	1
1	1	0

2．TTL 与非门的主要参数

TTL 与非门具有较高的工作速度、较强的抗干扰能力、较大的输出幅度和带负载能力等优点，因而得到了广泛应用。使用时必须对它的逻辑功能、主要参数和特性曲线进行测试，以确定其性能好坏。

（1）输出高电平 V_{oH}

输出高电平是指与非门有一个以上输入端置低电平或置 0 电位时的输出电平值。空载时，V_{oH} 必须大于标准高电平（V_{SH}=2.4V），当接入拉电流负载时，V_{oH} 将随之下降。

（2）输出低电平 V_{oL}

输出低电平是指与非门所有输入端置高电平时的输出电平值。空载时，V_{oL} 必须小于标准低电平（V_{SL}=0.4V），当接入灌电流负载时，V_{oL} 将随之上升。

（3）低电平输入电流 I_{IL}

I_{IL} 是指当一个输入端接地，其余输入端悬空时，输入端流向接地端的电流，又称为输入短路电流。I_{IL} 的大小关系到前一级门电路能带动负载的个数。

（4）高电平输入电流 I_{IH}

I_{IH} 是指当一个输入端接高电平，其余输入端接地时，流过接高电平输入端的电流，又称交叉漏电流。它主要作为前级门输出为高电平时的拉电流，当 I_{IH} 太大时，就会因为“拉出”电流太大，而使用前级门输出高电平降低。

（5）扇出系数 N

扇出系数 N 是指能驱动同类门电路的数目，用以衡量带负载的能力。N 的大小主要受输出低电平时，输出端允许灌入的最大电流的限制，若灌入负载电流超出该数值，则输出低电平将显著抬高，造成下一级逻辑电路的错误动作。

3. CMOS 与非门的主要参数

（1）输出高电平 V_{oH}

输出高电平 V_{oH} 是指在规定的电源电压（如 5V）下，输出端开路时的输出高电平。通常 $V_{oH} \approx V_{DD}$。

（2）输出低电平 V_{oL}

输出低电平 V_{oL} 是指在规定的电源电压（如 5V）下，输出端开路时的输出低电平。通常 $V_{oL} \approx 0V$。

4. 常用与非门集成电路

本实验中，TTL 与非门集成电路采用 74LS00，CMOS 与非门集成电路采用 CD4011，它们的外引线排列如图 8.1-2、图 8.1-3 所示。

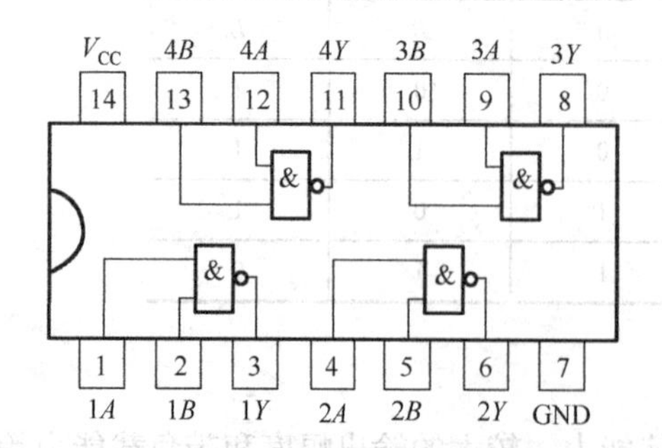

图 8.1-2 74LS00 外引线排列图

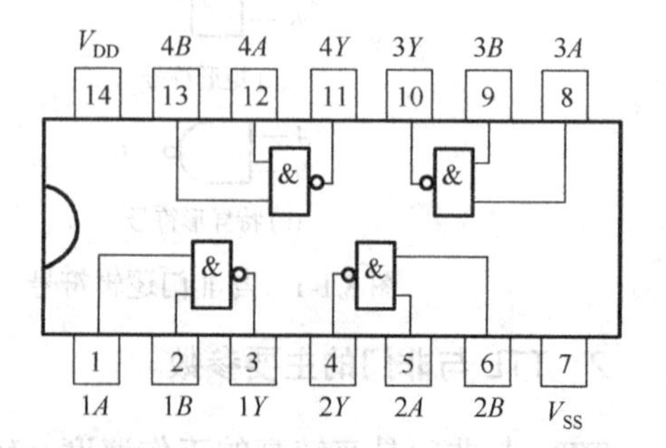

图 8.1-3 CD4011 外引线排列图

四、实验内容

1. TTL 与非门的 V_{oH} 和 V_{oL} 测试

分别测量 TTL 与非门在空载和带负载两种情况下的输出高电平 V_{oH} 和输出低电平 V_{oL}。

在 74LS00 中选择一个与非门，将输入端置于逻辑开关。当 AB 为 00、01、10 三种状态时，采用图 8.1-4 所示电路测试 V_{oH}；当 AB 为 11 状态时，采用图 8.1-5 所示电路测试 V_{oL}。使用电压表测量与非门的输出电压，将测量的数据填入表 8.1-2 中。

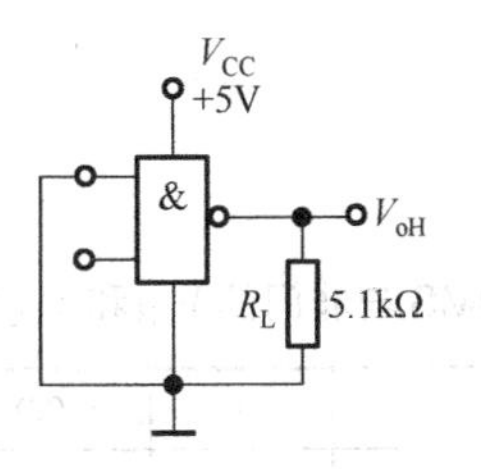

图 8.1-4　V_{oH} 的测试电路

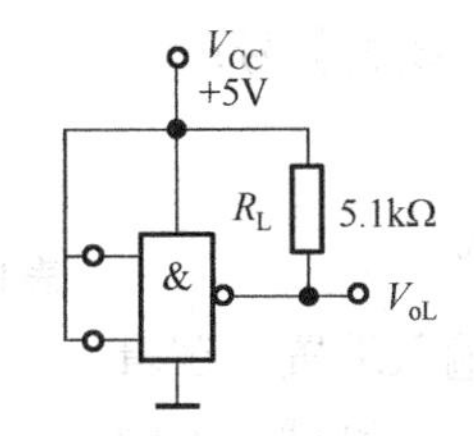

图 8.1-5　V_{oL} 的测试电路

表 8.1-2　TTL 与非门的 V_{oH} 和 V_{oL} 测试

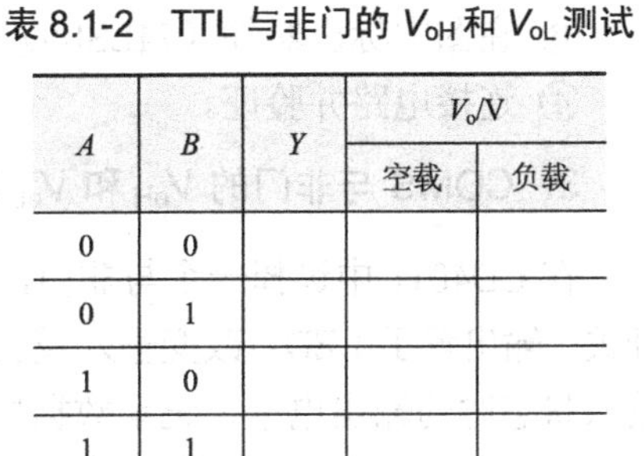

A	B	Y	V_o/V	
			空载	负载
0	0			
0	1			
1	0			
1	1			

2. TTL 与非门的应用

（1）应用实例

如图 8.1-6 所示电路，写出输出表达式，并列出真值表。

如图 8.1-6 所示，各个门的输出表达式为：

$$Y_1=\overline{A\cdot B}\text{，}\quad Y_2=\overline{C\cdot 1}\text{，}\quad Y_3=\overline{Y_1\cdot Y_2}$$

则输出表达式为：$L=Y_3=\overline{\overline{A\cdot B}\cdot\overline{C\cdot 1}}$

化简可得：$L=AB+C$

最后列出真值表，如表 8.1-3 所示（写出 Y_1、Y_2、Y_3 的输出结果）。

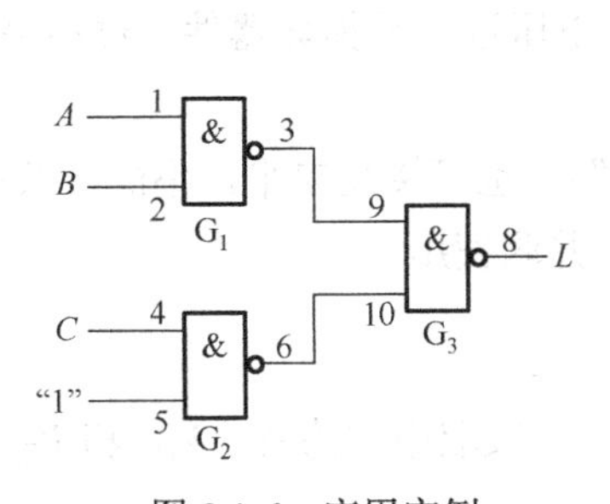

图 8.1-6　应用实例

表 8.1-3　应用实例真值表

输入			输出		
A	B	C	Y_1	Y_2	$Y_3(L)$
0	0	0	1	1	0
0	0	1	1	0	1
0	1	0	1	1	0
0	1	1	1	0	1
1	0	0	1	1	0
1	0	1	1	0	1
1	1	0	0	1	1
1	1	1	0	0	1

在图 8.1-6 所示电路中已标出了器件（74LS00）外引线引脚号。按照原理图连接电路，图中为“1”的地方置高电平（+5V），A、B、C 接到逻辑开关，输出 L 连接到 LED，最后连接集成电路电源引脚。连接完成后参照表 8.1-3 验证电路功能。

（2）逻辑电路分析

分析并验证图 8.1-7、图 8.1-8 所示电路。

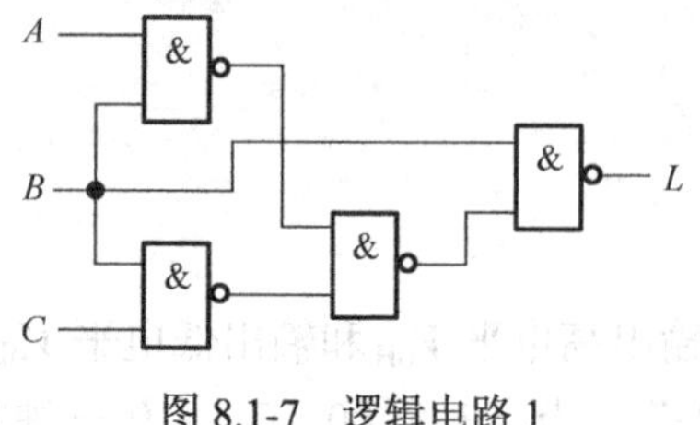

图 8.1-7 逻辑电路 1

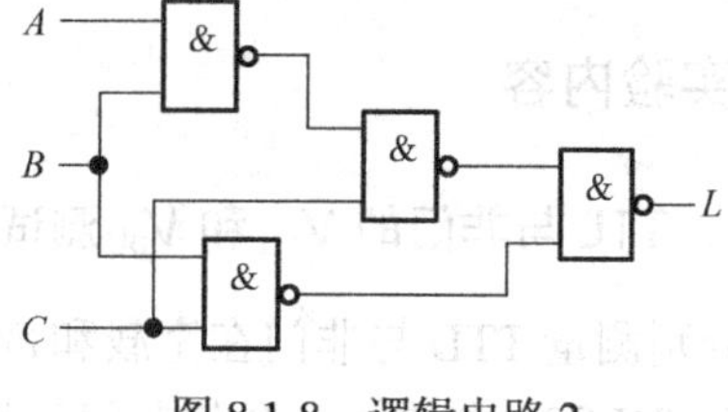

图 8.1-8 逻辑电路 2

① 写出输出表达式；

② 列出真值表；

③ 在图中标出器件（74LS00）外引线引脚号；

④ 连接电路并验证。

3．COMS 与非门的 V_{oH} 和 V_{oL} 测试

在 CD4011 中选择一个与非门，将输入端置于逻辑开关，输出置于 LED，改变输入逻辑状态，测试在不同输入状态时的输出电平，记录数据填入表 8.1-4 中。

表 8.1-4 COMS 与非门的 V_{oH} 和 V_{oL} 测试

A	B	Y	V_o(V)
0	0		
0	1		
1	0		
1	1		

五、实验报告要求

1．按各步骤要求填表并画逻辑电路。

2．根据实验结果，对 TTL 和 COMS 与非门的性能做出比较。

六、思考题

如何处理 TTL 与非门和 CMOS 与非门多余的输入端？

七、注意事项

TTL 和 CMOS 集成电路，由于内部材料不同，在使用时有很多不同之处，应严格遵循。

1．TTL 集成电路使用注意事项

① 对电源电压要求严格，只允许在 5V±10%波动。电压过大易损坏器件，过小易导致逻辑功能不正常。

② 不用的输入端允许悬空（悬空即相当于输入“1”），也可接高电平，不能接低电平。

③ 输出端不允许直接连接电源正、负极，也不可以并联使用。

2．COMS 集成电路使用注意事项

① 电源电压要求较宽，3～18V 电压均可正常工作，一般取中间为宜。V_{DD} 和 V_{SS} 绝不能接反，避免损坏器件，在干扰较大时，应适当提高 V_{DD}。

② 不用的输入端不能悬空，应按逻辑功能连接 V_{DD} 或 V_{SS}。

③ 输出端不允许直接连接 V_{DD} 或 V_{SS}。

④ 输入信号电压应满足 $V_{SS} \leqslant V_i \leqslant V_{DD}$。实验时应先连 V_{DD} 和 V_{SS}，后加输入信号；关机时要先去输入信号，再关 V_{DD} 和 V_{SS}。

⑤ 输入信号电流不应超过 1mA。

八、实验元器件

集成与非门　74LS00、CD4011　各一片
电阻　　　　500Ω、5.1kΩ　各一只

实验二　SSI 组合逻辑电路

一、实验目的

1．进一步掌握集成电路的使用方法。
2．加深理解用小规模数字集成电路构成组合逻辑电路的分析和设计方法。

二、预习要求

1．按设计步骤，根据所给器件设计实验内容 1、2 的逻辑电路图；
2．理解图 8.2-2 的工作原理与设计思路。

三、实验原理及参考电路

分析组合逻辑电路的目的是，对于一个给定的逻辑电路，确定其逻辑功能。分析组合逻辑电路的步骤大致如下。

（1）根据逻辑电路，从输入到输出，写出各级逻辑表达式，直到写出最后输出端与输入信号的逻辑表达式。

（2）将各逻辑表达式化简和变换，以得到最简的表达式。

（3）根据简化后的逻辑表达式列出真值表。

（4）根据真值表和简化后的逻辑表达式对逻辑电路进行分析，最后确定功能。

组合逻辑电路的设计与分析过程相反，对于提出的实际逻辑问题，得出满足这一逻辑问题的逻辑电路。组合逻辑电路的设计步骤如图 8.2-1 所示，先根据实际的逻辑问题确定输入、输出变量及表示符号，定义逻辑状态的含义，再根据对电路逻辑功能的要求，列出真值表，然后写出并求出最简逻辑表达式。结合给定的逻辑器件进行逻辑表达式转换，最后画出逻辑电路图。

值得注意的是，这里所说的“最简”是指：电路所用器件数量最少，器件的种类最少，器件之间的连线也最少。

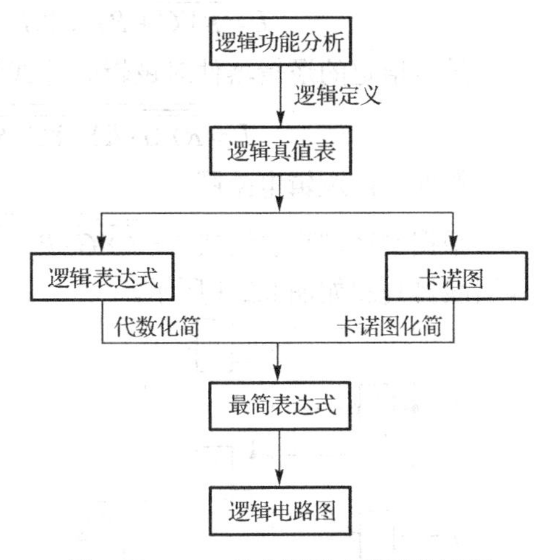

图 8.2-1　SSI 组合逻辑电路设计流程

四、设计实例

题目：交通灯故障判断电路

设计要求：使用 74LS00 和 74LS20 设计一个能监视交通灯工作状态的逻辑电路。

设计过程如下。

第一步：逻辑功能分析及状态定义

红、黄、绿三个灯在正常工作时，只有一个灯处于点亮状态，而当出现两个及三个灯被点亮或者三个灯都不亮时，属于故障状态。逻辑电路的功能为：当交通灯出现故障状态时，监视电路给出提示信号。

综述以上分析，输入变量即为红、黄、绿工作状态，用 R、Y、G 表示，输出用 L 表示。

定义逻辑状态：R、Y、G 为 1 表示点亮，为 0 表示不亮。交通灯正常工作时，L 输出 0，发生故障时，输出 1。

第二步：真值表

根据功能分析和逻辑状态的定义列出真值表，如表 8.2-1 所示。

表 8.2-1　真值表

R	Y	G	L	备注
0	0	0	1	R、Y、G 不亮：故障
0	0	1	0	G 亮：正常
0	1	0	0	Y 亮：正常
0	1	1	1	Y、G 亮：故障
1	0	0	0	R 亮：正常
1	0	1	1	R、G 亮：故障
1	1	0	1	R、Y 亮：故障
1	1	1	1	R、Y、G 亮：故障

第三步：逻辑表达式

根据真值表写出表达式并化简，可以采用代数法化简，也可以采用卡诺图法化简，下面介绍采用卡诺图法化简。

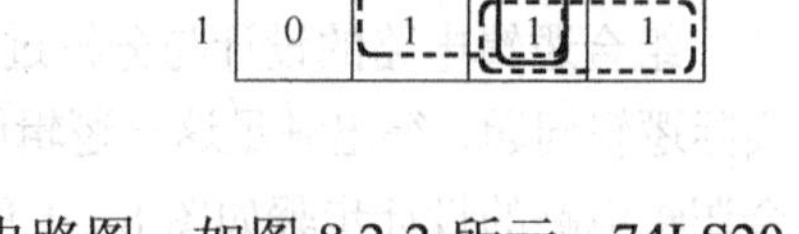

R \ YG	00	01	11	10
0	1	0	1	0
1	0	1	1	1

根据卡诺图可得输出逻辑表达式为

$$L=\overline{R}\,\overline{Y}\,\overline{G}+RY+YG+RG$$

结合给定的逻辑器件对逻辑表达式进行转换

$$L=\overline{\overline{\overline{R}\,\overline{Y}\,\overline{G}}\cdot\overline{RY}\cdot\overline{YG}\cdot\overline{RG}}$$

第四步：逻辑电路图

根据最终逻辑表达式 $L=\overline{\overline{\overline{R}\,\overline{Y}\,\overline{G}}\cdot\overline{RY}\cdot\overline{YG}\cdot\overline{RG}}$，画出逻辑电路图，如图 8.2-2 所示。74LS20 外引线排列图如图 8.2-3 所示。

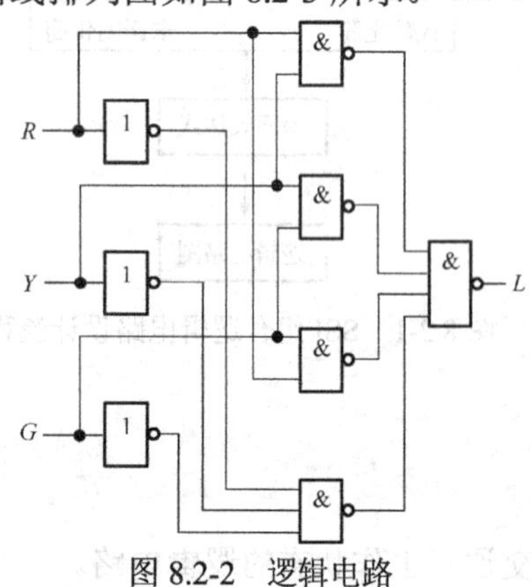

图 8.2-2　逻辑电路

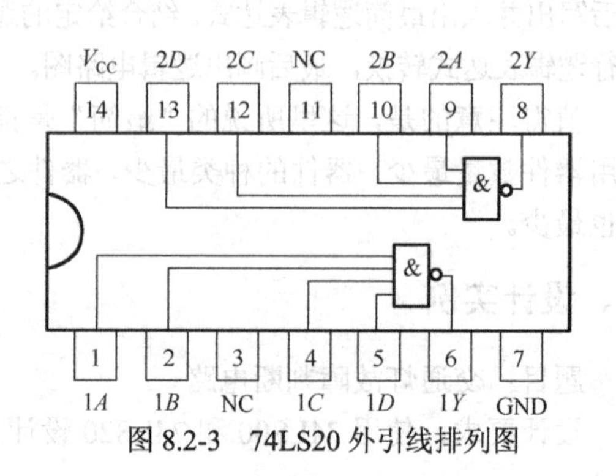

图 8.2-3　74LS20 外引线排列图

可以选用 74LS00 的与非门转换获得非门的功能，变换方法如图 8.2-4 所示。

方法一：将两个输入端连接在一起改变为一个输入端，则输出表达式为：$Y=\overline{A\cdot A}=\overline{A}$。

方法二：将其中一个输入端置逻辑“1”，另外一个输入端作为变量输入端，则输出表达式为：$Y=\overline{A\cdot 1}=\overline{A}$。

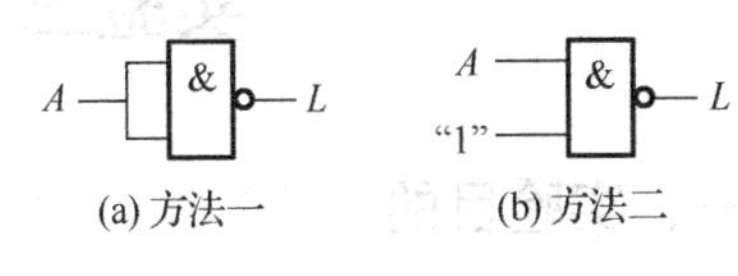

图 8.2-4　与非门转换非门

同理，将四输入与非门采用上述两种方法也可实现三输入与非门的功能。

经过简化和转换，电路的逻辑功能只需两类三片（74LS00×2、74LS20×1）集成电路即可实现。

五、实验内容

1. 交通灯故障判断电路

在图 8.2-2 所示电路中，根据提供的集成电路标出器件的外引线引脚号，电路连接好后，分别将 R、Y、G 接至逻辑开关，L 置于 LED，验证表 8.2-1。

2. 三人表决器

设计一个三人表决器，三人分别用 A、B、C 表示。当 A 同意时，无论 B、C 怎么决定，都可以通过；当 B、C 都同意时，无论 A 怎么决定，都可以通过。

3. 简易电子密码锁

密码锁上有三个按键 A、B、C。当同时按下三个按键时，或者 A、B 按键同时按下时，或者 A、B 按键中任一个单独按下时，密码锁能被打开；当出现其他按键情况时，密码锁发出报警提示。

4. 供电控制电路

某高校有三间机房 A、B、C。其中 A 的功耗是 C 的三倍，B 的功耗是 C 的两倍。三间机房由两台发电机 X 和 Y 供电，X 的最大功率是 C 功耗的两倍，Y 的最大功率是 X 最大功率的两倍。要求设计一个控制电路，能够根据机房的应用情况，以最节能的方式控制发电机的工作。

六、实验报告要求

1. 写出实验内容 2、3 的设计步骤。
2. 总结 SSI 组合逻辑电路的设计方法。

七、思考题

1. 如果应用 74LS03（OC 门）替换 74LS00 组装实验电路时，会出现无输出，什么原因？
2. 使用 CD4011 替代 74LS00 来实现非门时，输入为“1”时，能否将对应输入端悬空？如果不能，为什么？

八、实验元器件

集成电路　74LS00　两片；74LS20　一片

实验三　MSI 组合逻辑电路（一）

一、实验目的

1．了解常用的数据选择器、译码器等中规模数字集成电路的性能及使用方法。

2．学习使用 MSI 数字集成电路设计简单的逻辑函数产生器。

二、预习要求

1．熟悉 74LS151 和 74LS138 的外引线排列图。

2．按照实验内容 2、3 的要求，设计并画出逻辑电路图。

3．根据实验内容 4 的要求，画出逻辑电路。

三、实验原理及参考电路

1．数据选择器

数据选择器又称为多路选择器或多路开关，它是多输入、单输出的组合逻辑电路。若在选择器的控制端加上地址码，就能从多个输入数据中选择一个数据，传送到一个单独的输出通道上。这种功能类似一个单刀多掷转换开关。它除了进行数据选择外，还可以用来产生复杂的函数，实现数据传输与并-串转换等多种功能。

数据选择器具有多种形式，有传送一组一位数码的一位数据选择器，也有传送一组多位数码的多位数据选择器。它基本上是由数据选择控制（或称地址输入）、数据输入电路和数据输出电路三个部分组成的。数据限制区根据不同的需要有多种形式输出，有的以原码形式输出（如 74LS153），有的以反码形式输出（如 74LS352），有的数据选择器输出级是寄存器，需加同步时钟信号触发才能输出（如 74LS399）。表 8.3-1 列出了常用数据选择器的型号和特点。

表 8.3-1　常用数据选择器的型号和特点

名称	型号	特点
八选一	74152	无选通信号，反码输出
	74151、74S151、74LS151	一个使能端，原码、反码互补输出
	74251、74S251、74LS251	一个使能端，原码、反码、三态互补输出
十六选一	74150、74LS150	一个使能端，原码、反码互补输出
双四选一	74153、74S153、74LS153	两个独立使能端，原码输出，两组公用地址
	74LS253	两个独立使能端，原码、三态输出，公用地址
	74LS352	两个独立使能端，反码输出，公用地址
	74LS353	两个独立使能端，反码、三态输出，公用地址
四二选一	74S157、74LS157	一个使能端，原码输出，地址互控
	74157	一个使能端，原码输出，地址独立
	74298、74LS298、74LS399	一个使能端，寄存器输出原码

（1）74LS151 介绍

本实验选用 74LS151，它一个八选一数据选择器，有三个地址输入端 A_2、A_1、A_0，可选择 D_0～D_7 共 8 个数据源，具有两个互补输出端，同相输出端 Y 和反相输出端 $\overline{W}$。外引线排列图和功能表分别如图 8.3-1 和表 8.3-2 所示。

引脚	引脚号	引脚号	引脚
D_3	1	16	V_{CC}
D_2	2	15	D_4
D_1	3	14	D_5
D_0	4	13	D_6
Y	5	12	D_7
$\overline{W}$	6	11	A_0
$\overline{ST}$	7	10	A_1
GND	8	9	A_2

图 8.3-1　74LS151 外引线排列图

表 8.3-2　74LS151 功能表

输入				输出	
选择			选通	数据	反码
A_2	A_1	A_0	$\overline{ST}$	Y	$\overline{W}$
×	×	×	1	0	1
0	0	0	0	D_0	$\overline{D_0}$
0	0	1	0	D_1	$\overline{D_1}$
0	1	0	0	D_2	$\overline{D_2}$
0	1	1	0	D_3	$\overline{D_3}$
1	0	0	0	D_4	$\overline{D_4}$
1	0	1	0	D_5	$\overline{D_5}$
1	1	0	0	D_6	$\overline{D_6}$
1	1	1	0	D_7	$\overline{D_7}$

由表 8.3-2 可以看出，当选通端 $\overline{ST}=0$ 时，Y 是 A_2、A_1、A_0 和 D_0～D_7 的**与或**函数，它的表达式为

$$Y=\sum_{i=0}^{7} m_i D_i$$

式中，m_i 是 A_2、A_1、A_0 构成的最小项，显然当 D_i=1 时，其对应的最小项 m_i 在**与或**式中出现。当 D_i=0 时，对应的最小项就不出现。利用这一点，便可实现组合逻辑函数。

（2）74LS151 应用

将 74LS151 的地址选择端输入信号 A_2、A_1、A_0 作为函数的输入变量，数据输入 D_0～D_7 作为控制信号，控制各最小项在输出逻辑函数中是否出现，当 $\overline{ST}$ 保持低电平时，74LS151 便可作为一个三变量的函数产生器使用。

设计实例：应用 74LS151 设计交通灯故障判断器。

根据实验二的表 8.2-1 所示，写出最小项之和形式的逻辑表达式

$$L=\overline{R}\,\overline{Y}\,\overline{G}+\overline{R}YG+R\overline{Y}G+RY\overline{G}+RYG$$

然后将表达式改写成下列形式

$$L(R,Y,G)=m_0+m_3+m_5+m_6+m_7=\sum m(0,3,5,6,7)$$

再根据改写式出现和未出现的最小项 m_0～m_7 得出结果，式中出现的最小项对应的数据输入端 D_0～D_7 为 1，未出现的数据输入端 D_0～D_7 为 0。即有 $D_0=D_3=D_5=D_6=D_7=1$，而 $D_1=D_2=D_4=0$。由此可画出设计电路的逻辑图，如图 8.3-2 所示。

2．译码器

译码器是数字电路中用得很多的一种多输入、多输出的组合逻辑电路。译码器可分为两种类型，一种是将一系列代码转换成与之一一对应的有效信号。这种译码器可称为位移地址

译码器，它常用于计算机中对存储器芯片或接口芯片选片的译码，即将每个地址代码转换成一个有效信号，从而选中对应的芯片。另一种是将一种代码转换成另外一种代码，所以也称为代码变换器。

当前厂家生产的二进制唯一地址译码器大多具有多路分配的功能：如 2 线-4 线译码器 74LS39、3 线-8 线译码器 74LS138、4 线-10 线译码器 74LS42 等。由于译码器种类很多，所以在设计逻辑电路时，选用适当的器件才是最佳的选择。

（1）74LS138 介绍

本实验选用 74LS138，它是 3-8 线译码器，有三位二进制输入端 A_2、A_1、A_0，8 个输出信号端 $\overline{Y}_0$～$\overline{Y}_7$，输出为低电平有效。外引线排列图和功能表分别如图 8.3-3 和表 8.3-3 所示。

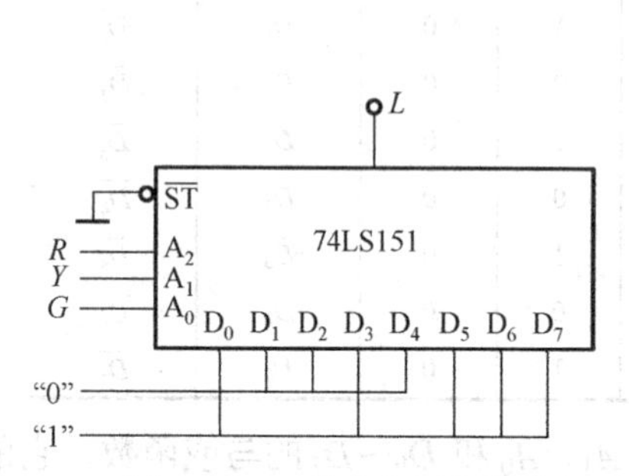

图 8.3-2　用 74LS151 构成交通灯故障判断器

V_{CC} $\overline{Y}_0$ $\overline{Y}_1$ $\overline{Y}_2$ $\overline{Y}_3$ $\overline{Y}_4$ $\overline{Y}_5$ $\overline{Y}_6$
16 15 14 13 12 11 10 9
1 2 3 4 5 6 7 8
A_0 A_1 A_2 $\overline{ST_B}$ $\overline{ST_C}$ ST_A $\overline{Y}_7$ GND

图 8.3-3　74LS138 外引线排列图

此外，还设置了 ST_A、$\overline{ST_B}$ 和 $\overline{ST_C}$ 三个使能端，为电路功能的扩展提供了方便。

表 8.3-3　74LS138 功能表

输入					输出							
ST_A	$\overline{ST_B}+\overline{ST_C}$	A_2	A_1	A_0	$\overline{Y}_0$	$\overline{Y}_1$	$\overline{Y}_2$	$\overline{Y}_3$	$\overline{Y}_4$	$\overline{Y}_5$	$\overline{Y}_6$	$\overline{Y}_7$
×	1	×	×	×	1	1	1	1	1	1	1	1
0	×	×	×	×	1	1	1	1	1	1	1	1
1	0	0	0	0	0	1	1	1	1	1	1	1
1	0	0	0	1	1	0	1	1	1	1	1	1
1	0	0	1	0	1	1	0	1	1	1	1	1
1	0	0	1	1	1	1	1	0	1	1	1	1
1	0	1	0	0	1	1	1	1	0	1	1	1
1	0	1	0	1	1	1	1	1	1	0	1	1
1	0	1	1	0	1	1	1	1	1	1	0	1
1	0	1	1	1	1	1	1	1	1	1	1	0

其工作原理如下：

① 当选通端 ST_A=1，另两个选通端 $\overline{ST_B}$=0、$\overline{ST_C}$=0 时，可将地址端（A_2、A_1、A_0）的二进制编码在 $\overline{Y}_0$～$\overline{Y}_7$ 对应的输出端以低电平译出。例如，$A_2A_1A_0$=110 时，则 $\overline{Y}_6$ 输出端输出低电平信号。

② 利用 ST_A、$\overline{ST_B}$ 和 $\overline{ST_C}$ 可级联扩展成 24 线译码器；若外接一个反相器，还可级联扩展成 32 线译码器。

③ 若将选通端中的一个作为数据输入端时，74LS138 还可用作数据分配器。如果将 $\overline{ST_B}$

（或$\overline{ST_C}$）作为数据输入端，而将A_2、A_1、A_0作为地址输入端，则当$ST_A=1$、$\overline{ST_C}=0$（或$\overline{ST_B}=0$）时，从$\overline{ST_B}$（或$\overline{ST_C}$）端送来的数据通过A_2、A_1、A_0所确定的一个数据输出端输出。

（2）74LS138 应用

设计实例：应用 74LS138 设计交通灯故障判断器。

同样，根据实验二的表 8.2-1 所示，写出最小项之和形式的逻辑表达式

$$L=\overline{RYG}+\overline{R}YG+R\overline{Y}G+RY\overline{G}+RYG=m_0+m_3+m_5+m_6+m_7$$

将输入变量 R、Y、G 分别接到A_2、A_1、A_0端，由于 74LS138 是低电平有效输出，所以用摩根定律进行转化，可得

$$L=\overline{\overline{m_0}\cdot\overline{m_3}\cdot\overline{m_5}\cdot\overline{m_6}\cdot\overline{m_7}}=\overline{\overline{Y}_0\overline{Y}_3\overline{Y}_5\overline{Y}_6\overline{Y}_7}$$

在译码器的输出端加一个与非门，即可实现交通灯故障判断器的功能，如图 8.3-4 所示。

图 8.3-4　用 74LS138 构成交通灯故障判断器

四、实验内容

1．分别验证 74LS151、74LS138 的逻辑功能

2．分别试用 74LS151 和 74LS138 设计一个三人表决器

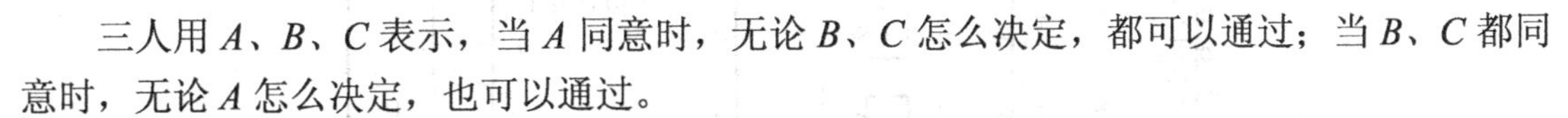

三人用 A、B、C 表示，当 A 同意时，无论 B、C 怎么决定，都可以通过；当 B、C 都同意时，无论 A 怎么决定，也可以通过。

应用 74LS138 实现时，器件限制为 74LS138、74LS20 各一片。

3．试用 74LS138 设计一个供电控制电路

某高校有三间机房 A、B、C。其中 A 的功耗是 C 的三倍，B 的功耗是 C 的两倍。三间机房由两台发电机 X 和 Y 供电，X 的最大功率是 C 功耗的两倍，Y 的最大功率是 X 最大功率的两倍。要求设计一个控制电路，能够根据机房的运行情况，以最节能的方式控制发电机的工作。

4．8 位数据传输电路

试用 74LS151 和 74LS138 设计一个 8 位数据传输电路，其功能是在三位通道选择信号的控制下，能将 8 个输入数据中的任何一位传送到 8 个输出端中相对应的一个输出端，其示意图如图 8.3-5 所示。

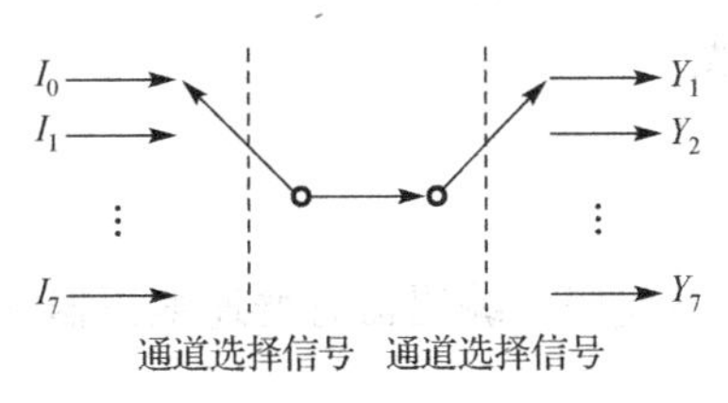

图 8.3-5　数据传输电路示意图

五、实验报告要求

1．写出实验内容 2、3 的设计过程，并画出逻辑电路，总结本次实验体会。

2．举例说明数据选择器、译码器的用途。

六、实验元器件

集成电路　74LS151、74LS138、74LS20　各一片

实验四　MSI组合逻辑电路（二）

一、实验目的

1．了解编码器、译码器、加法器等中规模数字集成电路的性能及使用方法。

2．学习并掌握七段显示器的工作原理和使用方法。

3．学习用加法器构成组合逻辑电路的方法。

二、预习要求

1．复习编码器、七段译码器和显示器的工作原理。

2．根据实验任务，画出实验内容2的逻辑电路，并标注出器件的外引线引脚号。

三、实验原理及参考电路

编码、译码、显示原理电路如图8.4-1所示。该电路由8线-3线优先编码器74LS148、反相器74LS04、七段译码器/驱动器74LS48和共阴七段显示器构成。

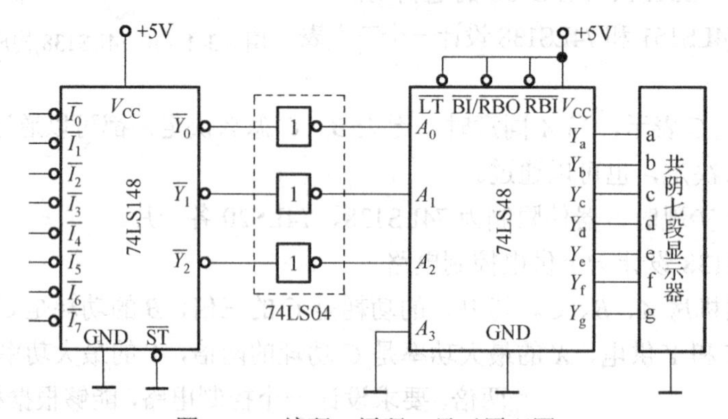

图8.4-1　编码、译码、显示原理图

1．编码器

编码器是将一组编码输入的每个信号编成一个对应的输出代码。编码器有普通编码器和优先编码器两类。

74LS148是一种8线-3线的优先编码器。$\overline{I}_0$～$\overline{I}_7$为信号输入，$\overline{I}_0$、$\overline{I}_1$、$\overline{I}_2$为编码输出，以低电平作为有效信号。输入信号$\overline{I}_0$～$\overline{I}_7$中，$\overline{I}_7$的优先权最高，而$\overline{I}_0$的优先权最低。74LS148的外引线排列图和功能表分别如图8.4-2和表8.4-1所示。

2．译码器

译码是编码的逆过程，是将具有特定含义的二进制码转换为对应的输出信号。常见的译码器有二进制译码器、二-十进制译码器和七段显示译码器。

（1）74LS48

74LS48是BCD码七段译码器兼驱动器，能将输入的4位二进制代码译成显示器能够识别的代码。74LS48 设置有 4 个使能控制端$\overline{BI}$、$\overline{LT}$、$\overline{RBI}$、$\overline{RBO}$，其中$\overline{RBO}$和$\overline{BI}$公用一个引脚。外引线排列图和功能表分别如图 8.4-3 和表 8.4-2 所示。

表 8.4-1　74LS148 功能表

输入									输出				
$\overline{ST}$	$\overline{I_0}$	$\overline{I_1}$	$\overline{I_2}$	$\overline{I_3}$	$\overline{I_4}$	$\overline{I_5}$	$\overline{I_6}$	$\overline{I_7}$	$\overline{Y_2}$	$\overline{Y_1}$	$\overline{Y_0}$	$\overline{Y_{EX}}$	Y_S
1	×	×	×	×	×	×	×	×	1	1	1	1	1
0	1	1	1	1	1	1	1	1	1	1	1	1	0
0	×	×	×	×	×	×	×	0	0	0	0	0	1
0	×	×	×	×	×	×	0	1	0	0	1	0	1
0	×	×	×	×	×	0	1	1	0	1	0	0	1
0	×	×	×	×	0	1	1	1	0	1	1	0	1
0	×	×	×	0	1	1	1	1	1	0	0	0	1
0	×	×	0	1	1	1	1	1	1	0	1	0	1
0	×	0	1	1	1	1	1	1	1	1	0	0	1
0	0	1	1	1	1	1	1	1	1	1	1	0	1

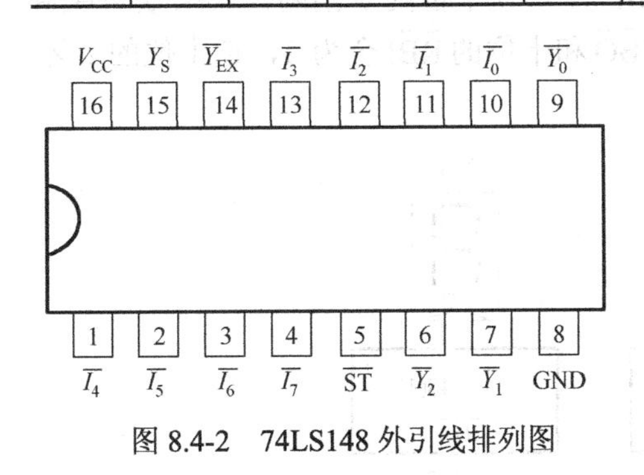

图 8.4-2　74LS148 外引线排列图

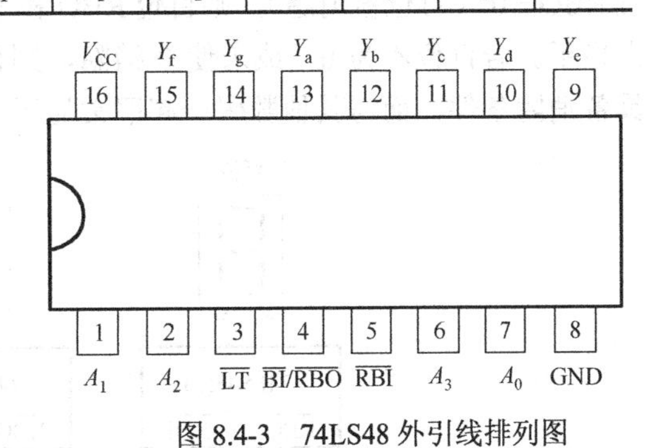

图 8.4-3　74LS48 外引线排列图

表 8.4-2　74LS48 功能表

十进制数/功能	输入						$\overline{BI}/\overline{RBO}$	输出							字形
	$\overline{LT}$	$\overline{RBI}$	A_3	A_2	A_1	A_0		Y_a	Y_b	Y_c	Y_d	Y_e	Y_f	Y_g	
0	1	1	0	0	0	0	1	1	1	1	1	1	1	0	0
1	1	×	0	0	0	1	1	0	1	1	0	0	0	0	1
2	1	×	0	0	1	0	1	1	1	0	1	1	0	1	2
3	1	×	0	0	1	1	1	1	1	1	1	0	0	1	3
4	1	×	0	1	0	0	1	0	1	1	0	0	1	1	4
5	1	×	0	1	0	1	1	1	0	1	1	0	1	1	5
6	1	×	0	1	1	0	1	0	0	1	1	1	1	1	6
7	1	×	0	1	1	1	1	1	1	1	0	0	0	0	7
8	1	×	1	0	0	0	1	1	1	1	1	1	1	1	8
9	1	×	1	0	0	1	1	1	1	1	0	0	1	1	9
10	1	×	1	0	1	0	1	0	0	0	1	1	0	1	⊏
11	1	×	1	0	1	1	1	0	0	1	1	0	0	1	⊐
12	1	×	1	1	0	0	1	0	1	0	0	0	1	1	⊔
13	1	×	1	1	0	1	1	1	0	0	1	0	1	1	⊆
14	1	×	1	1	1	0	1	0	0	0	1	1	1	1	t
15	1	×	1	1	1	1	1	0	0	0	0	0	0	0	无
$\overline{BI}$	×	×	×	×	×	×	0	0	0	0	0	0	0	0	消隐
$\overline{RBI}$	1	0	0	0	0	0	0	0	0	0	0	0	0	0	消隐
$\overline{LT}$	0	×	×	×	×	×	1	1	1	1	1	1	1	1	8

74LS48 使能控制端应用说明。

① 消隐输入$\overline{BI}$（灭灯）：低电平有效，当$\overline{BI}=0$时，不论其他输入状态如何，所有输出均为0，数码管七段全暗，无任何显示。该功能可用来使显示的数码管闪烁，或与某一信号同时显示。

② 测试输入$\overline{LT}$（试灯）：低电平有效，当$\overline{LT}=0$（$\overline{BI}/\overline{RBO}=1$）时，无论其余输入为何种状态，输出全为1，数码管全被点亮，显示图形8。该功能可用来检查数码管、译码器有无故障。

③ 脉冲消隐输入$\overline{RBI}$（动态灭灯）：$\overline{RBI}=1$时对译码无影响；当$\overline{BI}=\overline{LT}=1$时，若$\overline{RBI}=0$，输入数码是十进制数0时，七段全暗，不显示，输入数码不是0，则照常显示。该输入用于将不必要的0熄灭（无字形）。

④ 脉冲消隐输出$\overline{RBO}$（动态灭灯）：$\overline{RBO}$和$\overline{RI}$公用一个引脚4，当它作为输出端时，与$\overline{RBI}$配合，共同使冗余零消隐。

以三位十进制数为例，如图8.4-4所示。十位的0是否需要显示，取决于百位是否为0，是否显示就需要$\overline{RBO}$进行判断，在$\overline{RBI}$和A_3～A_0全为0时，$\overline{RBO}=0$，否则为1，百位为0，且$\overline{RBO}=0$（百位被消隐），则百位$\overline{RBO}$和十位的$\overline{RBI}=0$，使十位的0消隐，其余数码管照常显示。若百位不为0，或未使0消隐，则百位的$\overline{RBO}$和十位的$\overline{RBI}$全为1，使十位的0不具备消隐条件，而与其他数码一起照常显示。

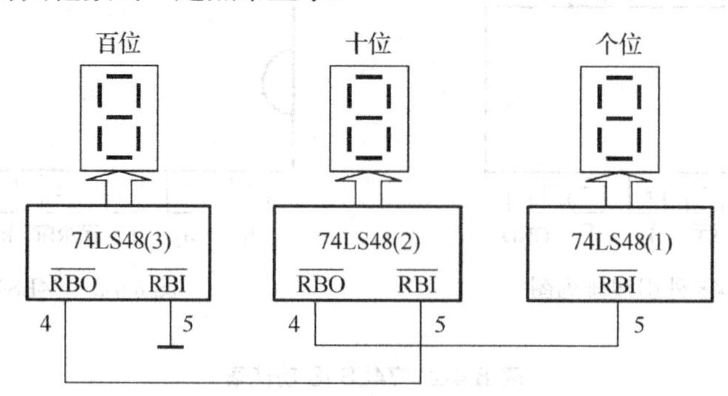

图 8.4-4 三位十进制数消隐冗余零电路

（2）CD4511

CD4511是一个用于驱动共阴极 LED 显示器的 BCD 码-七段码译码器。在同一单片结构上由COS/MOS逻辑器件和NPN双极型晶体三极管构成，使得CD4511具有低静态耗散和高抗干扰及电源电流高达25mA的能力，可直接驱动LED和其他器件。设置有三个使能控制端LE、$\overline{BI}$、$\overline{LT}$，以增强器件的功能。外引线排列图和功能表分别如图8.4-5和表8.4-3所示。

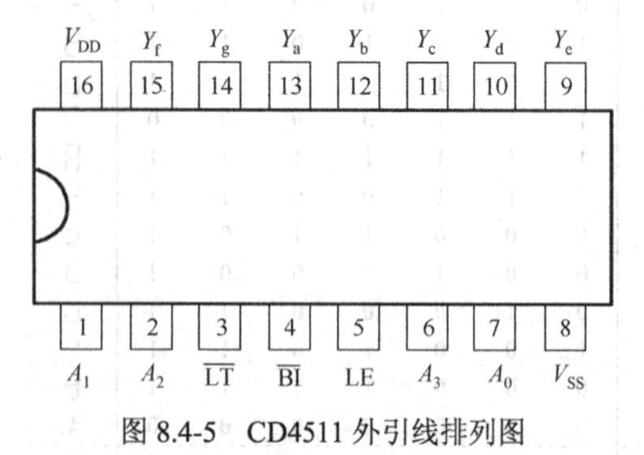

图 8.4-5 CD4511 外引线排列图

CD4511 使能控制端应用说明。

① 测试输入$\overline{LT}$（试灯）：当$\overline{LT}=0$时，无论其他输入端是什么状态，所有输出都为1，显示字型8。该输入端常用于检查译码器本身及显示器各段的好坏。

② 消隐输入$\overline{BI}$（灭灯）：当$\overline{BL}=0$，且$\overline{LT}=1$时，无论其他输入端是什么状态，所有输出都为0，七段全熄，没有字型出现。该输入端用于将不必要的显示的0熄灭。

③ 锁存使能输入 LE（保持）：在 $\overline{BI}=\overline{LT}=1$ 的条件下，当 LE=0 时，锁存器不工作，译码器的输出随输入码的变化而变化；当 LE 由 0 跳变为 1 时，输入码锁存，输出不再随输入的变化而变化，而只取决于锁存器的数据。

表 8.4-3　CD4511 功能表

十进制数/功能	输入							输出							字形
	LE	$\overline{BI}$	$\overline{LT}$	A_3	A_2	A_1	A_0	Y_a	Y_b	Y_c	Y_d	Y_e	Y_f	Y_g	
0	0	1	1	0	0	0	0	1	1	1	1	1	1	0	0
1	0	1	1	0	0	0	1	0	1	1	0	0	0	0	1
2	0	1	1	0	0	1	0	1	1	0	1	1	0	1	2
3	0	1	1	0	0	1	1	1	1	1	1	0	0	1	3
4	0	1	1	0	1	0	0	0	1	1	0	0	1	1	4
5	0	1	1	0	1	0	1	1	0	1	1	0	1	1	5
6	0	1	1	0	1	1	0	0	0	1	1	1	1	1	6
7	0	1	1	0	1	1	1	1	1	1	0	0	0	0	7
8	0	1	1	1	0	0	0	1	1	1	1	1	1	1	8
9	0	1	1	1	0	0	1	1	1	1	0	0	1	1	9
10	0	1	1	1	0	1	0	0	0	0	0	0	0	0	无
11	0	1	1	1	0	1	1	0	0	0	0	0	0	0	无
12	0	1	1	1	1	0	0	0	0	0	0	0	0	0	无
13	0	1	1	1	1	0	1	0	0	0	0	0	0	0	无
14	0	1	1	1	1	1	0	0	0	0	0	0	0	0	无
15	0	1	1	1	1	1	1	0	0	0	0	0	0	0	无
$\overline{LT}$（试灯）	×	×	0	×	×	×	×	1	1	1	1	1	1	1	8
$\overline{BI}$（消隐）	×	0	1	×	×	×	×	0	0	0	0	0	0	0	消隐
LE（锁存）	1	1	1	×	×	×	×				*				*

3．显示器

数码显示器是用来显示数字、文字或符号的器件。普遍使用的七段式数字显示器发光器件有发光二极管和液晶显示器。发光二极管构成的七段显示器有共阳接法和共阴接法，如图 8.4-6(b) 所示。共阳接法就是把发光二极管的阳极连接在一起接到高电平上，与其配套的译码器有 74LS46、74LS47；共阴接法就是把发光二极管的阴极连接在一起接到地，与其配套的译码器有 74LS48、74LS49。

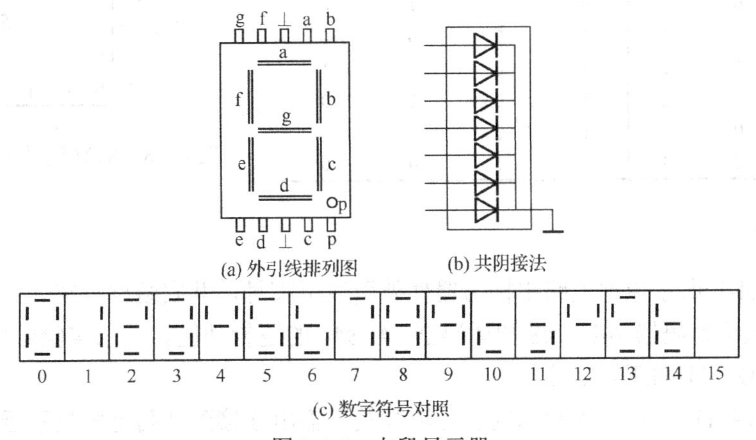

(a) 外引线排列图　(b) 共阴接法

(c) 数字符号对照

图 8.4-6　七段显示器

七段显示器的工作原理就是通过点亮发光二极管来组成相应的数字图形。七段显示器的外引线排列图和显示的数字符号对照如图 8.4-6(a)、(c)所示。

当输入的时钟频率较高时，显示器所显示的数字可能会出现混乱或变化很快，这时可以在计数器后面加一级锁存器（如八 D 触发器 74LS273）。如果显示的数字暗淡，可加一级缓冲器（如 74LS07）或射随器来提升驱动电流。

4．加法器 74LS283

（1）74LS283 介绍

74LS283 是一个超前进位的 4 位全加器，可进行 4 位二进制的加法运算，每位相加有对应的和输出，由第 4 位求和得到进位信号。74LS283 的外引线排列图如图 8.4-7 所示。

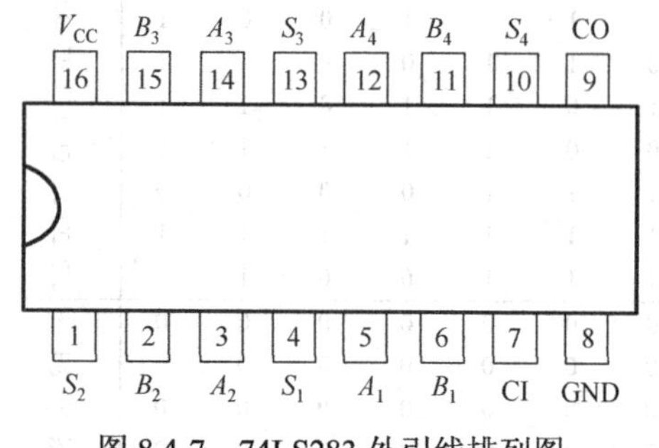

图 8.4-7 74LS283 外引线排列图

（2）74LS283 应用

设计实例：应用 74LS283 设计代码转换电路（将 BCD 代码的 8421 码转成余 3 码）

以 8421 码为输入，余 3 码为输出，可得代码转换电路的逻辑真值表，如表 8.4-4 所示。由表可见，$Y_3Y_2Y_1Y_0$ 和 $DCBA$ 所代表的二进制数始终相差 0011，即十进制数的 3。故可得

$$Y_3Y_2Y_1Y_0=DCBA+0011$$

根据上式，将 $A_3A_2A_1A_0$ 作为 BCD 代码的 8421 码输入端，将 $B_3B_2B_1B_0$ 的数据置 0011，便可实现将 BCD 代码的 8421 码转成余 3 码，如图 8.4-8 所示。

表 8.4-4 8421 码转成余 3 码

输入				输出			
D	C	B	A	Y_3	Y_2	Y_1	Y_0
0	0	0	0	0	0	1	1
0	0	0	1	0	1	0	0
0	0	1	0	0	1	0	1
0	0	1	1	0	1	1	0
0	1	0	0	0	1	1	1
0	1	0	1	1	0	0	0
0	1	1	0	1	0	0	1
0	1	1	1	1	0	1	0
1	0	0	0	1	0	1	1
1	0	0	1	1	1	0	0

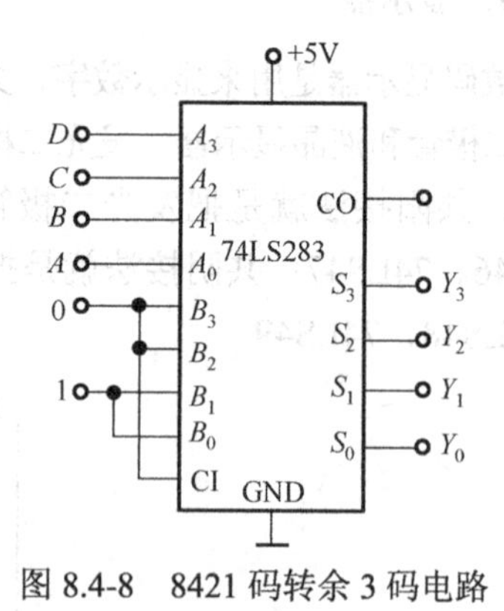

图 8.4-8 8421 码转余 3 码电路

四、实验内容

1．在图 8.4-1 所示原理电路中标出器件外引线引脚号，并安装好电路。将 $\bar{I}_0$～$\bar{I}_7$ 分别接至逻辑开关，验证编码器 74LS148 和译码器 74LS48 的逻辑功能。记录实验结果。

2．验证 CD4511 的逻辑功能

分别将 CD4511 的输入控制端置于逻辑开关，输出连接到共阴七段显示器上。改变输入控制端的逻辑状态，观察输出变化。

3．验证 74LS283 的逻辑功能

分别将 74LS283 的 $\overline{A}_0$～$\overline{A}_3$ 和 $\overline{B}_0$～$\overline{B}_3$ 置于逻辑开关，输出连接到译码显示电路的输入端。改变 $\overline{A}_0$～$\overline{A}_3$ 和 $\overline{B}_0$～$\overline{B}_3$ 的逻辑信号，观察输出变化。

4．在图 8.4-7 所示原理电路中标出器件外引线排列图，并安装好电路，验证表 8.4-4 所示的逻辑功能。

五、实验报告要求

1．列出实验结果，总结本次实验体会。

2．举例说明编码器、译码器和加法器的用途。

六、思考题

在图 8.4-1 中，74LS148 的输出与 74LS48 输入端连接时，为什么要加入 74LS04？

七、实验元器件

集成电路　　74LS148、74LS04、74LS48、CD4511、74LS283　各一片

共阴七段显示器　一块

实验五　触发器的功能测试及应用

一、实验目的

1．掌握与非门 SR 锁存器的工作原理。

2．熟悉各触发器的逻辑功能及互换的方法。

3．掌握集成 JK 触发器逻辑功能的测试方法。

二、预习要求

1．复习触发器的基本类型及逻辑功能。

2．掌握 JK 触发器和 D 触发器的真值表及将 JK 触发器转换成 D 触发器、T 触发器的基本方法。

三、实验原理及参考电路

1．触发器分类及功能

触发器是一个具有记忆功能的二进制信息存储器件，在一定的外界信号作用下，触发器可以从一个稳定状态翻转到另一个稳定状态。

按是否需时钟信号触发分，有锁存器和触发器两类。

按触发器的逻辑功能分，有 SR 触发器、JK 触发器、D 触发器、T 触发器和 T′ 触发器。

按触发脉冲的触发形式分，有高电平触发、低电平触发、上升沿触发和下降沿触发及主从触发器的脉冲触发等。

表 8.5-1 分别列出了时钟控制触发器的逻辑符号、功能表、状态转换图及特性方程。

表 8.5-1　触发器的逻辑功能分类及特点

名称	逻辑符号	功能表	特性方程	状态转换图
SR	S, CP, R; Q, $\overline{Q}$	S R Q^{n+1} 0 0 Q^n 0 1 0 1 0 1 1 1 ×	$Q^{n+1}=S+\overline{R}Q^n$ 约束条件：$SR=0$	0 → 1：$S=1, R=0$ 1 → 0：$S=0, R=1$ 0 → 0：$S=0$, $R=\times$ 1 → 1：$S=\times$, $R=0$
JK	J, CP, K; Q, $\overline{Q}$	J K Q^{n+1} 0 0 Q^n 0 1 0 1 0 1 1 1 $\overline{Q^n}$	$Q^{n+1}=J\overline{Q^n}+\overline{K}Q^n$	0 → 1：$J=1, K=\times$ 1 → 0：$J=\times, K=1$ 0 → 0：$J=0$, $K=\times$ 1 → 1：$J=\times$, $K=0$
T	T, CP; Q, $\overline{Q}$	T Q^{n+1} 0 Q^n 1 $\overline{Q^n}$	$Q^{n+1}=T\overline{Q^n}+\overline{T}Q^n$	0 → 1：$T=1$ 1 → 0：$T=1$ 0 → 0：$T=0$ 1 → 1：$T=0$
D	D, CP; Q, $\overline{Q}$	D Q^{n+1} 0 0 1 1	$Q^{n+1}=D$	0 → 1：$D=1$ 1 → 0：$D=0$ 0 → 0：$D=0$ 1 → 1：$D=1$

2. 触发器的转换

在集成触发器的产品中，可以用转换的方法将一种触发器经过变换，成为具有其他功能的触发器。常用的方法：将转换目标触发器的特性方程经过变换，然后与被转换触发器特性进行对比，这样能很快得到对被转换触发器的改造方法。

由于目前市场上供应的多为集成 JK 触发器和 D 触发器，很少有 T 触发器和 T′ 触发器，所以表 8.5-2 中只列出了将 JK 触发器和 D 触发器转换成其他触发器的方法原理。

表 8.5-2　触发器的转换原理

原触发器	转换目标触发器				
	T 触发器	T′ 触发器	D 触发器	JK 触发器	SR 触发器
JK 触发器	$J=K=T$	$J=K=1$	$J=D, K=\overline{D}$		$J=S, K=R$
D 触发器	$D=T\oplus Q^n=T\overline{Q^n}+\overline{T}Q^n$	$D=\overline{Q^n}$		$D=J\overline{Q^n}+\overline{K}Q^n$	$D=S+\overline{R}Q^n$

根据表 8.5-2，在图 8.5-1 中绘出了几种触发器转换的示例电路。

3. 常用集成 JK 触发器介绍

JK 触发器是功能完善、使用灵活和通用性较强的一种双端输入的触发器，它可以用作缓冲寄存器、移位寄存器和计数器等。

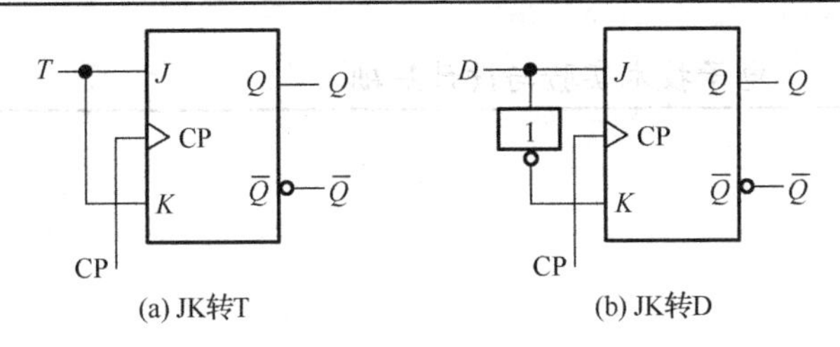

图 8.5-1　触发器转换示例电路

TTL 常用的 JK 触发器有 74LS112，它是一个下降沿触发的双 JK 触发器。其外引线排列图和功能表分别如图 8.5-2 和表 8.5-3 所示。

表 8.5-3　74LS112 功能表

输入				CP	输出	
S_D	R_D	J	K		Q^{n+1}	$\overline{Q^{n+1}}$
0	0	×	×	×	1	1
0	1	×	×	×	1	0
1	0	×	×	×	0	1
1	1	0	0	↓	Q^n	$\overline{Q^n}$
1	1	0	1	↓	0	1
1	1	1	0	↓	1	0
1	1	1	1	↓	$\overline{Q^n}$	Q^n

COMS 常用的 JK 触发器有 CD4027，它是一个上升沿触发的双 JK 触发器。其外引线排列图和功能表分别如图 8.5-3 和表 8.5-4 所示。

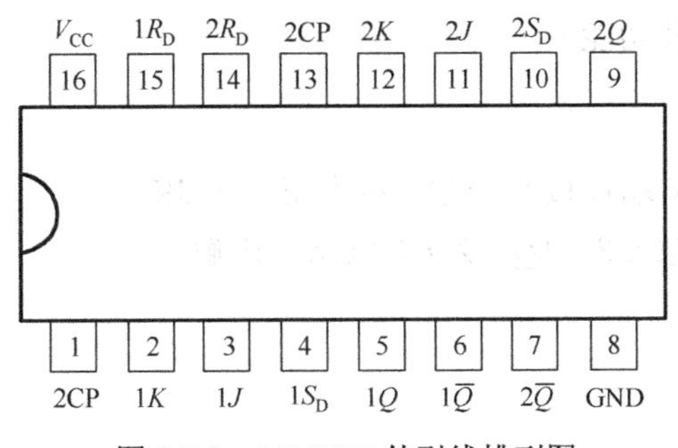

图 8.5-2　74LS112 外引线排列图

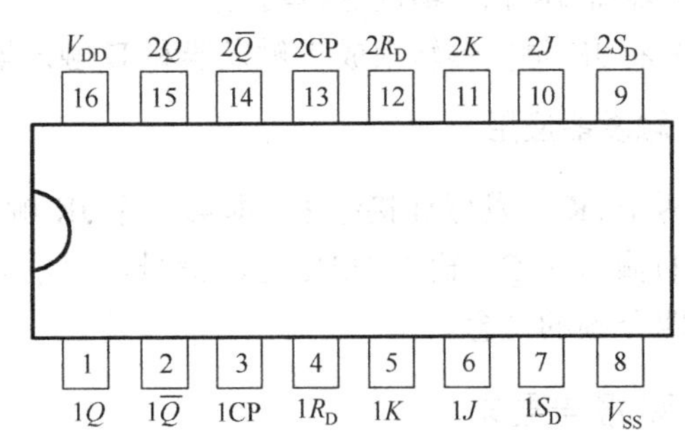

图 8.5-3　CD4027 外引线排列图

表 8.5-4　CD4027 功能表

输入				CP	输出	
S_D	R_D	J	K		Q^{n+1}	$\overline{Q^{n+1}}$
0	1	×	×	×	0	1
1	0	×	×	×	1	0
1	1	×	×	×	1	1
0	0	0	0	↑	Q^n	$\overline{Q^n}$
0	0	0	1	↑	0	1
0	0	1	0	↑	1	0
0	0	1	1	↑	$\overline{Q^n}$	Q^n

四、实验内容

1. 基本 SR 锁存器

（1）用二输入与非门构成图 8.5-4 所示的基本 SR 锁存器，然后将 S 和 R 置于逻辑开关，Q 和 $\overline{Q}$ 分别连接到 LED。

（2）分别改变 S 和 R 输入的逻辑信号，观察 Q 和 $\overline{Q}$ 端相应的状态，将观察结果填入表 8.5-5 中。当 S 和 R 同时为 0 后恢复到同时为 1，重复几次观察输出 Q 的状态是否不定。

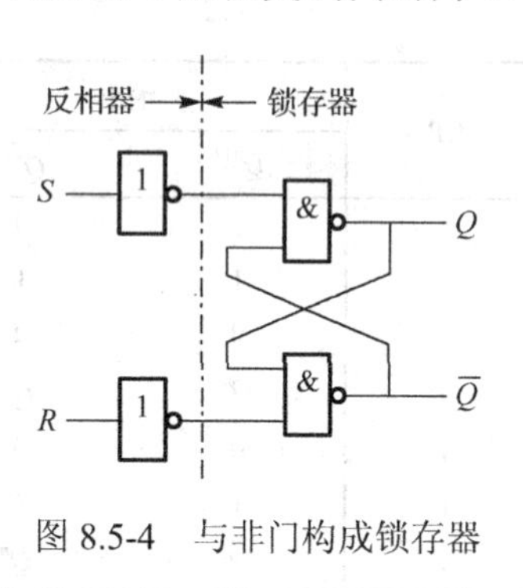

图 8.5-4　与非门构成锁存器

表 8.5-5　基本 SR 锁存器测试数据

S	R	Q	$\overline{Q}$
0	1		
0	0		
1	0		
0	0		
1	1		
0	0		

2. 触发器功能验证

（1）验证 JK 触发器的逻辑功能。

（2）将 JK 触发器转换成 T 触发器和 D 触发器，并验证其功能。

3. 触发器应用

将两个 JK 触发器连接起来，即第二个 JK 触发器的 J、K 端连接在一起，接到第一个 JK 触发器的输出端 Q，输入 1kHz 方波信号，用示波器分别观察 CP、1Q、2Q 的波形，理解二分频和四分频的概念。

五、实验报告要求

1. 列出实验数据及结果，并对结果进行分析。

2. 根据实验内容 3 画出实验电路，并绘制出电路的时序图，标注出 CP、1Q、2Q 的幅度和周期。

六、思考题

1. 能用负脉冲替代时钟脉冲吗？为什么？

2. TTL 芯片的电源引脚标注的是 V_{CC} 和 GND，而 COMS 芯片的电源引脚标注的是 V_{DD} 和 V_{SS}，说明什么？

七、注意事项

1. 实验前请根据集成电路外引线排列图在实验原理图中标注出引脚号。

2. 实验中应用的 CD4027 为 CMOS 芯片，注意严格遵守 CMOS 集成电路的使用规则。

八、实验元器件

集成电路　CD4027、CD4011　各一片

实验六　SSI 时序逻辑电路

一、实验目的

1．掌握同步时序逻辑电路的设计方法。

2．掌握同步时序逻辑电路功能的检验方法。

二、预习要求

1．复习简单的同步时序逻辑电路的设计方法。

2．复习复杂的时序逻辑电路的设计过程。

三、实验原理及参考电路

触发器是构成各种时序逻辑电路的基本单元。SSI 时序逻辑电路的设计原则是：当选用小规模集成电路时，所用的触发器和逻辑门电路的数目应最少，而且触发器和逻辑门电路的输入数目也应最少，所设计的逻辑电路应力求最简，并尽量采用同步系统。

SSI 时序逻辑电路设计步骤如图 8.6-1 所示。

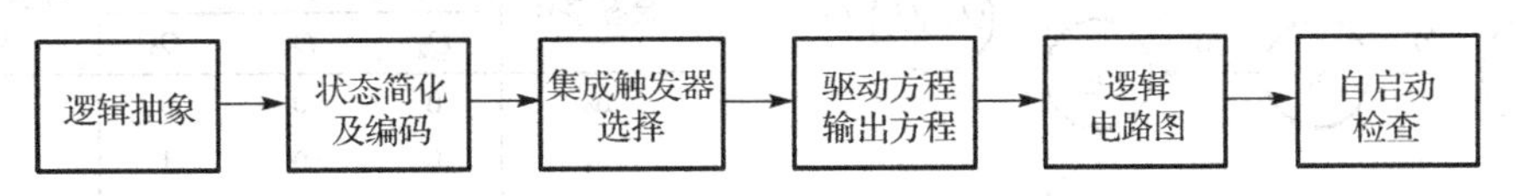

图 8.6-1　SSI 时序逻辑电路设计步骤

① 逻辑抽象

首先，分析给定的逻辑问题，确定输入变量、输出变量及电路的状态数；然后，定义输入、输出逻辑状态的含义，并按照题意列出状态转换图或状态转换表，即把给定的逻辑问题抽象为一个时序逻辑函数来描述。

② 状态简化

状态简化的目的就在于将等价状态尽可能合并，以得出最简的状态转换图。

③ 状态编码

时序逻辑电路的状态是用触发器状态的不同组合来表示的。因此，首先要确定触发器的数目 n，而 n 个触发器共有 2^n 种状态组合，所以为了获得 M 个状态组合，必须取 $2^{n-1}<M\leqslant 2^n$。每组触发器的状态组合都是一组二值代码，称状态编码。为便于记忆和识别，一般选用的状态编码都遵循一定的规律。

④ 选定触发器型号

不同逻辑功能的触发器驱动方式不同，所以用不同类型触发器设计的电路也不一样。因此，在设计具体电路前必须根据需要选定触发器的类型。

⑤ 驱动方程、输出方程

对状态编码后的状态表进行化简，求出驱动方程和输出方程。

⑥ 逻辑电路图

根据驱动方程和输出方程画出逻辑电路图。

⑦ 自启动检查

检查所设计的时序逻辑电路能否自启动，所谓自启动，即当电路因为某种原因，如干扰而进入某一无效状态，能自动地由无效状态返回到有效状态，则电路能自启动。如果不能自启动，应重新考虑设计内容。

四、设计实例

设计一个带有进位输出端的六进制计数器。

（1）逻辑抽象、状态图

取进位信号为输出逻辑变量 CO，同时规定有进位输出时 CO=1，无进位输出时 CO=0，六进制计数器应该有 6 个状态，若分别用 $S_0, S_1,\cdots, S_5$ 表示，按题意即可画出状态转换图，如图 8.6-2 所示。

（2）状态编码

如果没有特殊要求，取自然二进制（000～101）为 S_0～S_5 的编码，于是便得到了表 8.6-1 所示的状态编码表。

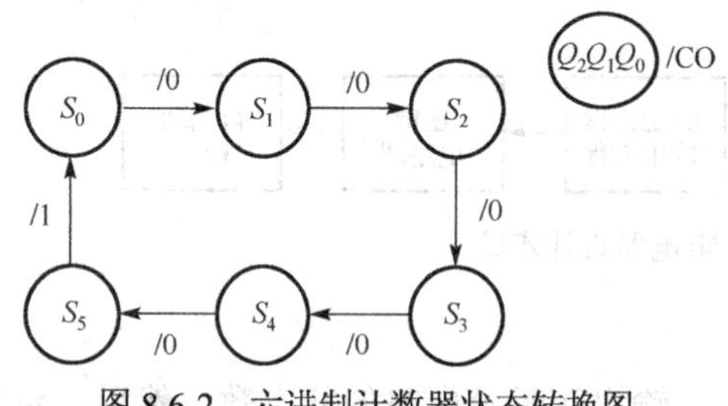

图 8.6-2 六进制计数器状态转换图

表 8.6-1 图 8.6-2 的状态编码表

状态序号	状态编码（分配）			进位输出 CO
	Q_2	Q_1	Q_0	
S_0	0	0	0	0
S_1	0	0	1	0
S_2	0	1	0	0
S_3	0	1	1	0
S_4	1	0	0	0
S_5	1	0	1	1

（3）确定触发器类型及数量

根据题意要求，状态数 M=6，因 $2^2<M\leqslant 2^3$，故取触发器个数 n=3；选取 JK 触发器。

（4）列状态表，求驱动方程、输出方程

根据图 8.6-2 列出电路的现态和次态、进位输出 CO 及各触发器 J_2K_2、J_1K_1、J_0K_0 的状态转换表，如表 8.6-2 所示。值得注意的是，每当电路由现态转换到次态之后，该次态又变成了新的现态，然后应在表中的现态栏中找到这新的现态，再根据规定去确定新的次态，照此不断做下去，直到一切可能出现的状态都毫无遗漏地列出来，得到的才是反映电路全面工作情况的状态转换表。

根据表 8.6-2 不难写出电路的输出方程和驱动方程

$$\mathrm{CO} = Q_2Q_0$$

$$\begin{cases} J_2 = Q_1Q_0 \\ K_2 = Q_0 \end{cases} \quad \begin{cases} J_1 = \overline{Q_2}Q_0 \\ K_1 = Q_0 \end{cases} \quad \begin{cases} J_0 = 1 \\ K_0 = 1 \end{cases}$$

表 8.6-2　图 8.6-2 的状态转换表

现态			次态			CO	J_2	K_2	J_1	K_1	J_0	K_0
Q_2	Q_1	Q_0	Q_2	Q_1	Q_0							
0	0	0	0	0	1	0	0	×	0	×	1	×
0	0	1	0	1	0	0	0	×	1	×	×	1
0	1	0	0	1	1	0	0	×	×	0	1	×
0	1	1	1	0	0	0	1	×	×	1	×	1
1	0	0	1	0	1	0	×	0	0	×	1	×
1	0	1	0	0	0	1	×	1	0	×	×	1
1	1	0	×	×	×	×	×	×	×	×	×	×
1	1	1	×	×	×	×	×	×	×	×	×	×

由驱动方程式可直接写出三个 JK 触发器的状态方程

$$Q_2 = J_2\overline{Q_2} + \overline{K_2}Q_2 = \overline{Q_2}Q_1Q_0 + Q_2\overline{Q_0}$$

$$Q_1 = J_1\overline{Q_1} + \overline{K_1}Q_1 = \overline{Q_2}\,\overline{Q_1}Q_0 + Q_1\overline{Q_0}$$

$$Q_0 = J_0\overline{Q_0} + \overline{K_0}Q_0 = \overline{Q_0}$$

（5）逻辑电路

根据得到的输出方程和驱动方程可画出六进制计数器的逻辑电路图，如图 8.6-3 所示。

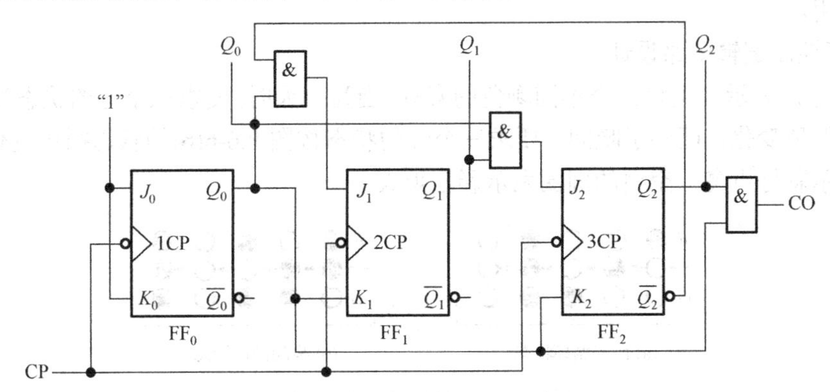

图 8.6-3　六进制计数器逻辑电路

（6）自启动检查

将有效循环之外的两个无效状态 110 和 111 分别代入状态方程中计算，所得次态对应为 111 和 000，能够进入有效循环，故该电路能自启动。图 8.6-4 所示为图 8.6-3 电路完整的状态转换图。

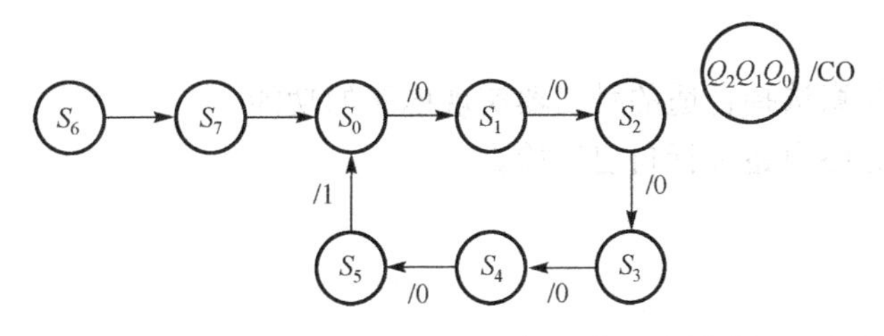

图 8.6-4　六进制计数器完整状态转换图

五、实验内容

1．按图 8.6-2 组装电路，验证电路的逻辑功能和能否自启动。

2．设计一个同步三分频电路，其输出波形如图 8.6-5 所示。要求写出设计过程，画出逻辑电路图。

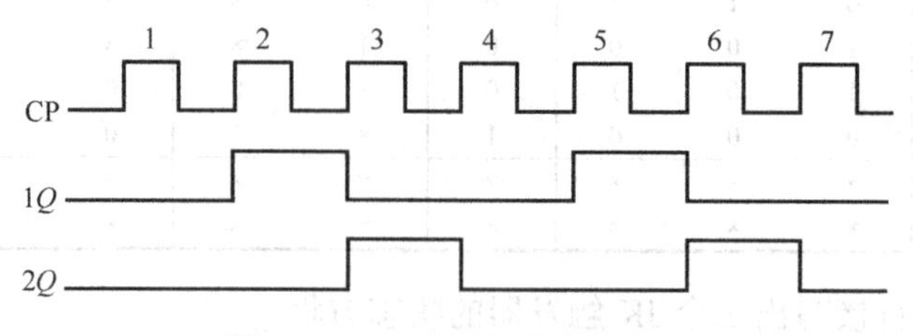

图 8.6-5 三分频电路输出波形

3．四人抢答电路设计

① 每个参赛者控制一个按钮，按动按钮发出抢答信号；

② 竞赛主持人另有一个按钮，用于将电路复位；

③ 竞赛开始后，先按动按钮者将对应的一个发光二极管点亮，此后其他人再按动按钮对电路不起作用。

4．彩灯控制逻辑电路设计

R、*Y*、*G* 分别表示红黄绿三个不同颜色的彩灯。当为白天时，要求三个灯的状态按图 8.6-6(a)所示的状态循环变化；而到了晚间，要求三个灯的状态按图 8.6-6(b)的状态循环变化。图中涂黑的圆圈表示彩灯点亮，空白的圆圈表示彩灯熄灭。

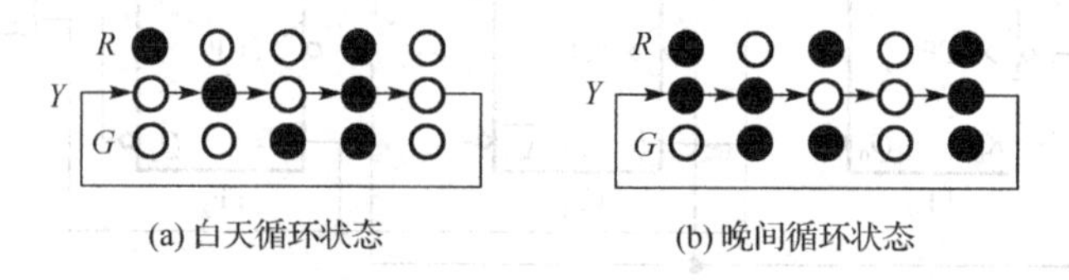

图 8.6-6 彩灯状态变换图

六、实验报告要求

根据实验要求写出时序逻辑电路的设计过程，并画出设计逻辑电路。

七、注意事项

1．设计过程中注意选择合适的触发器实现电路的功能。

2．应对设计的最终电路进行自启动检查。

八、实验元器件

集成电路 CD4027、74LS08 各一片

实验七　MSI 时序逻辑电路——计数器

一、实验目的

1．学习常见计数器的工作原理。

2．掌握集成计数器 CD40161 的逻辑功能。

二、预习要求

1．复习计数、译码和现实电路的工作原理。

2．预习集成计数器 CD40161 的逻辑功能及使用方法。

3．绘出十进制计数、译码、显示电路中各集成芯片之间的连线图。

三、实验原理及参考电路

计数器是数字电路中使用最多的一种器件，它的主要功能是记录输入时钟脉冲的个数，除计数外，计数器还常用于分频、定时、脉冲产生及数字运算等。

把计数器在其计数范围内所产生的状态数目称为模，由 n 个触发器构成的计数器，其模值 M 应满足 $M \leqslant 2^n$ 关系。

集成计数器是中规模集成电路，其种类有很多。按时钟控制方式，可分为同步计数器和异步计数器；按计数数字的增减趋势，可分为加法计数器、减法计数器和可逆计数器三种；按计数器进位规律，可分为二进制计数器、十进制计数器和 N 进制计数器。

常用集成计数器均有典型产品，不必自己设计，只需合理选用即可。下面介绍几种常用的集成计数器。

1．异步计数器

异步计数器的特点是计数器内部的时钟信号不在同一时刻发生，由于各触发器不是同时翻转，因此异步计数器的速度较慢。

74LS90 是由一个二进制计数器和一个五进制计数器构成的十进制异步计数器。它有两个时钟输入端 CP_0 和 CP_1，CP_0 和 Q_0 组成一个二进制计数器，CP_1 和 $Q_3Q_2Q_1$ 组成五进制计数器，两种配合可实现二进制、五进制、十进制的多种计数功能，所以 74LS90 也称二/五/十进制加计数器，它还有两个直接清零端和两个直接置位端。74LS90 的外引线排列图和功能表如图 8.7-1 和表 8.7-1 所示。

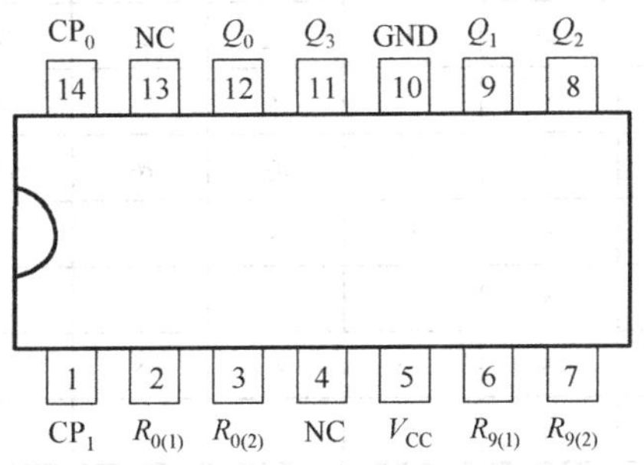

图 8.7-1　74LS90 外引线排列图

表 8.7-1　74LS90 功能表

输入						输出				功能
$R_{0(1)}$	$R_{0(2)}$	$R_{9(1)}$	$R_{9(2)}$	CP_0	CP_1	Q_3	Q_2	Q_1	Q_0	
1	1	0 ×	× 0	×	×	0	0	0	0	清 0
0 ×	× 0	1	1	×	×	1	0	0	1	置 9
0 ×	× 0	0 ×	× 0	↓	1	Q_0 输出				二进制计数
				1	↓	$Q_3Q_2Q_1$ 输出				五进制计数
				↓	Q_0	$Q_3Q_2Q_1Q_0$ 输出 8421BCD 码				十进制计数
				Q_3	↓	$Q_0Q_3Q_2Q_1$ 输出 5421BCD 码				十进制计数

74LS92/93 的计数控制功能和 74LS90 相同，但 74LS92/93 分别是二/六/十二进制计数器和二/八/十六进制计数器。它们有两个清零端，其功能如表 8.7-2 所示。

2. 同步可逆计数器

同步计数器的特点是计数器内部的时钟信号在同一时刻发生，各触发器同时翻转，因此速度快。

74LS192 和 74LS193 是双时钟同步可逆计数器，两者的引脚和功能基本一致，但 74LS192 是 8421BCD 码计数，74LS193 是 4 位二进制计数，它们的功能表如表 8.7-3 所示。74LS192 的外引线排列图如图 8.7-2 所示。

表 8.7-2　74LS92/93 功能表

$R_{0(1)}$	$R_{0(2)}$	Q_3	Q_2	Q_1	Q_0
1	1	0	0	0	0
0		×		计数	
×		0		计数	

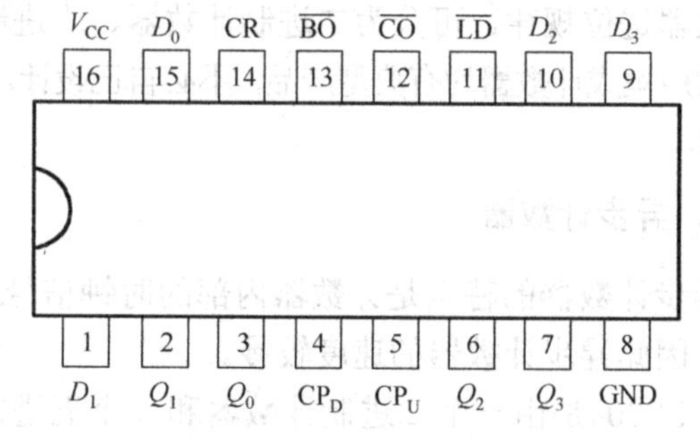

图 8.7-2　74LS192 外引线排列图

表 8.7-3　74LS192、74LS193 功能表

输入								输出			
CR	$\overline{LD}$	CP_U	CP_D	D_0	D_1	D_2	D_3	Q_0	Q_1	Q_2	Q_3
1	×	×	×	×	×	×	×	0	0	0	0
0	0	×	×	d_0	d_1	d_2	d_3	d_0	d_1	d_2	d_3
0	1	↑	1	×	×	×	×	加计数			
0	1	1	↑	×	×	×	×	减计数			
0	1	↓	1	×	×	×	×	保　持			
0	1	1	↓	×	×	×	×	保　持			

当清除端 CR=1 时，无论有无计数脉冲，Q_3～Q_0 均为 0，即为异步清除。当置数端 $\overline{LD}=0$ 时，无论有无计数脉冲，数据输入端 D_3～D_0 所置数据被并行送到输出端 Q_3～Q_0。

当 CP_D=1 时，计数脉冲从 CP_U 送入，则在时钟上升沿的作用下，计数器进行加计数，加到 9 后，进位输出端 $\overline{CO}=0$。

当 CP_U=1 时，计数脉冲从 CP_D 送入，则在时钟上升沿的作用下，计数器进行减计数，减到 0 后，借位输出端 $\overline{BO}=0$。

3. 可预置同步计数器 CD40161

CD40161 计数器的显著特点是能同步并行置数，它还具有清零、计数、保持等功能，它们的功能如表 8.7-4 所示。

异步清零 $\overline{CR}$：当 $\overline{CR}=0$ 时，无论有无 CP，计数器都立即清零，Q_3～Q_0 均为 0，称为异步清除。$\overline{CR}$ 有优先级最高的控制权，下述条件都是在 $\overline{CR}=1$ 时才起作用。

同步预置 $\overline{LD}$：当 $\overline{LD}=0$ 时，在 CP 上升沿的作用下，$Q_3=D_3$，$Q_2=D_2$，$Q_1=D_1$，$Q_0=D_0$。$\overline{LD}$ 置数操作具有次高优先权，仅次于 $\overline{CR}$，计数和保持操作时都要求 $\overline{LD}=1$。

计数使能 EP、ET：当 $\overline{CR}=1$、$\overline{LD}=1$、EP=ET=1 时，计数器计数；当 EP·ET=0 时，计数器处于锁存状态，不论有无 CP 上升沿的作用，计数器都将停止计数，保持原态。

进位输出 CO：当 $\overline{CR}=\overline{LD}=EP=ET=1$ 且 $Q_3Q_2Q_1Q_0$=1111 时，CO 才为 1，表明在下一个 CP 上升沿到来时将会有进位发生。

本实验选用 4 位同步二进制计数器 CD40161，其外引线排列图如图 8.7-3 所示。CD40161 采用反馈方式构成十进制计数器的方法有两种：反馈清零法和反馈置数法。

表 8.7-4　CD40161 功能表

输　入					输　出
CP	$\overline{CR}$	$\overline{LD}$	EP	ET	Q_3～Q_0
↑	1	0	×	×	预　置
↑	1	1	0	×	保　持
↑	1	1	×	0	保　持
↑	1	1	1	1	计　数
×	0	×	×	×	清　零

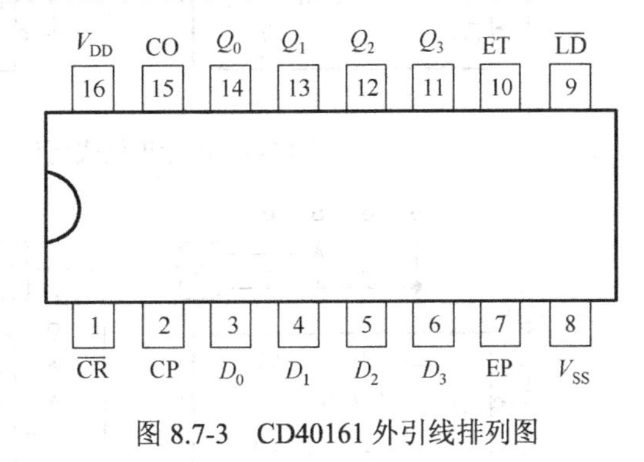

图 8.7-3　CD40161 外引线排列图

反馈清零法适用于有清零输入端的集成计数器。CD40161 具有异步清零功能，可以利用 $\overline{CR}$ 将 CD40161 构成十进制计数器。

如图 8.7-4 所示，当 $Q_3Q_2Q_1Q_0$=1010（十进制数 10）时，利用 Q_3Q_1 经与非门后（反馈译码）使 $\overline{CR}=0$，强制计数器清零。当输出 $Q_3Q_2Q_1Q_0$=0000 后，$\overline{CR}=1$，清零信号消失，计数器又从 0000 状态开始重新计数。需要说明的是，电路是在进入 1010 状态后，才立即被置成 0000 状态的，即 1010 状态只出现极短的时间，容易使译码电路引起误动作，因此此方法很少被采用。

反馈置数法适用于具有置数功能的集成计数器。CD40161 具有同步预置功能，可以利用 $\overline{LD}$ 将 CD40161 构成十进制计数器。如图 8.7-5 所示，当计数器计数到 1001（十进制数 9）时，

利用 Q_3Q_1 经与非门后使 $\overline{LD}=0$，使输出信号等于输入信号，由于这种方法是采用了同步置零来实现，就克服了利用清零端 $\overline{CR}$ 构成计数器的缺点。

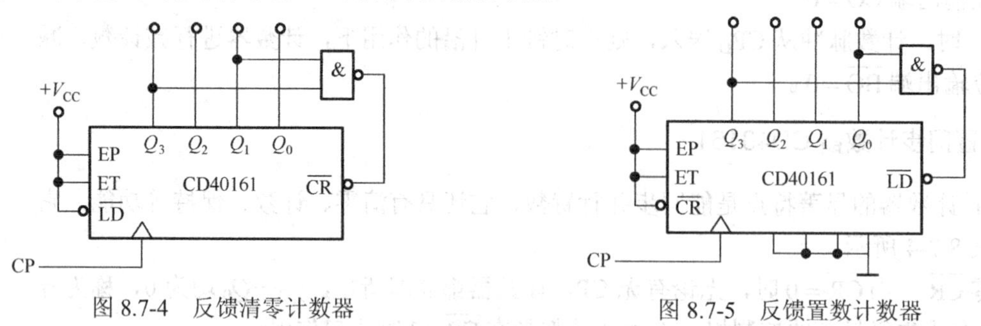

图 8.7-4　反馈清零计数器　　图 8.7-5　反馈置数计数器

以上介绍的是一片集成计数器工作的情况。在实际应用中，往往需要多片计数器构成多位计数状态。下面介绍计数器的级联方法。级联可分为串行进位和并行进位两种。串行进位电路如图 8.7-6 所示，其工作特点是工作速度较慢。并行进位（也称超前进位）电路如图 8.7-7 所示，工作速度比串行进位工作速度快。

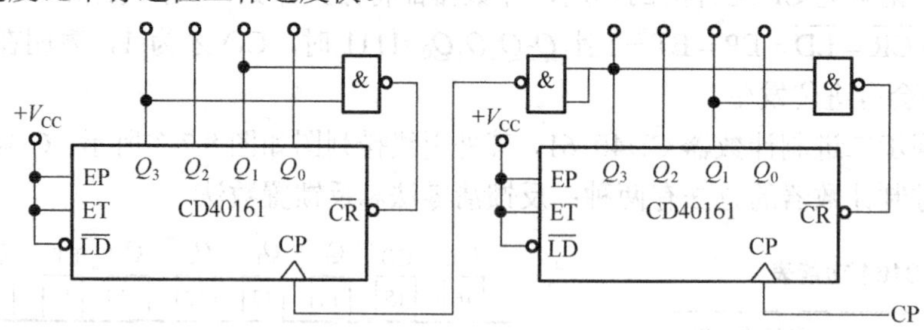

图 8.7-6　串行进位式两位十进制计数器

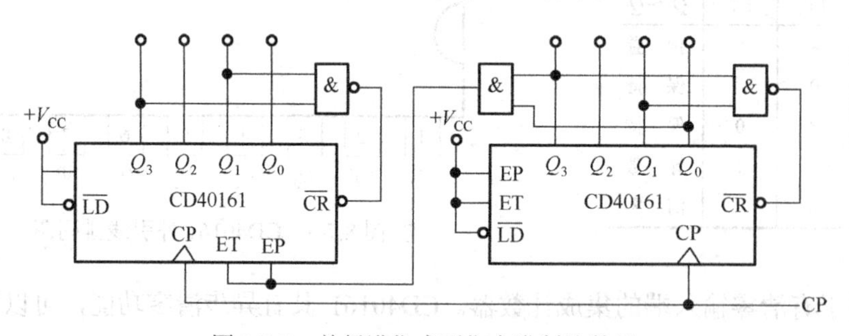

图 8.7-7　并行进位式两位十进制计数器

四、实验内容

1. CD40161 逻辑功能的测试

测试 CD40161 的各项功能：计数、清零、置数、锁存及进位。CP 选用 1Hz 脉冲或手动单次脉冲；各输入端接逻辑开关；输出接 LED 或译码显示电路。

2. 十进制计数器

分别按照图 8.7-4 和图 8.7-5 组装十进制计数器，选择 1Hz 时钟脉冲，并接入译码显示电路。观察并记录两种连接方法的计数过程。

在观察图 8.7-5 计数过程时，将时钟脉冲 1Hz 改为 1kHz，用示波器分别观察十进制计数器 Q_3、Q_2、Q_1、Q_0 及 CP 的波形，比较它们的时序关系。

3. 设计六十进制计数器

应用反馈清零法或反馈置数法设计并组装六十进制计数器。要求当十位数字为 0 时，十位显示器不显示 0。

五、实验报告要求

1. 画出十进制计数、译码、显示电路中各集成电路之间的连接图。
2. 采用坐标纸画出十进制计数器 Q_3、Q_2、Q_1、Q_0 及 CP 这 5 个波形的波形图，标出周期，并比较它们的时序关系。

六、思考题

1. 分析图 8.7-4 所示电路在计数过程中可能产生错误计数的原因。
2. 用示波器观察波形时，想要正确观察波形的时序关系，应选用什么触发方法？

七、注意事项

1. CD40161 为 CMOS 集成电路，在使用时闲置的输入端不能悬空。
2. 实验前，先检查显示器的好坏。可利用 74LS48 的 $\overline{LT}$ 来实现，也可以用+5V 接限流电阻来检查。

八、实验元器件

集成电路 CD40161 两片；74LS00 一片

实验八 MSI 时序逻辑电路——移位寄存器

一、实验目的

1. 学习移位寄存器的工作原理。
2. 掌握移位寄存器 74LS194 的逻辑功能。

二、预习要求

1. 复习移位寄存器的工作原理。
2. 熟悉 74LS194 的外引线排列图和功能表。

三、实验原理及参考电路

1. 移位寄存器介绍

移位寄存器是计算机、通信设备和其他数字系统中广泛使用的基本逻辑器件之一。它不仅具有存储功能，而且存储的数据能在时钟信号作用下逐位左移或右移。既能左移又能右移的移位寄存器称为双向移位寄存器。根据移位寄存器存取信息的方式不同，分为串入串出、串入并出、并入串出、并入并出 4 种形式。

集成移位寄存器的功能主要从位数、输入方式、输出方式及移位方式来考查，表 8.8-1 列出了几种常用的集成移位寄存器主要功能。

表 8.8-1 常见集成移位寄存器主要功能

型号	位数	输入方式	串行输入数据	输出方式	移位方式
74LS164	8	串	$D=A\cdot B$	并、串	单向右移
74LS165	8	并、串	D	互补串行	单向右移
74LS166	8	并、串	D	串	单向右移
74LS194	4	并、串	D_{SR}、D_{SL}	并、串	双向、可保持
74LS195	4	并、串	$D=J\overline{Q_0}+\overline{K}Q_0$	并、串	单向右移
CD4031	64	串	D	互补串行	单向右移

本实验选用 4 位双向移位寄存器，型号为 74LS194 或 CD40194，两者功能相同，可互换使用。74LS194 是 4 位双向移位寄存器，最高时钟频率为 36MHz。它具有并行输入、并行输出、左移和右移的功能。这些功能均通过控制模式端 M_1、M_0 来确定，如表 8.8-3 所示。在 $D_0D_1D_2D_3$ 端送入 4 位二进制数，并使 $M_1=M_0=1$ 时，该 4 位二进制数同步并行输入至寄存器。当 CP 到来后，在 CP 上升沿的作用下，4 位二进制数并行输出；当 $M_1=0$、$M_0=1$ 时，则该 4 位二进制数被串行送入到右移数据输入端 D_{SR}，在 CP 上升沿作用下，同步右移；若 $M_1=1$、$M_0=0$，数据同步左移；若 $M_1=M_0=0$，寄存器则保持原状态不变。

其外引线排列图和功能表如图 8.8-1 和表 8.8-3 所示。

表 8.8-2 74LS194 控制模式

M_1	M_0	功 能
0	0	保 持
0	1	右 移
1	0	左 移
1	1	并行置数

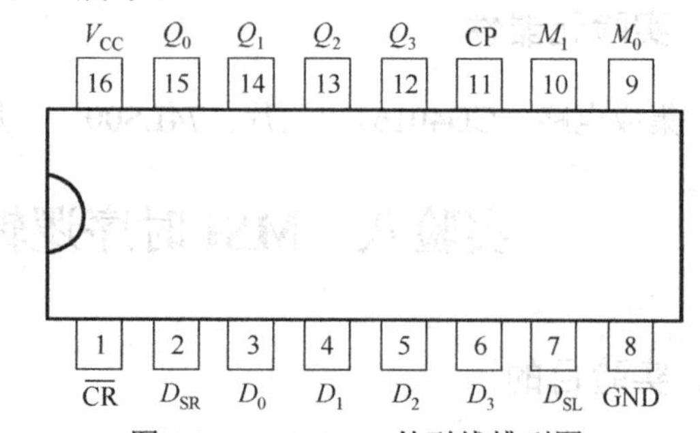

图 8.8-1 74LS194 外引线排列图

表 8.8-3 74LS194 功能表

输入										输出				功能
$\overline{CR}$	M_1	M_0	CP	D_{SR}（右移）	D_{SL}（左移）	D_0	D_1	D_2	D_3	Q_0	Q_1	Q_2	Q_3	
0	×	×	×	×	×	×	×	×	×	0	0	0	0	清零
1	×	×	0	×	×	×	×	×	×	Q_{00}	Q_{10}	Q_{20}	Q_{30}	保持
1	0	0	↑	×	×	×	×	×	×	Q_{00}	Q_{10}	Q_{20}	Q_{30}	保持
1	0	1	↑	0	×	×	×	×	×	0	Q_{0n}	Q_{1n}	Q_{2n}	右移
1	0	1	↑	1	×	×	×	×	×	1	Q_{0n}	Q_{1n}	Q_{2n}	右移
1	1	0	↑	×	0	×	×	×	×	Q_{1n}	Q_{2n}	Q_{3n}	0	左移
1	1	0	↑	×	1	×	×	×	×	Q_{1n}	Q_{2n}	Q_{3n}	1	左移
1	1	1	↑	×	×	d_0	d_1	d_2	d_3	d_0	d_1	d_2	d_3	置数

表格中相关数据说明：

d_0、d_1、d_2、d_3：输入端 D_0、D_1、D_2、D_3 的稳态输入数据；

Q_{00}、Q_{10}、Q_{20}、Q_{30}：规定稳态输入建立前 Q_0、Q_1、Q_2、Q_3 的输出数据；

Q_{0n}、Q_{1n}、Q_{2n}、Q_{3n}：时钟上升沿到来之前 Q_0、Q_1、Q_2、Q_3 的输出数据。

2．移位寄存器应用

移位寄存器应用很广，可构成移位寄存器型计数器：时序脉冲发生器、串行累加器；也可用作数据转换：串-并转换、并-串转换等。

（1）移位型计数器

时序脉冲产生器也称节拍脉冲产生器，是计算机及通信设备经常使用的一种逻辑部件。它具有多个输出端，在这些输出端上按一定的时间顺序逐个地出现节拍控制脉冲。

时序脉冲产生器一般分为两类：移位寄存器型和计数译码型。

图 8.8-2 所示是由 74LS194 构成的移位寄存器型环形计数器。在循环前，先要进行预置（即让 $M_1=M_0=1$），然后改变 M_1、M_0，使寄存器进入右（或左）循环。例如，当图 8.8-2 接成右循环状态时，假设预置数为 0010，则环形计数器的有效时序为 0010→0001→1000→0100，然后又返回 0010。该环形计数器的缺点是，循环前必须要预置一个初始状态。

移位寄存器构成的环形计数器还有另外一种形式：扭环形计数器。如图 8.8-3 所示，在 Q_3 与 D_{SR} 之间接入一反相器。当 $\overline{CR}$ 送入一个清零信号之后，计数器从 0000 开始循环计数：0000→1000→1100→ 1110→1111→0111→0011→0001，然后又返回到 0000。

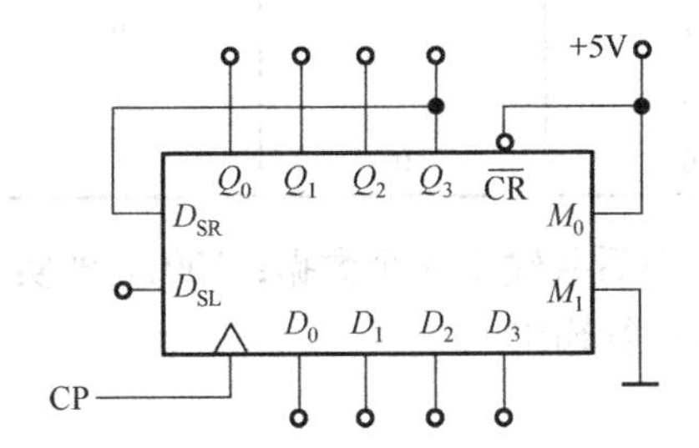

图 8.8-2　移位寄存器型环形计数器

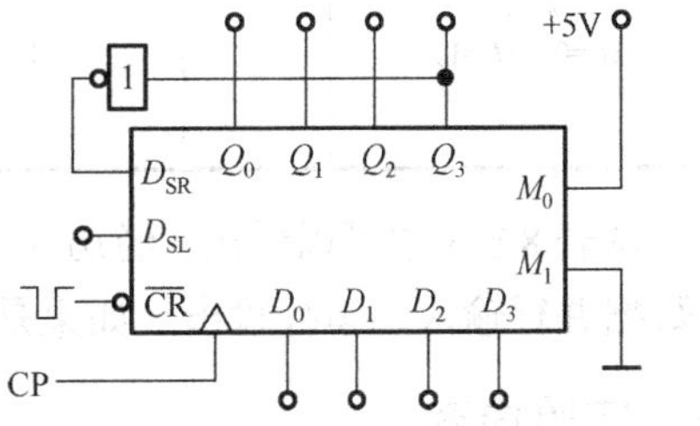

图 8.8-3　移位寄存器型扭环形计数器

（2）数据转换

移位寄存器可以用作数据的转换，将串行输入的数据转换为并行输出，也可以将并行输入的数据转换为串行输出。

图 8.8-4 所示电路为三位串-并转换电路，其转换过程如下。

首先从 $\overline{CR}$ 端送入一清零信号，寄存器的输出 $Q_0Q_1Q_2Q_3$=0000，使 $M_1=M_0=1$。

当第一个时钟信号到来时，由于 $M_1=M_0=1$，寄存器处于并行置数状态，输出信号 $Q_0Q_1Q_2Q_3$=0111。

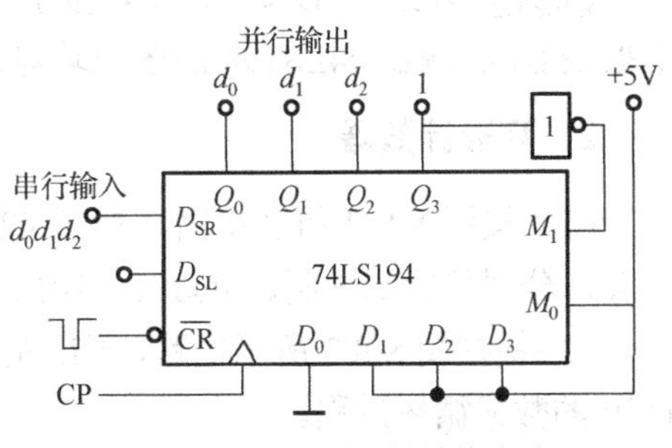

图 8.8-4　数据串-并转换电路

在第二到第四个时钟信号到来时，由于 Q_3=1，则有 M_1=0、M_0=1，寄存器工作在右移状态。其工作过程如表 8.8-4 所示。

表 8.8-4 三位串-并转换状态变化

$\overline{CR}$	D_{SR}	CP	Q_0	Q_1	Q_2	Q_3	M_1	M_0
0	×	×	0	0	0	0	1	1
1	×	↑	0	1	1	1	0	1
	d_2	↑	d_2	0	1	1	0	1
	d_1	↑	d_1	d_2	0	1	0	1
	d_0	↑	d_0	d_1	d_2	0	1	1

在第四个时钟信号到来后，三位串行输入数据全部移入移位寄存器中，此时移位寄存器输出 $Q_3Q_2Q_1Q_0=0d_2d_1d_0$。因此，$M_1=M_0=1$，本组三位数据转换完毕，数据并行输出，同时为下一组数据的转换做好准备。重复上述过程，可以连续实现多组三位数据的串-并变换。其中，$Q_3=0$ 作为标志串-并转换结束的控制信号，既表示本次转换完毕，也表示下一次转换即将开始。

数据并-串转换与串-并转换刚好相反，即将并行输入的数据转换为串行输出。工作原理图可参考图 8.8-2 所示。假设输入信号预置为 $D_0D_1D_2D_3=1001$，输出变化如表 8.8-5 所示。

表 8.8-5 并-串转换状态变化

状态	CP	Q_0	Q_1	Q_2	Q_3
置数（$M_1=M_0=1$）	↑	1	0	0	1
右移（$M_1=0$、$M_0=1$）	↑	1	1	0	0
	↑	0	1	1	0
	↑	0	0	1	1
	↑	1	0	0	1

从表 8.8-5 中可以看出，经历 4 个脉冲信号之后，Q_0 前后共输出 4 个数据：1001，即实现了数据并行输入，串行输出。如果是实现左移，则 Q_3 为串行输出。

四、实验内容

1. 74LS194 功能测试

$Q_0Q_1Q_2Q_3$ 接 LED 显示，CP 接手动单次脉冲或 1Hz 方波，M_1、M_0 置于逻辑开关。然后根据表 8.8-3 测试 74LS194 的逻辑功能。

2. 环形计数器

（1）按图 8.8-2 组装电路，然后 CP 输入 1Hz 脉冲信号，D_0、D_1、D_2、D_3 分别置于逻辑开关，分别预置二进制数 0001、0101、0111，观察并记录下数据的循环过程。

（2）根据图 8.8-2 所示电路，画出左移环形计数器的原理图，并观察输入信号分别为 0011、1100 的数据循环过程。

（3）按图 8.8-3 组装电路，然后 CP 输入 1Hz 脉冲信号，$\overline{CR}$ 置于逻辑开关。观察当 $\overline{CR}$ 从 0 到 1 后，输出数据的变化过程。

3．数据转换

按图 8.8-4 组装数据串-并转换电路，CP 输入 1Hz 脉冲信号，当 D_{SR} 依次分别输入 001、110 时，观察并记录输出信号的变化过程。

五、实验报告要求

1．列出表格，记录下数据在时钟信号的作用下输出的变化过程。
2．画出左移环形计数器的原理图。

六、思考题

1．图 8.8-2 所示为右移环形计数器，若需左移环形计数器，应如何修改？
2．在并-串转换电路中，如表 8.8-5 所示状态，如何让 Q_1 输出串行数据？

七、注意事项

如图 8.8-2 所示电路，在循环前必须先使 $M_1=M_0=1$，让预置状态并行输出到 Q_0～Q_3，然后再改变 M_1M_0 电平，进行循环。

八、实验元器件

集成电路　74LS194、74LS00　各一片

实验九　脉冲波形的变换与产生

一、实验目的

1．学习 74121 的工作原理及应用。
2．加深对门电路组成的多谐振荡器和单稳态触发器的了解。
3．了解 RC 定时元件对输出脉冲宽度的影响。

二、预习要求

1．复习波形变换及产生的相关章节。
2．画出实验电路图。

三、实验原理及参考电路

在数字电路中，常常需要各种脉冲波形，如时序电路的时钟脉冲、控制过程中的定时信号等。这些脉冲波形的获取，主要通过：一种是将已有的非脉冲波形通过波形变化电路获得；另外一种则是采用脉冲信号产生电路直接获得。

1．单稳态触发器

单稳态触发器有一个稳态和一个暂态。在无外来触发脉冲作用时，保持稳态不变。在确定的外来触发脉冲作用下，输出一个脉宽和幅度恒定的矩形脉冲。

单稳态触发器常用于脉冲的整形、延时和定时。

TTL 集成单稳态触发器的型号有：单稳态触发器 74121、可重复触发单稳态触发器 74LS122、双可重复触发单稳态触发器 74123 和双单稳态触发器 74221 等。

CMOS 双单稳态触发器的信号有：CD4098、CD14528。

本实验选用 TTL 非重复触发单稳态触发器 74121，其外引线排列图和功能表分别如图 8.9-1 和表 8.9-1 所示。

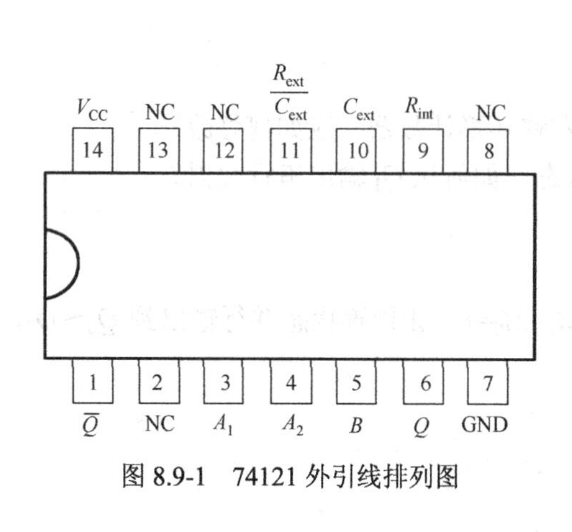

图 8.9-1 74121 外引线排列图

表 8.9-1 74121 功能表

输入			输出	
A_1	A_2	B	Q	$\overline{Q}$
0	×	1	0	1
×	0	1	0	1
×	×	0	0	1
1	1	×	0	1
1	↓	1	⊓	⊔
↓	1	1	⊓	⊔
↓	↓	1	⊓	⊔
0	×	↑	⊓	⊔
×	0	↑	⊓	⊔

集成单稳态触发器 74121 具有如下几个特点：

① 利用边沿触发器；

② 施密特触发输入；

③ 内部设有温度补偿，故而输出脉冲宽度的温度稳定性好，定时误差在 1%以内；

④ 互补输出：具有上升沿触发和下降沿触发两种输入端，且均兼有禁止功能；

⑤ 输出脉冲的占空比达 90%时，仍能正常工作。

集成单稳态触发器内部设有定时电阻 $R_{int}=2\text{k}\Omega$，但其温度系数较大，最好改用高质量的外接定时电阻。外接定时电阻 R_{ext} 一般变化范围为 2～30kΩ。外接定时电容 C_{ext} 为 10pF～1000μF（最佳取值范围为 10pF～10μF）。单稳态触发器的输出脉冲 t_w 由定时电阻和定时电容决定，即

$$t_w=\ln 2\cdot R_{ext}\cdot C_{ext}\approx 0.7R_{ext}\cdot C_{ext}$$

图 8.9-2 所示电路为单稳态触发器 74121 构成的延时电路，用上升沿触发器输入端 B 的电路接法。

2．施密特触发器

施密特触发器在电子电路中常用来完成波形变换、幅度鉴别等工作，电路具有以下两个特点。

① 电路的触发方式属于电平触发，对于缓慢变化的信号仍然适用，当输入电压达到某一定值时，输出电压会发生跳变。

② 在输入信号增大和减小时，施密特触发器有不同的阈值电压，正向阈值电压 V_{T+}和负向阈值电压 V_{T-}。正向阈值电压与负向阈值电压之差称为回差电压，用 ΔV_T 表示。

用 COMS 门组成的施密特触发器如图 8.9-3 所示。电路中两个 CMOS 反相器串联，分压电阻 R_1、R_2 将输出端的电压反馈到输入端。

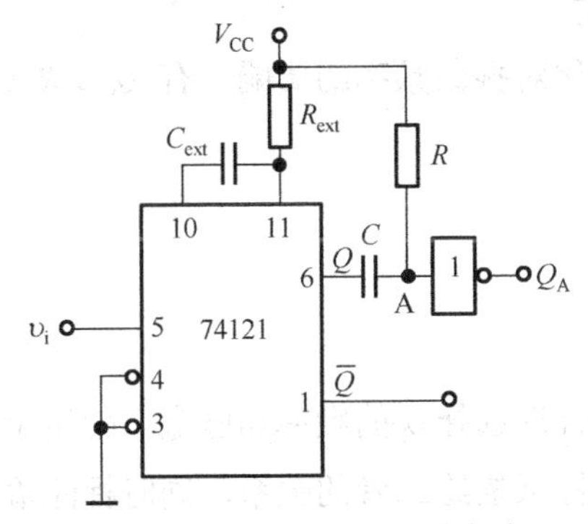

图 8.9-2　74121 构成的延时电路

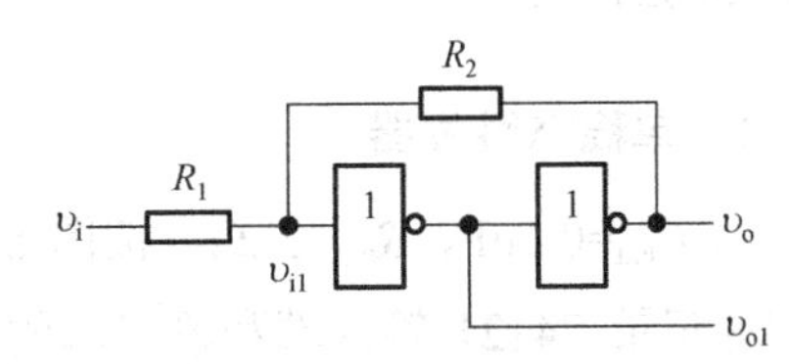

图 8.9-3　CMOS 反相器组成的施密特触发器

设 CMOS 反相器的阈值电压 $V_{TH} \approx \frac{V_{DD}}{2}$，电路中 $R_1 < R_2$。

正向阈值电压为

$$V_{T+} = \left(1 + \frac{R_1}{R_2}\right) V_{TH}$$

负向阈值电压为

$$V_{T+} \approx \left(1 - \frac{R_1}{R_2}\right) V_{TH}$$

则回差电压为

$$\Delta V_T = V_{T+} - V_{T-} \approx \frac{R_1}{R_2} V_{DD}$$

由上式可以看出，电路的回差电压与 R_1 和 R_2 之比成正比，改变 R_1、R_2 的参数即可调节回差电压的大小。

3．多谐振荡器

多谐振荡器在接通电源后能自行产生矩形输出脉冲，无须外加触发信号的自激振荡电路，常作为脉冲信号源。多谐振荡器也称无稳态多谐振荡器。

图 8.9-4 所示电路是由两个 CMOS 非门构成的多谐振荡器。该电路有两个暂稳态，分别由电容的充、放电时间决定。

电容充电时间为

$$T_1 = RC\ln\frac{V_{DD}}{V_{DD} - V_{TH}}$$

电容放电时间为

$$T_2 = RC\ln\frac{V_{DD}}{V_{TH}}$$

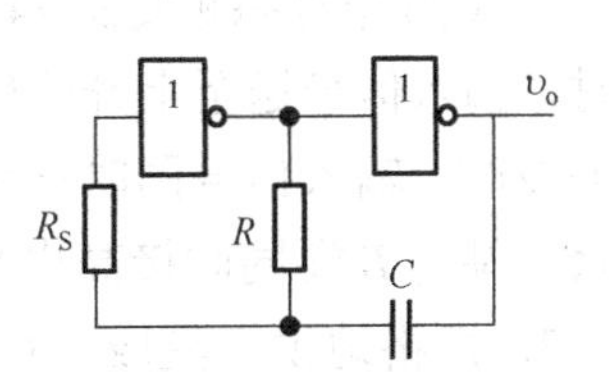

图 8.9-4　门控振荡器

当$V_{TH}=\frac{V_{DD}}{2}$时，输出信号的周期为

$$T=RC\ln4\approx1.4RC$$

电路中R_S起到一个补偿的作用，减小电源电压变化对振荡频率的影响，有$R_S\gg R$（一般取$R_S=10R$）。

四、实验内容

1. 单稳态触发器

当C_{ext}=0.1μF、R_{ext}=3kΩ，按图 8.9-2 安装电路，合理选择υ_i的频率和脉宽。使用示波器观察并记录 74121 输入端和输出端的波形，并通过坐标纸描绘二者的关系，同时标注输出脉冲的宽度t_W。

2. 施密特触发器

按照图 8.9-3 安装施密特触发器，合理选择输入信号的频率和脉宽。使用示波器观察并测量正向阈值电压和负向阈值电压，计算回差电压值，并通过坐标纸描绘输出信号波形。

3. 门控振荡器

按图 8.9-4 安装电路，合理选择R和C，先计算出理论参数，然后使用示波器观察并测量输出信号的频率及幅值，并与理论值比较。

五、实验报告要求

1. 分别对应时间坐标轴，绘出单稳态触发器、施密特触发器和多谐振荡器的输出波形。
2. 在图上标明实验所测波形的幅值、脉宽、频率和占空比等。并将理论计算的频率和占空比与实测值相比较。

六、思考题

1. 已知单稳态触发器输出脉宽约为 20μs，定时电阻R_{ext}=3kΩ，试求定时电容C_{ext}的参数。
2. 在门控振荡器中采用的是 CMOS 门电路，如果换用 TTL 门电路，电路是否能起振？如果不能，为什么？

七、注意事项

1. 集成单稳态触发器 74121 的触发输入信号，可上升沿也可下降沿触发，当选择上升沿触发时，输入信号送至上升沿触发输入端B，而A_1和A_2中至少有一个为低电平；当选择下降沿触发时，输入信号同时送至A_1、A_2端，B端接高电平，或输入信号送至A_1、A_2中任一个，其余一端与B端同时接高电平。
2. 严格地说，集成单稳态触发器不是精确的定时器件，在要求定时时间不是很严格的地方，74121 应该是比较满意的定时器件，若要求定时时间准确又稳定，最好选用晶体振荡器加上合适的分频器构成。

3．门控振荡器的门电路只能采用 CMOS 器件来实现，如果采用 TTL 器件，将不能实现振荡。

八、实验元器件

集成电路　74121、CD4011　各一片
电阻　　　3kΩ、10kΩ　各一只
电容　　　0.01μF、0.1μF　各一只

实验十　555 集成定时器

一、实验目的

1．熟悉 555 集成定时器的结构及工作原理。
2．掌握用 555 集成定时器构成单稳态电路、多谐振荡电路和施密特触发电路。

二、预习要求

1．了解 555 集成定时器的外引线排列图和功能。
2. 熟悉用 555 集成定时器构成单稳态电路、多谐振荡电路和施密特触发电路的工作原理。

三、实验原理及参考电路

1．555 集成定时器简介

555 集成定时器是美国 Signetics 公司于 1972 年研制的用于取代机械式定时器的中规模集成电路，因其输入端设计有三个 5kΩ 的电阻而得名。

555 定时器是一种模拟和数字功能相结合的中规模集成器件。一般用双极性工艺制作的称为 555，用 CMOS 工艺制作的称为 7555，除单定时器外，还有对应的双定时器 556/7556。555 定时器的电源电压范围宽，可在 4.5～16V 工作，7555 可在 3～18V 工作，输出驱动电流约为 200mA，因而其输出可与 TTL、CMOS 或模拟电路电平兼容。

555 定时器的内部电路框图和外引线排列图分别如图 8.10-1 所示。它内部包括两个电压比较器，三个等值串联电阻，一个 SR 触发器，一个放电管 VT 及功率输出级。它提供两个基准电压 $\frac{1}{3}V_{CC}$ 和 $\frac{2}{3}V_{CC}$。

它的各个引脚功能如下。

① 脚：GND（或 V_{SS}）外接电源负端 V_{SS} 或接地，一般情况下接地。

② 脚：低触发端。

③ 脚：输出端。

④ 脚：直接清零端。当 $\overline{R_D}$ 端接低电平时，则时基电路不工作，此时不论 S、R 处于何电平，时基电路输出为“0”，该端不用时应接高电平。

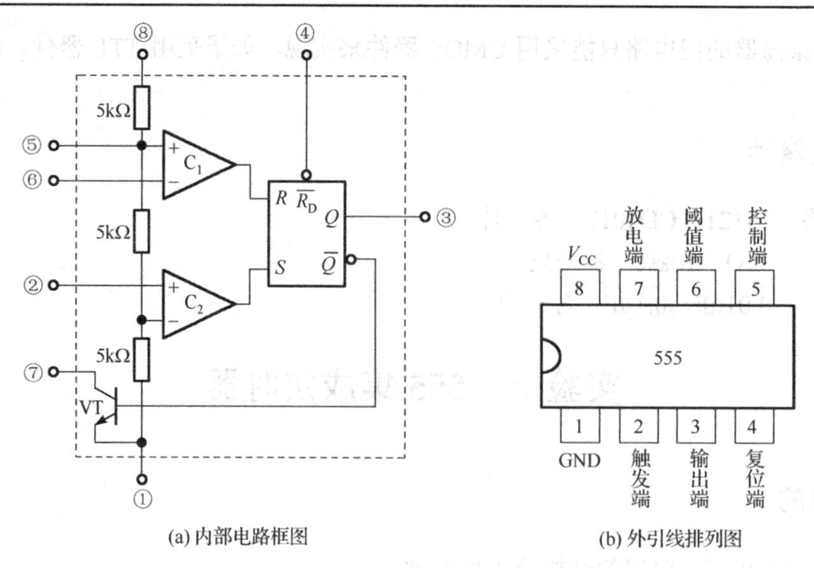

(a) 内部电路框图 (b) 外引线排列图

图 8.10-1 555 集成定时器

⑤ 脚：控制电压端。若此端外接电压，则可改变内部两个比较器的基准电压，当该端不用时，应将该端串入一只 0.01μF 电容接地，以防引入干扰。

⑥ 脚：高触发端。

⑦ 脚：放电端。该端与放电管集电极相连，用作定时器时电容的放电。

⑧ 脚：V_{CC}（或 V_{DD}）外接电源 V_{CC}，双极型时基电路 V_{CC} 的范围是 4.5～16V，CMOS 型时基电路 V_{CC} 的范围为 3～18V。一般用 5V。

555 集成定时器的功能表如表 8.10-1 所示。

表 8.10-1 555 集成定时器功能表

输入			输出	
阈值输入⑥	触发输入②	复位④	输出③	放电三极管 VT
×	×	0	0	导通
$<\frac{2}{3}V_{CC}$	$<\frac{1}{3}V_{CC}$	1	1	截止
$>\frac{2}{3}V_{CC}$	$>\frac{1}{3}V_{CC}$	1	0	导通
$<\frac{2}{3}V_{CC}$	$>\frac{1}{3}V_{CC}$	1	不变	不变

2．555 集成定时器的应用

（1）单稳态电路

555 集成定时器构成的单稳态电路如图 8.10-2 所示。当电源接通后，V_{CC} 通过电阻 R 向电容 C 充电，待电容电位 υ_C 上升到 $\frac{2}{3}V_{CC}$ 时，SR 触发器置 0，即 υ_o 输出低电平，同时电容 C 通过三极管 VT 放电。当触发器②的外接输入信号电压 $\upsilon_i<\frac{1}{3}V_{CC}$ 时，SR 触发器置 1，即 υ_o 输出高电平，同时三极管 VT 截止。输出电压维持高电平时间取决于 R、C 的充电时间，当 $t=t_{P0}$ 时，电容上的充电电压为

$$\upsilon_C=(1-e^{-\frac{t_{P0}}{RC}})V_{CC}=\frac{2}{3}V_{CC}$$

所以输出电压的脉宽

$$t_{P0}=RC\ln 3\approx 1.1RC$$

一般 R 取 1kΩ～10MΩ，C>1000pF。

值得注意的是：υ_i 的重复周期必须大于 t_{P0}，才能保证每个倒置脉冲起作用。由上式可知，单稳态电路的暂态时间与 V_{CC} 无关。因此 555 定时器组成的单稳态电路可作为较精确定时器。

（2）多谐振荡器

555 集成定时器构成的多谐振荡器如图 8.10-3 所示。

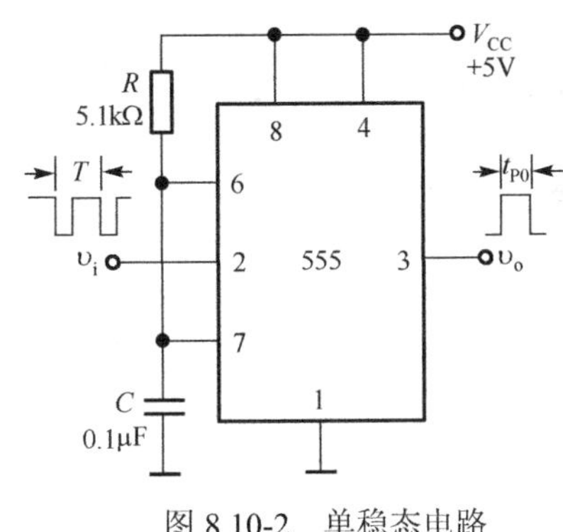

图 8.10-2　单稳态电路

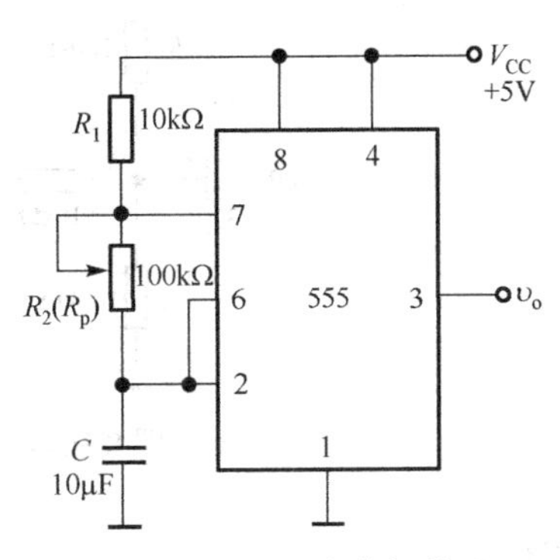

图 8.10-3　多谐振荡器

电源接通后，V_{CC} 通过电阻 R_1、R_2 向电容 C 充电。电容电压按指数规律上升，当 υ_C 上升至 $\frac{2}{3}V_{CC}$ 时，因 υ_C 与阈值输入端⑥相连，有 $\upsilon_C=\upsilon_6$，使比较器 C_1 输出翻转，输出电压 $\upsilon_o=0$，同时，放电三极管 VT 导通，电容 C 通过 R_2 放电；当电容电压 υ_C 下降至 $\frac{1}{3}V_{CC}$ 时，比较器 C_2 工作，输出电压 $\upsilon_o=1$，电容 C 放电终止，V_{CC} 通过电阻 R_1、R_2 又开始向电容 C 充电；终而复始，形成振荡。其振荡周期与充放电的时间有关。

充电时间：$t_{PH}=(R_1+R_2)C\cdot\ln\left(\dfrac{V_{CC}-\frac{2}{3}V_{CC}}{V_{CC}-\frac{1}{3}V_{CC}}\right)\approx 0.7(R_1+R_2)C$

放电时间：$t_{PL}=R_2C\cdot\ln\left(\dfrac{V_{CC}-\frac{2}{3}V_{CC}}{V_{CC}-\frac{1}{3}V_{CC}}\right)\approx 0.7R_2C$

振荡周期：$T=t_{PH}+t_{PL}\approx 0.7(R_1+2R_2)C$

振荡频率：$f=\dfrac{1}{T}=\dfrac{1}{t_{PH}+t_{PL}}\approx\dfrac{1.43}{(R_1+2R_2)C}$

占空系数：$D=\dfrac{t_{PH}}{T}=\dfrac{R_1+R_2}{R_1+2R_2}$，当 $R_1\gg R_2$ 时，占空系数近似为 50%。

该电路的最高输出频率为 200kHz。

由以上分析可知：

① 电路的振荡周期 T、占空系数 D 仅与外接元件 R_1、R_2 和 C 有关，不受电源电压变化的影响。

② 改变 R_1、R_2，即可改变占空系数，其值可在较大范围内条件。

③ 改变电容 C 的值，可单独改变周期，不影响占空系数。

另外，复位端④也可输入一控制信号，当其为低电平时，振荡电路停振。

（3）施密特触发器

555 集成定时器构成的施密特触发器如图 8.10-4 所示。其回差电压为 $\frac{1}{3}V_{CC}$，在电压控制端⑤外接可调电压 υ_{adj} (1.5～5V)，可以改变回差电压。

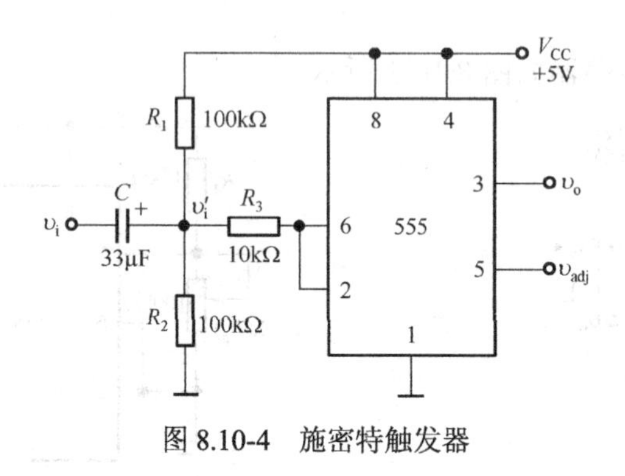

图 8.10-4　施密特触发器

四、实验内容

1. 单稳态电路

按图 8.10-2 组装单稳态电路。合理选择输入信号 υ_i 的频率和脉宽，以保证 $T>t_{P0}$，使每个正倒置脉冲起作用。加输入信号后，用示波器观察 υ_i、υ_C 及 υ_o 的电压波形，比较它们的时序关系，绘出波形，在图中标出周期、幅度、脉宽等。

2. 多谐振荡器

（1）按图 8.10-3 组装多谐振荡器。调节电位器 R_2，在示波器上观察输出波形占空系数的变化情况。并观察占空系数为 1:2、1:4、3:4 时的输出波形。

（2）图 8.10-3 中，若固定 R_1=5.1kΩ，R_2=4.6kΩ，C=0.1μF 时，用示波器观察并描绘 υ_o 和 υ_C 波形的幅值、周期及 t_{PH} 和 t_{PL}，标出 υ_C 各转折点的电平。

3. 施密特触发器

（1）按图 8.10-4 组装施密特触发器。输入信号为 $\upsilon_{ipp}=3V$、$f=1kHz$ 的正弦波。用示波器观察并描绘 υ_i' 和 υ_o 波形。注明周期和幅值，并在图上直接标注出上限触发电平、下限触发电平，计算回差电压。

（2）图 8.10-4 中，在电压控制端⑤分别外接 2V、4V 电压，在示波器上观察该电压对输出波形的脉宽、上、下限触发电平及回差电压有何影响。

***4．“叮咚”门铃电路**

如图 8.10-5 所示电路，试分析该电路的工作原理。

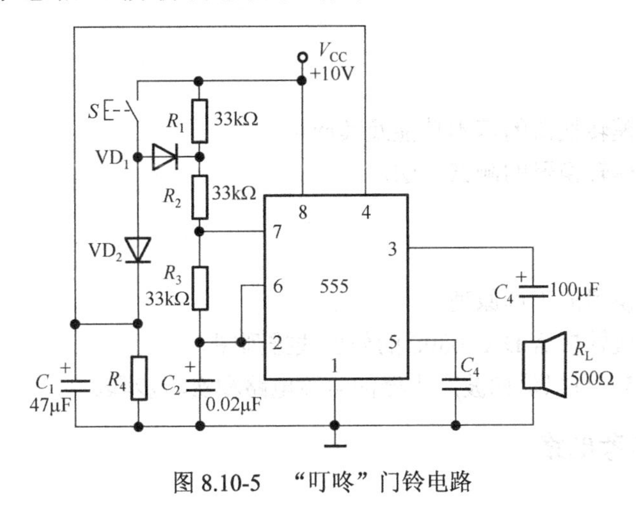

图 8.10-5　“叮咚”门铃电路

五、实验报告要求

1．整理实验数据，画出实验内容中所要求画的波形，按时间坐标对应标出波形的周期、脉宽和幅值等。

2．根据实验内容 4，完成实验参数的测试，根据测试数据说明电路的工作原理。

六、思考题

1．实验内容 2 中，改变电容 C 的大小能改变振荡器输出电压的周期和占空系数吗？试说明想要改变占空系数须改变哪些参数。

2．试设计一个过压报警器，用声（扬声器）和光（发光二极管）同时报警。当工作电压超过+10V 时，扬声器发出报警声，同时发光二极管闪烁，闪烁频率为 2Hz。

七、注意事项

1．单稳态电路的输入信号选择要特别注意。υ_i 的周期必须大于 υ_o 的脉宽，并且低电平的宽度要小于 υ_o 的脉宽 t_{P0}。

2．所有需绘制的波形图均要按时间坐标对应描绘，而且要正确选择示波器的 AC、DC 输入方式，才能正确描绘出所有波形。在图中标出周期、脉宽和幅值等。

八、实验元器件

集成定时器	NE555　一片
电阻	4.7kΩ、5.1kΩ　各一只；100kΩ　两只；10kΩ、33kΩ　各三只
电容	0.02μF、0.1μF、10μF、47μF、100μF　各一只
电位器	100 kΩ　一只
扬声器	8Ω、500Ω　各一只

实验十一　数/模转换器及应用

一、实验目的

1．熟悉集成数/模转换器的基本功能及其应用。
2．学习集成数/模转换器的测试方法。

二、预习要求

1．复习数/模转换器的工作原理。
2．了解集成数/模转换器 DAC0808 的外引线排列图。
3．参照图 8.11-5，自拟阶梯波产生器的实验电路和实验步骤。

三、实验原理及参考电路

1．集成数/模转换器原理

集成数/模（D/A）转换器（DAC）的基本功能是将 N 位数字输入信号 D 转换成与 D 相对应的模拟信号 A（模拟电压或模拟电流）。如图 8.11-1 所示，它与集成模/数（A/D）转换器（ADC）都是计算机或数字仪器中不可或缺的接口电路。

集成 D/A 转换器的典型结构是由倒 T 形电阻网络和模拟开关组成的，使用时外加运算放大器。图 8.11-2 所示电路是 n 位 D/A 转换器的原理图。

数字量D　1　2　⋮　N　D/A转换器　模拟量A

图 8.11-1　D/A 转换器框图

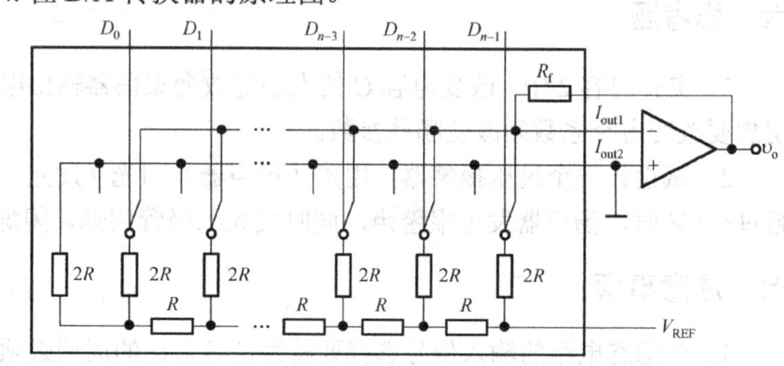

图 8.11-2　n 位 D/A 转换器的原理图

其输出电压υ_o与输入数字量 D_0～D_{n-1} 的关系为

$$\upsilon_o = -\frac{V_{REF}}{2^n}\cdot\frac{R_f}{R}(D_{n-1}\times 2^{n-1} + D_{n-2}\times 2^{n-2} + \cdots + D_1\times 2^1 + D_0\times 2^0)$$

式中，V_{REF} 为基准电压。

2．数/模转换器 DAC0808

本实验选用的数/模转换器是 DAC0808，其原理图如图 8.11-3 所示。它具有功耗低（350mW）、速度快（稳定时间为 150ns）、价格低及使用方便等特点。DAC0808 本身不包括运算放大器，使用时需外接运算放大器。其典型应用电路如图 8.11-4 所示。

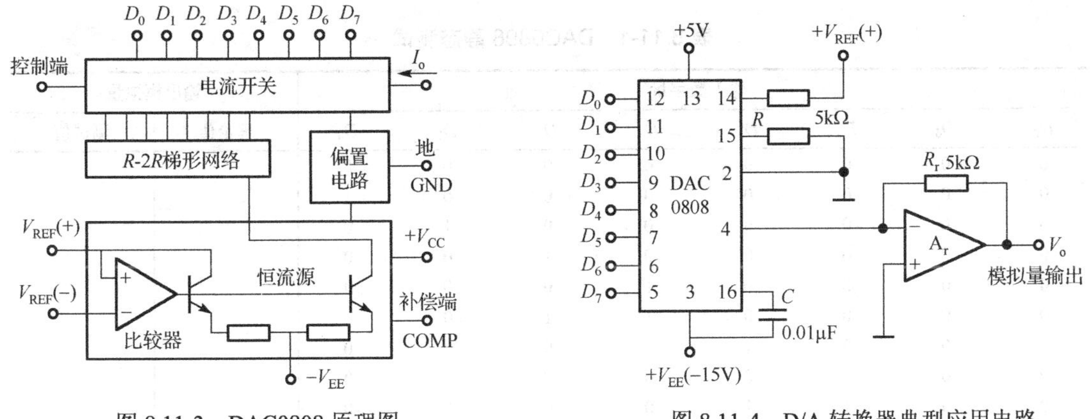

图 8.11-3　DAC0808 原理图　　图 8.11-4　D/A 转换器典型应用电路

其基本参数为：

电源电压 V_{CC}=+4.5～+18V，典型值为+5V，V_{EE}=−4.5～−18V，典型值为−15V；输出电压范围−10～+18V；参考电压 $V_{REF(+)max}$=+18V；恒流源电流 $I_o=V_{REF(+)}/R\leqslant 5$mA。

DAC0808 的输出形式是电流，一般可达 2mA。外接运算放大器后，可将其转换为电压输出。

3. D/A 转换器的主要技术指标

（1）分辨率

分辨率是 D/A 转换器对输入微小量变化敏感程度的表征。其定义为 D/A 转换器模拟输出电压可能被分离的等级数。DAC0808 的分辨率为 $1/2^8$=1/256，即 0.39%，当 V_{REF}=10V 时，分辨率为 39mV。

（2）转换误差

转换误差是指输入端加入最大数字量（全 1）时，D/A 转换器的理论值与实际值之差。它主要受转换器中各元件参数值的误差、基准电源的稳定程度和运算放大器的零漂大小的影响。

（3）转换速度

当 D/A 转换器输入的数字量发生变化时，输出的模拟量并不能立即达到所对应的值，它要延迟一段时间。DAC0808 的转换时间为 150ns。

四、实验内容

1. DAC0808 静态测试

实验电路如图 8.11-4 所示。按表 8.11-1 内容依次输入数字量，用万用表测量出相应的输出模拟电压 υ_o，填入表中。

2. 阶梯波产生器

参照图 8.11-5 所示阶梯波产生器原理图，将二进制计数器 CD40161 的输出 Q_3、Q_2、Q_1、Q_0 由高到低，对应接到 DAC0808 数字输入端的高 4 位 D_7、D_6、D_5、D_4，低 4 位输入端 D_3、D_2、D_1、D_0 接地。CD40161 的 CP 选用 1kHz 方波信号，在示波器上观察并记录 DAC0808 输出端的电压波形。

表 8.11-1 DAC0808 静态测试

输入数字量								输出模拟量	
D_7	D_6	D_5	D_4	D_3	D_2	D_1	D_0	理论值	测试值
0	0	0	0	0	0	0	0		
0	0	0	0	0	0	0	1		
0	0	0	0	0	0	1	0		
0	0	0	0	0	1	0	0		
0	0	0	0	1	0	0	0		
0	0	0	0	1	1	0	0		
0	0	0	1	0	0	0	0		
0	0	1	0	0	0	0	0		
0	0	1	1	0	0	0	0		
0	1	1	0	0	0	0	0		
1	0	0	0	0	0	0	0		
1	1	0	0	0	0	0	0		
1	1	1	1	1	1	1	1		

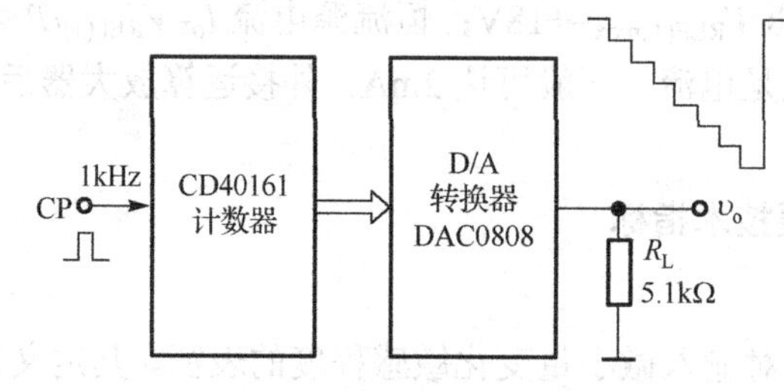

图 8.11-5 阶梯波产生器原理图

五、实验报告要求

1．记录 D/A 转换器静态测试中的数据，并与理论值比较。

2．对应描绘 CP 波形和梯形波产生器的输出波形。

六、思考题

1．给一个 8 位 D/A 转换器输入二进制数 10000000 时，其输出电压为 5V。试问，如果输入二进制数 00000001 和 11001101 时，D/A 转换器的输出模拟电压分别为何值？

2．图 8.11-5 中，如果将 CD40161 的输出 Q_3、Q_2、Q_1、Q_0 由高到低对应接到 DAC0808 的低 4 位时，将会在示波器上看到什么样的波形？

七、注意事项

注意 DAC0808 的电压极性，V_{CC}=+5V，V_{EE}=−15V，不得接错。

八、实验元器件

D/A 转换器	DAC0808 一片
计数器	CD40161 一片
电阻	2.4kΩ 一只；5kΩ 三只
电容	0.01μF 一只

实验十二　模/数转换器及应用

一、实验目的

1．熟悉模/数转换的工作原理。

2．学习使用集成模/数转换器 ADC0804。

二、预习要求

1．熟悉集成模/数转换器 ADC0804 的外引线排列图。

2．熟悉模/数转换器的转换原理。

3．估算实验内容 2 的 $V_{REF}/2$ 的数值，估算当 $V_{IN(+)}=V_{REF}/2$ 时，输出数字量的大小。

4．估算实验内容 3 的输出数字量的大小。

三、实验原理及参考电路

1．集成模/数转换器原理

集成模/数（A/D）转换器（ADC）的基本功能是将输入的模拟电压量转换成相应的数字量输出。

A/D 转换器输入的模拟电压信号 υ_i 在时间上是连续的，而输出的数字信号 D 是离散的，所以进行的转换只能是针对一系列瞬间的输入信号，即按一定的频率对输入的信号 υ_i 采样得到的在时间上离散的信号 υ_s。在两次采样之间，υ_s 应当保持不变，以保证有足够的时间将采样值转化成稳定的数字量。因此，A/D 转换过程是通过采样、保持、量化和编码这 4 个步骤完成的。

（1）采样与保持

采样是将输入模拟量转换为在时间上离散的模拟量，如图 8.12-1 所示。将取样所得信号转换为数字信号往往需要一定的时间，为了给后续的量化编码电路提供一个稳定值，取样电路的输出还须保持一段时间。一般取样与保持过程都是同时完成的。

（2）量化与编码

将数值连续的模拟量转换为数字量的过程称为量化。量化后的结果用二进制码或其他代码表示出来的过程称为编码。编码之后输出的代码就是 A/D 转换器的转换结果。

实现模/数转换的方法很多，常用的有并/串型 ADC、逐次逼近型 ADC 和双积分型 ADC 等。并/串型 ADC 的速度最快，但成本也最高，且精度不易做高；双积分型 ADC 精度高、抗干扰能力强，但速度太慢，适合转换缓慢变化的信号；逐次逼近型 ADC 有较高的转换精度、工作速度中、成本低等优点，因此获得广泛的应用。

2．模/数转换器 DAC0804

本实验选用集成模/数转换器 ADC0804，外引线排列图如图 8.12-2 所示。ADC0804 是单片 CMOS 8 位逐次逼近型 A/D 转换器，与 8 位微机兼容，其三态输出可直接驱动数据总线。输入电压可调，含内部时钟发生器。其原理示意图如图 8.12-3 所示，主要组成部分有：D/A 转换器、逐次渐近寄存器、移位寄存器、比较器、时钟发生器和控制电路。

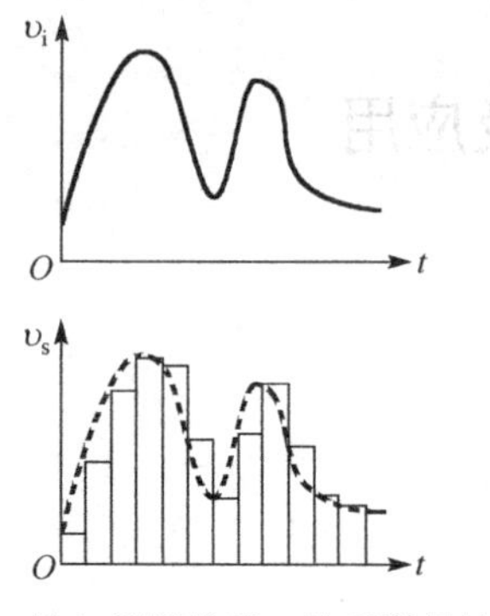

图 8.12-1　输入模拟信号υ_i的采样保持信号υ_s

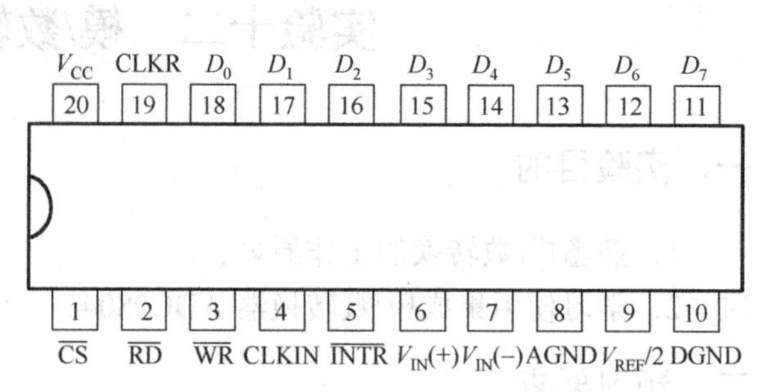

图 8.12-2　ADC0804 外引线排列图

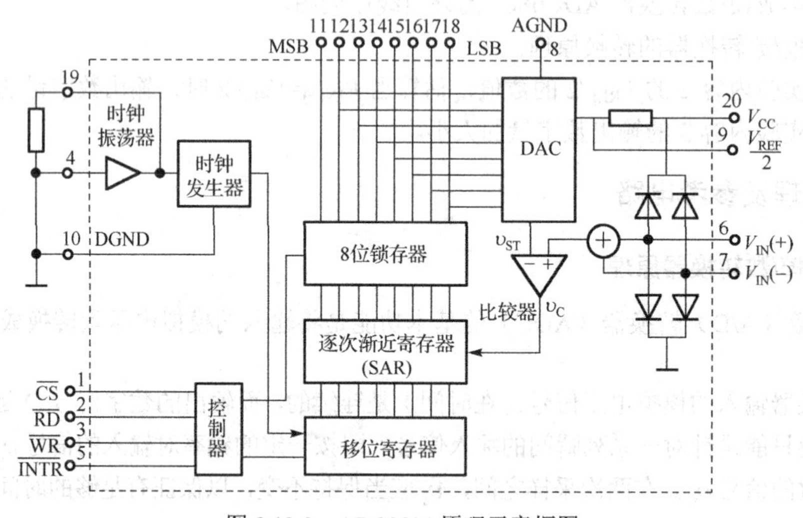

图 8.12-3　ADC0804 原理示意框图

3. A/D 转换器的主要技术指标

ADC 的主要技术指标是转换精度、转换速度等。选择 ADC 时除考虑这两项技术指标外，还应注意满足其输入电压的范围、输出数字的编码、工作温度范围和电压稳定度等方面的要求。

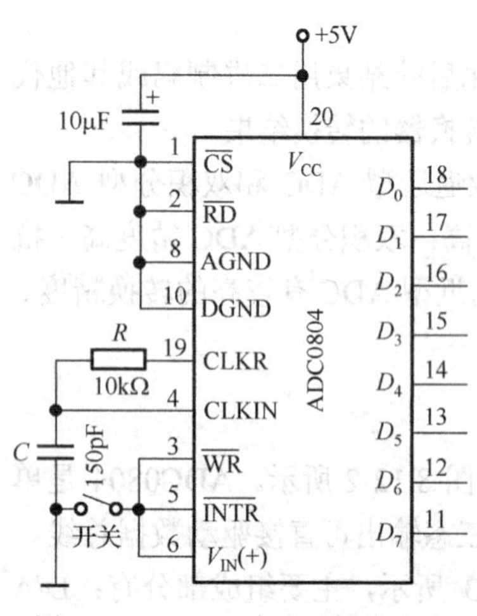

图 8.12-4　ADC 自启动转换电路

（1）分辨率

ADC 的分辨率用输出二进制（或十进制）数的位数表示，它表明 ADC 对输入信号的分辨能力。ADC0804 的分辨率为 8 位，总误差≤|1LSB|。

（2）转换时间

是指 ADC 从转换控制信号到来开始，到输出端得到稳定的数字信号所经过的时间。ADC0804 的转换时间为 100μs，即每秒转换 10000 次，取数时间为 135ns。

四、实验内容

1．按图 8.12-4 所示电路连接好电路，输出 D_0～D_7 接到 LED。

2．将 $V_{IN}(-)$接地，$V_{IN}(+)$接 4.6V 电压，调节 $V_{REF}/2$ 上的电压，使输出为 11111110，测出此时的 $V_{REF}/2$ 的值。保持 $V_{REF}/2$ 不变，将 $V_{IN}(+)$与之相连，读出输出的数字量。

3．保持 $V_{REF}/2$ 不变，令 $V_{IN}(+)$分别为 3.5V、2.5V、1.0V、0.5V，读出相应的输出数字量。

五、实验报告要求

整理实验内容 2、3 的实验数据，绘出输出与输入之间的关系曲线，加以分析。

六、思考题

1．8 位 A/D 转换器，当其输入从 0 到 5V 变化时，输出二进制码从 00000000 至 1111111 变化。试问，输出从 00000000 变至 00000001 时，输入电压值变化多少？

2．A/D 转换器转换速率为 6000 次/s，问转换时间为多少？

七、实验元器件

A/D 转换器　ADC0804　一片
电阻　10kΩ　一只
电容　150pF、10μF　各一只

第三篇

电子技术设计基础

第9章 电子电路设计概述

9.1 电子电路设计的重要性

通常所说的电子电路的设计，主要包括：满足性能指标要求的总体方案的选择、各部分原理电路的设计、参数值的计算、电路的实验与调试及参数的修改、调整等环节。这是各类电子产品和各种应用电子电路研制过程中必不可少的设计过程，因此，电子电路设计在电子工程应用领域中占有很重要的地位。其设计质量的高低不但直接影响产品或电路性能的优劣，还对研制成果的经济效益起着举足轻重的作用。

面向21世纪的电子技术教学，应当是重基础、重设计、重创新，为此，应在“电子技术基础实验”课程中增加“电子电路设计”的实验教学环节。通过电子电路设计，除了使学生受到设计思想、设计技能、调试技能与实验研究技能的训练之外，还可以提高学生的自学能力及运用基础理论解决工程实际问题的能力，开发学生的创新精神，提高学生的全面素质。

9.2 电子电路设计的若干问题

1. 实验内容

电子电路设计性实验作为“电子技术基础实验”课程的一部分，其实验内容仍以电子技术基础的基本理论为指导，将设计分为基础型与系统设计型两个层次。其中基础型是指电子电路的基本单元电路的设计与调试，而系统设计型是指由若干模、数基本单元电路组成并能完成一定功能的应用电路的设计与调试。

设计过程中除了要求学生熟悉并掌握常用电子测试仪器的基本操作使用技能和测试方法外，还要学习电子电路计算机辅助分析与设计方法。

2. 实验方法

电子电路设计性实验是指完成满足一定性能指标、逻辑功能或特定应用功能的电路的设计、安装与调试过程。在实验中，要求做到以下几点。

（1）学生应学习与指定设计题目相关的文献资料。

（2）学生在规定的时间内，学习、使用与设计内容有关的软件。

（3）学生针对实验课题中提出的任务和要求，先查阅资料，然后按设计步骤进行设计和调试，最后写出总结报告。

（4）教师在课内与课外给予及时的指导和答疑。

（5）对设计中出现的普遍问题，教师应适当讲授。

（6）学生必须完成规定的基本设计任务。在基本内容完成后，才能进行选做内容。每个人应根据自己的具体情况量力而行。尽量争取多做、做好，但不要贪多求快，急于求成。

最后需要指出，由于设计性实验本身具有较大灵活性，加之学生的学习基础、动手能力、对电子技术的兴趣等方面可能有着相当大的差别，在教学实施中，难免出现时间安排不一样、进度不一样、干多干少不一样的现象，因此应根据实验设施的硬件条件和不同学生情况采取因材施教的实验方法。

3．设计报告

完成每个设计课题后，每人须写出一份总结报告。总结报告中应包括以下内容。

（1）设计题目名称。

（2）设计任务和要求。

（3）原理电路的设计，这部分的内容应包括：

① 方案比较。你选择过哪几种方案，分别画出原理框图，说明原理和优、缺点，最后选择了哪个方案。

② 单元电路的设计和主要参数的计算。能够用相关分析软件分析电路，除了用理论公式计算参数指标外，还要求进行仿真分析。

③ 元器件的选择。

④ 画出完整的电路图和必要的波形图，电路图上要标出元器件的型号和参数值。

⑤ 说明电路的主要工作原理。

（4）整理出实验测试数据与实验波形，分析是否满足设计要求。对模拟电子电路设计课题应有理论设计值、实测值及仿真分析；对采用软件设计的数字电子电路课题，应有源文件附件。

（5）实验调试过程中遇到的问题及解决方法。

（6）有哪些收获、体会和建议。

（7）参考文献。

第10章　电子电路的设计方法

在设计一个常用的电子电路（模拟电路或数字电路）时，首先必须明确设计任务，根据设计任务按图 10.1-1 所示的电子电路设计的一般方法与步骤示意图进行设计。

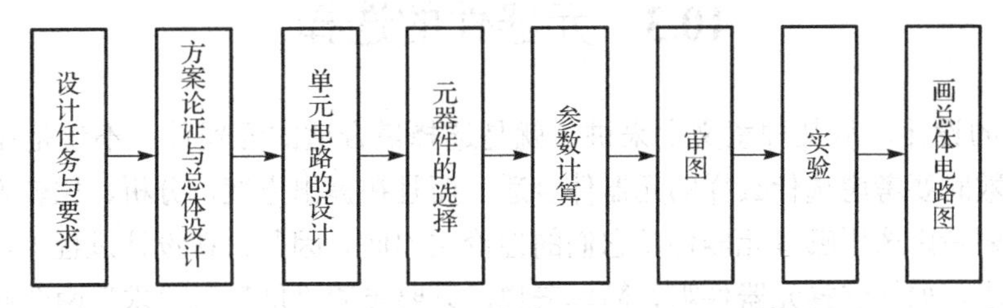

图 10.1-1　电子电路设计的一般方法与步骤示意图

但电子电路的种类繁多，器件选择的灵活性很大，因此设计方法和步骤也会因不同情况而有所区别。有些步骤需要交叉进行，甚至反复多次，设计者应根据具体情况，灵活掌握。下面就对设计步骤的一些环节做具体说明。

10.1　方案论证与总体设计

所谓总体设计，是指针对所提出的任务、要求和条件，用具有一定功能的若干单元电路构成一个整体，来实现系统的各项性能。显然，符合要求的总体设计方案不止一个，应该针对设计的任务和要求查阅资料，利用掌握的知识提出几种不同的可行性方案，然后逐个分析每个方案的缺点，加以比较，进行方案论证，择优选用。

在方案的选择过程中，可用框图表示总的原理电路。框图不必画得过于详细，只要能正确反映各组成部分的功能和系统应完成的任务即可。

10.2　单元电路的设计

根据确定的总体方案，便可画出总体电路的框图，接着就可以进入单元电路的设计。

（1）拟定设计指标

根据设计要求和已选定的总体方案原理图，明确对各单元电路的要求，详细拟定各单元电路的性能指标，注意各单元电路输入信号、输出信号、控制信号之间的关系与相互配合，注意尽量少用或不用电平转换之类的接口电路。

（2）设计各单元电路的结构形式

在选择单元电路的结构形式时，最简单的办法是从过去学过的和了解的电路中选择一个合适的电路，同时还要去查阅各种资料，通过学习、比较来寻找更好的电路形式。一个好的电路结构应该能满足性能指标的要求，功能齐全，结构简单、合理，技术先进等。

（3）主要参数的计算与选择

计算参数的具体方法已在“模拟电子技术基础”、“数字电子技术基础”课程中学习且做了不少习题。但设计电路时的参数计算与做习题有所不同，习题求解时通常的参数值为已知量，需要求解的只有1～2个参数，正确的答案一般也只有一个。而电路设计时除了对电路的性能指标有要求外，通常没有其他任何已知参数，几乎全部由设计者自己选择和计算，这样理论上满足要求的参数就不会是唯一的了，这需要设计者根据价格、货源等具体情况灵活选择。所以设计电路中的参数计算，首先是计算，然后是根据计算值，对参数进行合理选择。

10.3 元器件的选择

电子电路的设计，从某种意义上来讲，就是选择最合适的元器件。不仅是在设计单元电路，在计算参数时要考虑选什么样的元器件合适，而且在提出方案，分析、比较方案的优、缺点时，首先也要考虑选用哪些元器件及它们的性价比如何。因此，在设计过程中，选择元器件是很重要的一步。如何选择元器件呢？简单来说，只要弄清“供”与“求”两个问题就行了。

所谓“求”，就是“需求”，是指你设计的单元电路需要什么样的元器件，也就是你选用的元器件应有什么样的性能指标。

所谓“供”，就是“供给”，是指有哪些可供你选用的元器件，如哪些元器件实验室里有，哪些型号可以替换，它们的性能各是什么，体积多大等。

要做到更多地了解元器件（性能、特点），必须多查阅资料，这样不但对电路的合理选择、设计有利，而且对后阶段实验调试的正常进行也有很大帮助。

电子电路的元器件主要有：电阻、电容、分立元件和集成芯片等。有关这个方面的详细内容请参阅其他资料。下面简单介绍选择时的注意要点。

10.3.1 器件选用原则

集成电路具有体积小、功耗低、工作性能好、安装调试方便等一系列特点而得到了广泛的应用，因此将其称为现代电子电路的重要组成部分之一。所以，在电子电路设计中，优先选用集成电路成为人们所认可的一致看法。例如，在模拟电子电路中，有大量的模拟信号需要进行处理，如交、直流放大、线性检波、振荡等。而种类繁多、功能齐全的各类模拟集成芯片为这些应用电路提供了极大的方便与灵活性。如果采用分立元件来实现这些功能，反而会增加电路制作、调试的困难。

但是也不能认为采用集成电路就一定比用分立元件好。在一些功能简单的电路，只需要一只二极管或三极管就可实现的功能，就无须选用集成电路了。如数字电路中的缓冲、倒向、驱动等应用场合就是如此。

10.3.2 模拟集成电路的选择

常用的模拟集成电路主要有运放、电压比较器、模拟乘法器、稳压模块等。设计中选择模拟集成电路的方法一般是先粗后细：先根据总体设计方案考虑选用什么类型的集成电路，如运算放大器有通用型、低漂移型、高阻型、高速型……；然后再进一步考虑它的性能指标与主要参数，如运算放大器的差模和共模输入电压范围、输出失调参数、开环差模电压增益、共模抑制比、开环抑制比、转换速率等。这些参数值是选择集成运算放大器的主要参考依据；最后应综合考虑价格等其他因素，从而决定选用什么型号的器件。

10.3.3　数字集成电路的选择

数字集成电路（简称数字 IC）的发展速度非常快，经过近几十年的更新换代，到目前为止，已形成多种系列化产品同时并存的局面，各系列品种的功能配套齐全，可供用户自由选择。在选择数字集成电路时，必须了解以下几个问题。

1. 数字集成电路的种类和特点

数字集成电路有双极型集成电路（如 TTL、ECL）和单极型集成电路（如 CMOS）两大类，每类中又包含不同的系列品种。

（1）TTL 类型

这类集成电路内部输入和输出都以双极型三极管作为开关元件，属于双极型数字 IC。其典型产品为 54/74 系列数字集成电路，其中 54 系列为军品，74 系列为民品。TTL 类型主要有 8 个品种系列，其发展过程朝着高速和低功耗高速两个方向。

表 10.3-1　TTL 数字集成电路对比

产品系列	工作频率范围（MHz）	传输延迟时间（ns）	静态功耗（mW）	速度-功耗积（pJ）	备注
标准型 74—	≤25	10	15	100	早期产品，现仍在使用正逐渐被淘汰
高速系列 74H—	≤50			132	静态功耗较大，逐渐被淘汰
高速肖特基系列 74S—	≤80			57	速度较高，但品种较少
低功耗 74L—	≤3	33	1		功耗小，速度低，逐渐被淘汰
低功耗肖特基系列 74LS—	≤30	7.5	2	1933	性价比较高，为目前主要应用系列
先进超高速肖特基系列 74AS—	≤100	1.5	8	30	
先进低功耗肖特基系列 74ALS—	≤50	4	1	7	
高速肖特基系列 74F—				10	性能介于 AS 和 ALS 之间

TTL 类型的主要特点有：

① 不同系列的产品相互兼容，选择余地大；

② 参数稳定，使用可靠；

③ 工作速度和功耗均介于 ECL 类型与 CMOS 类型之间，具有较宽的工作速度范围；

④ 采用+5V 电源供电。

（2）ECL 类型

ECL 同 TTL 一样，属于双极型数字 IC。其系列产品主要有 ECL-10K 和 ECL-100K 两个系列。ECL 电路的品种不多，产品限于中小规模集成电路。

ECL 集成电路的主要特点有：

① 工作速度快，是现代数字 IC 中工作速度最快的一种；

② 输出内阻低，带负载能力很强；

③ 功耗大，输出电平稳定性较差；

④ 噪声容限比较低，抗干扰能力较差。

表 10.3-2　ECL 数字集成电路对比

系列	工作电压（V）	工作频率范围（MHz）	传输延迟时间（ns）	静态功耗（mW）	速度-功耗积（pJ）
10K 系列	–5.2	100～1000	2	25	70
100K 系列	–4.5	100～1000	0.75	40	20

（3）CMOS 类型

CMOS 数字 IC 是用 MOS 管作为开关器件的单极型数字集成电路。主要系列有：标准型 4000B/ 4500B、高速型 40H×××、新高速 74HC 型、改进 74AC 型。

表 10.3-3　COMS 数字集成电路对比

<table>
<tr><th colspan="2">产品系列</th><th rowspan="2">工作频率范围（MHz）</th><th rowspan="2">工作电压范围（V）</th><th rowspan="2">传输延迟时间（ns）</th><th rowspan="2">静态功耗（mW）</th><th rowspan="2">速度-功耗积（pJ）</th></tr>
<tr><th>类型</th><th>系列</th></tr>
<tr><td rowspan="2">标准型</td><td>4000B 系列</td><td rowspan="2">≤0.1</td><td>5</td><td>45</td><td>5×10^{-3}</td><td rowspan="2">0.03～10</td></tr>
<tr><td>4500B 系列</td><td>15</td><td>12</td><td>15×10^{-3}</td></tr>
<tr><td>高速型</td><td>40H×××系列</td><td></td><td>2～8</td><td>8</td><td>1×10^{-3}</td><td></td></tr>
<tr><td rowspan="4">新高速 74HC 型</td><td>74HC×××系列</td><td rowspan="4">≤30</td><td rowspan="4"></td><td rowspan="2">2～6</td><td rowspan="4"></td><td rowspan="4">0.03～10（随频率升高而增大）</td></tr>
<tr><td>74HC4000 系列</td></tr>
<tr><td>74HC4500 系列</td><td rowspan="2">4.5～5.5</td></tr>
<tr><td>74HCT×××系列</td></tr>
<tr><td rowspan="2">改进 74AC 型</td><td>74AC×××系列</td><td rowspan="2"></td><td rowspan="2"></td><td rowspan="2"></td><td rowspan="2"></td><td rowspan="2"></td></tr>
<tr><td>74ACT×××系列</td></tr>
</table>

CMOS 集成电路的主要特点有：

① 静态功耗低，在+5V 工作电压下，静态功耗小于 100mV；

② 输入阻抗非常高，正常工作时，大于 100MΩ；

③ 工作电压范围宽，能在 3～18V 范围内正常工作；

④ 扇出能力强，低频时，一个输出端能驱动 50 个以上的 CMOS 器件输入端；

⑤ 抗干扰能力强，电压噪声容限可达电源电压的 45%；

⑥ 逻辑摆幅大，CMOS 电路空载时，输出高电平非常接近电源电压，输出低电平小于 0.05V。

2．性能比较

从三类数字 IC 的主要性能参数中可以看出，工作速度最快的是 ECL 电路，但其功耗较大；而 CMOS 电路工作速度慢，但具有较低的功耗；TTL 的性能介于 ECL 和 CMOS 集成电路之间。应该说，各类数字 IC 都各具特点，都在发展，也都存在着应用的局限性。

在各种应用场合中，应综合考虑各类数字集成电路的性能，以求得最好的应用归宿。

10.3.4　半导体三极管的选择

半导体三极管是应用较广的分立器件，它对电路的性能指标影响很大，其次是二极管和稳压管。如何选择半导体三极管呢？大致有以下几个方面。

（1）从满足电路所要求的功能出发，选择合适的类型，如大功率管、小功率管、高频管、低频管、开关管等。

（2）根据电路要求，选择 β 值。一般情况下，β 值越大，温度稳定性越差，通常 β 取 50～100。

（3）根据放大器通频带的要求，选择管子适当的共基截止频率或特征频率。

（4）根据已知条件选择管子的极限参数，一般要求如下：

① 最大集电极电流 $I_{CM}>2I_C$；

② 击穿电压 $V_{(BR)CEO}<2V_{CC}$；

③ 最大允许管耗 $P_{CM}>(1.5\sim2)P_{Cmax}$。

10.3.5　阻容元件的选择

分立电路中，应用最多的元件当属电阻和电容这两种器件，它们的种类繁多，性能各异。在选择阻容元件的过程中，有以下几个方面需要考虑。

（1）根据不同电路对电阻、电容性能的要求，选用适合的电阻和电容。例如，基本运算电路中的外接电阻，不宜选用电感效应较大的绕线电阻，而应该选用 0.1%的金属膜电阻。又如，低频滤波回路中的电容，就应选用大容量的铝电解电容。

（2）在尽量选用标称系列的阻容元件的同时，电阻器应注意允许误差范围和功率，而电容应该考虑容量和耐压值。

10.4　绘制电路图

在完成单元电路的设计、参数计算、器件选择之后，下一步应该画出总体电路图。在画出总体电路图以后，还要注意仔细地进行一次全面的审图，因为在设计过程中有些问题难免出错或者考虑不周，加之总体电路图又是进行组装和调试的依据，所以审图可以减少元器件的损坏现象。

画好一个总体电路图，一般要注意以下几个方面。

（1）注意信号的流向，通常从输入端或信号源画起，由左至右或从上至下按信号流向依次画出各单元电路。

（2）尽量把总体电路图画在一张图纸上，布局要合理，排列要均匀。如果电路复杂，需要绘制几张图时，应把主要电路画在同一张图纸上，把独立的或次要的电路画在另外的图纸上，同时要标明连线的来龙去脉。

（3）连线要清楚，并且通常都要画成水平线或垂直线，一般不画斜线。按新的画图规则，四端连接的交叉线应在连接处用黑圆点表示，否则表示相互跨过，不连接；三端相连处可不画黑圆点。还应注意元件的合理布局，使连线尽量短、少拐弯。有的连线可用符号表示，如地线常用⊥表示，电源一般只标出以⊥为参考点的正、负电压的数值就可以了。

（4）电路中的集成电路芯片通常用方框表示。在方框中标出它的型号，在方框的边线两侧标出每根连线的功能名称和引脚号。

10.5 安装调试

经过对电子电路的理论设计之后，便可进入电路的安装调试阶段。电子电路的安装调试在电子工程技术中占有很重要的低位，它是将理论付诸实践的过程，也是将知识转换为能力的一种重要途径。当然这一过程也是对理论设计做出检验、修改，使之更加完善的过程。安装调试工作能否顺利进行，除了与设计者掌握的调试测量技术、对测试仪器的熟练使用程度及对所设计电路的理论掌握水平等有关之外，还与设计者工作中的认真、仔细、耐心的态度有关。关于电路的调试和故障排除，读者可参考第一篇相关章节的说明，这里不再阐述。

各单元电路调试之后逐步扩大到整体电路的联调。联调主要是观察动态结果，测试电路的性能指标，检查电路的测试指标与设计指标是否相符，逐一对比，找出问题，然后进一步修改参数，直至满意为止。

实验调试完毕之后，还应注意最后校核与完善总体电路图。

第11章 电子电路设计注意事项

电子电路设计大致分模拟电子电路的设计和数字电子电路的设计两部分。而模拟电子电路设计中最常用的器件是模拟集成运算放大器，数字电子电路设计中突出的是电路之间输入、输出端口的逻辑关系。因此本节仅讨论集成运算放大器与数字逻辑电路的设计和使用中应注意的问题。

11.1 集成运算放大器使用注意事项

集成运算放大器在应用中将会遇到许多实际问题，如失调、自激、误用等，本节针对经常遇到的问题提出一些简单实用的解决办法，供读者在应用中参考。

11.1.1 调零

集成运算放大器在输入没有信号时，希望输出端电位应该是零。但由于种种原因，输出端往往存在一个极小的电压，它可等效于理想运算放大器在输入端加的一个误差信号源（补偿电压），这就需要进行调零（集成运放一般都有调零端）。

有时输出不能调零，除了器件质量问题或已损坏外，在应用上要注意以下几个问题。

（1）不能在开环状态下调零

因为运算放大器增益很高，电路的微小不对称将导致输出端偏向正饱和或负饱和。

（2）电源电压未按设计要求供电

对于由对称正、负电源供电的运算放大器，可以在略小于电源电压的条件下工作，但要保证正、负电源电压对称才能调零。

（3）正确选择偏置电阻

要有偏置电流的直流通路，而且运算放大器的同相输入端对地和反相输入端对地偏置电路的直流电阻要取得相等。

有些应用场合，可以不加调零。例如，在交流应用时，对输出幅度要求不大，或直流应用时对温漂要求不严，或者是开环应用，或者输出端要垫起一个电平等情况下，都可以不加输出调零而直接应用。

调零的方法一般有静态调零和动态调零两种。去掉信号源，并将接信号源的输入端改接到地，然后进行调零，即所谓静态调零。这种调零对于信号源为电压源及输出零点精度要求不高的场合可以使用。另外一种是比较精确的零点调节，即所谓动态调零，即在输入接信号的情况。如信号为交变信号，则在运算放大器输出端直接接数字电压表检测，即可调到零点，亦可用示波器调零，其方法是先将示波器（*Y*轴输入端）探头短接，将时间基线调到屏幕某横坐标线位置，此时零点即已调好，对于小信号工作的运算放大器，调零电阻采用碳膜电阻是不实用的，因为它的温度系数足以引起运算电器的新漂移，有必要采用精密金属膜电阻或线绕电阻。

11.1.2 自激振荡的消除

自激振荡产生的原因，主要是因为集成运算放大器内部的各级直流放大器，在高频情况下，每级的输出阻抗和后一级的输入阻抗及分布电容，在级间都存在 RC 移相网络，当信号每通过一级 RC 网络后，就要产生一个附加相移。此外，在运算放大器的外部偏置电阻（包括信号源内阻）和运算放大器输入电容、运算放大器输出电阻和容性负载反馈电容、多级运算放大器通过电源的公共内阻、电源线上的分布电容、接地不良等耦合，在高频情况下，都可形成附加相移，当附加相移增到 180°，且反馈量足够大时，终将使负反馈变为正反馈，从而引起振荡。

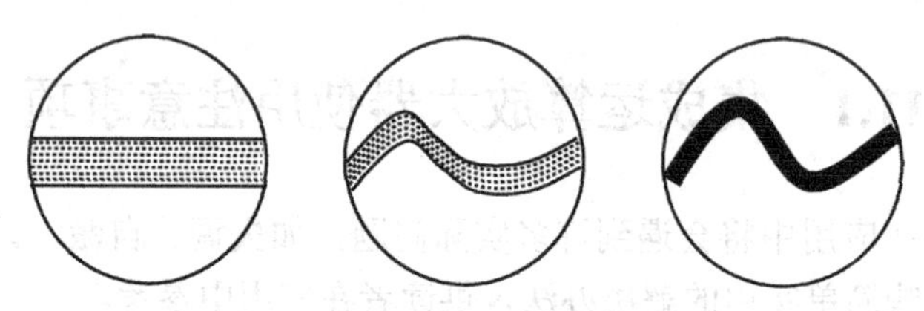

图 11.1-1 几种自激振荡的波形

运算放大器是否产生自激振荡，可通过数字电压表或示波器来观察。用数字电压表监视输出，电压表数字显示发生跳动，这就说明产生了自激振荡；用示波器监视在无信号情况下，屏幕出现一条粗带，在有信号情况下，则在信号波形上叠加了振荡波。

自激振荡，可以利用加补偿网络的方法加以消除。具体补偿网络及元件值，对于不同品种的运算放大器，随内部线路设计的不同及闭环增益的不同而有所区别。一般分滞后补偿和超前补偿两类。

11.1.3 保护措施

集成运算放大器在工作中，如果发生不正常的工作状态，而事先又没有采取措施，电路就容易造成损坏，为了避免电路器件因工作异常造成损坏，都应采取保护措施，集成运算放大器的保护主要有电源保护、输入保护和输出保护。

（1）电源电压保护

电源常见故障是电源极性接反和电压跳变。电源极性接反的保护通常采用图 11.1-2 所示的保护电路。电压跳变大多发生在电源接通和断开的瞬间，性能较好的稳压源在电压建立和消失时出现的电压过冲现象不太严重，基本不会影响放大器的正常工作，如果电源有可能超过极限值，应在引线两端采用齐纳二极管对电压钳位，如图 11.1-2 虚线所示。

（2）输入保护

集成运算放大器输入失调分两种情况，一种是差模电压过高，另一种是共模电压过高。任何一种情况都会因输入级电压过高而造成器件损坏，因此在应用集成运算放大器时，必须注意它的差模和共模电压范围，可以根据不同情况，采用不同保护电路。

图 11.1-3(a)、(b)所示为防止差模电压过大损坏运算放大器而采用的保护电路，图 11.1-3(c)所示为防止共模电压过大而采用的保护电路。

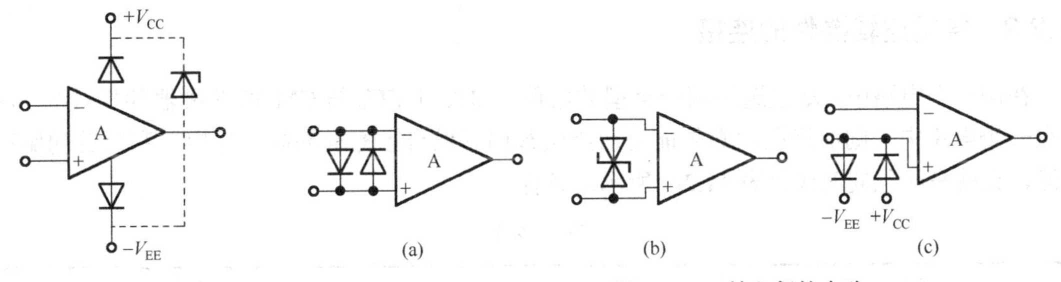

图 11.1-2　电源电压保护　　图 11.1-3　输入保护电路

（3）输出保护

输出不正常对运算放大器的损坏有以下几种情况：过载、短路或短接在高压时使输出级击穿以及外壳碰地等。为了不使运算放大器过载而损坏，一般运算放大器输出电流限制在 5mA 以下，即所用的负载电阻不能太大，一般应大于 2kΩ，最好大于 10kΩ。在几块级联时，要考虑后级的输入阻抗是否满足前级对负载的要求。关于输出的保护，有的运算放大器内部已有保护电路，如果没有或限流不够，可在输出端串接低阻值的电阻，如图 11.1-4 所示。这个电阻接到反馈环内，除对输出电压有明显下降外，对性能并无影响，相反，串联电阻能隔离容性负载，增强电路的稳定性。

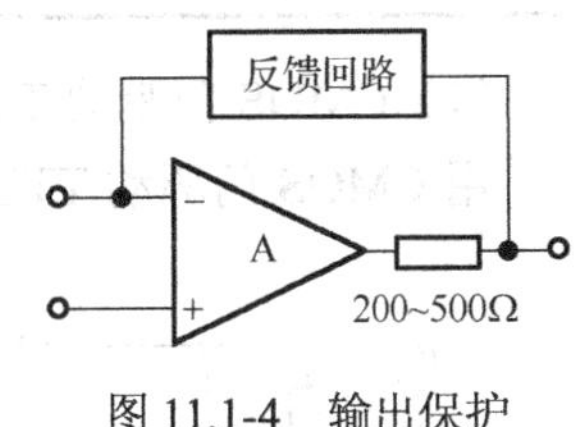

图 11.1-4　输出保护

11.2　数字电路设计中的若干问题

这里所要讨论的是如何设计一个由若干数字部件所构成的小型数字系统。因此在数字电路设计中，首先考虑的是如何合理地选择（TTL 或 CMOS）逻辑器件，如何将它们很好地互连并正确地使用。

11.2.1　逻辑器件的选用

在选用 TTL 类型或 CMOS 类型数字器件时，需要考虑以下几个方面。

（1）工作电压

TTL 器件的标准工作电压为+5V，其他逻辑器件的工作电源电压大都有较宽的允许范围，尤其是 MOS 器件，一般工作电压范围为 3～18V。

（2）工作频率

在各类数字集成芯片中，普通 CMOS 器件（CD4000 系列）的工作频率较低，一般用于 1MHz 甚至 100kHz 以下；74LS 系列多用于 5MHz 以下；74HC、74ALS 多用于 5～50MHz 范围；74AS 系列用于 50～100MHz 范围。

（3）功耗

众所周知，LS-TTL 与 CMOS 器件的功耗小。但需要强调指出的是，所谓 COMS 的低功耗，只有在工作频率很低时才有实际意义。随着频率的升高，CMOS 的动态功耗增大。当工作频率达到 50MHz 左右时，HC-MOS 的功耗将要超过 LS-TTL 的功耗，相反，LS-TTL 的功耗较为稳定，随工作频率变化不大。

11.2.2 各类逻辑器件的连接

在同一个电路中，尽量选用同一类型的器件。如果将 TTL 与 CMOS 两种器件相对接，混合在一个电路中，则前级驱动必须能为后级负载门提供合乎标准的高、低电平和足够的驱动电流，也就是必须同时满足表 11.2-1 所示的条件。

表 11.2-1

驱动门	条件	负载门
V_{oH}	≥	V_{iH}
V_{oL}	≤	V_{iL}
I_{oH}	≥	nI_{iH}
I_{oL}	≤	nI_{iL}（n 为负载门的数量）

（1）CMOS 门驱动 TTL 门

用 CMOS 门驱动 TTL 时，由于 CMOS 门不能提供足够大的驱动电流，应设法扩大 CMOS 门的输出低电平时吸收负载电流的能力。具体电路请读者参考相关文献。

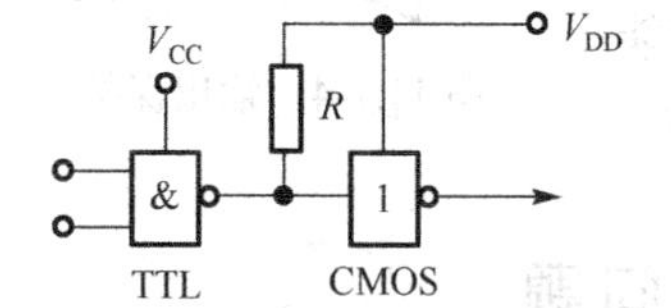

图 11.2-1 TTL 到 CMOS 的接口

（2）TTL 门驱动 CMOS 门

用 TTL 门驱动 CMOS 门时，V_{oH}（2.4V）<V_{iH}（3.5V），TTL 不能为 CMOS 电路提供标准的高电平。解决的办法通常是在 TTL 电路的输出端和电源 V_{DD} 之间接入上拉电阻 R，如图 11.2-1 所示，R 的阻值一般可选 470Ω～4.7kΩ。

11.2.3 CMOS 集成芯片的正确使用

（1）输入电路的静电保护

MOSFET 栅极绝缘电阻可高达 10^{12}Ω 以上，很容易受静电感应积累电荷而形成高压。这种静电电压加到 CMOS 电路的输入端时极易损坏电路。为此可采用以下静电保护措施。

① 组装、调试时，烙铁、仪表、工作台面应良好接地；

② 所有不用的输入端不应悬空，应按逻辑功能接“1”或接“0”电平；

③ 不要在带电情况下插入、拔出或焊接器件。

（2）输入保护电路的过电流保护

由于 CMOS 输入保护电路中的钳位二极管电流容量有限，一般为 1mA，所以，在可能出现较大输入电流的场合，都必须对输入保护电路采取过电流保护措施。例如，输入端接低内阻的信号源、输入端接长引线、输入端接大电容等情况，均应在 CMOS 输入端与信号源（或长线、电容）之间串进限流保护电阻，保证导通电流不超过 1mA。

（3）对输入电压和电源电压的要求

① 输入电压 V_i 不应超出电源电压范围，即满足条件：$V_{SS} \leqslant V_i \leqslant V_{DD}$，一般 V_{DD} 和 V_{SS} 之间的压差为 3～18V；

② 在电源输入端需加去耦电路，防止 V_{DD} 出现瞬态过电压；

③ 当系统由几个电源分别供电时，各电源的开关顺序必须合理。启动时，应先接通 CMOS 电路的电源，然后再接入信号和负载电路。关机时，恰好相反。

11.2.4　抗干扰措施

生产过程的自动控制、检测的应用数字系统和工控数字系统往往都工作在一个被各种电磁干扰所严重污染的环境中，系统的抗干扰能力如何，甚至比实现某些功能更令人头痛，而且常常成为一个系统是否具有实用价值的关键问题。即使在实验室，在对实验电路进行组装、调试的过程中，也同样会遇到不同程度的干扰问题，影响到电路的正常工作。本书在前面章节中已有详细介绍。如数字系统硬件电路中的开关去抖、妥善地处理好接地点、抑制器件的尖峰电流与尽量采用 CMOS 器件等方法都是常见的抗干扰措施。

第12章　模拟电子电路设计基础

12.1　模拟电子电路的设计方法

虽然模拟电路的性能、用途各不相同，但其系统都是由基本单元电路组成的，电路的基本结构也具有共同的特点。一般来说，模拟系统都由传感器、信号处理（包括信号放大和变换）、执行机构三部分组成，如图 12.1-1 所示。

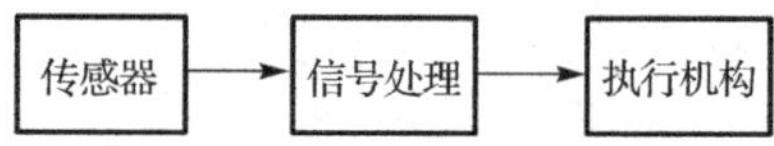

图 12.1-1　模拟系统的组成框图

传感器电路主要是将外界各种微弱的物理信号（非电信号），如温度、速度、位移、流量、声音、压力、光和磁等转换为电信号。信号处理则是对传感器输出的微弱电信号进行放大与变换，再传送到相应的驱动及执行机构。信号处理电路的基本电路有放大器、振荡器、整流器及各种波形产生、变换电路等。驱动、执行机构可输出足够的能力，并根据任务要求，将电能转换成其他形式的能量，以达到所需要的功能。

因此，模拟电路的设计方法，从整个系统设计的角度来说，应根据任务要求，在经过可行性的分析与论证后，提出系统的总体设计方案，画出总体设计结构框图。在确定总体方案后，根据设计的技术要求，选择合适的功能单元电路；确定所需要的具体器件（型号及参数）；最后再将元器件及单元电路安装起来，设计出完整的系统电路。

12.2　模拟电子电路设计举例

12.2.1　直流稳压电源

1. 设计内容及要求

（1）输出电压：3V、6V 两挡，正、负极性输出。
（2）输出电流：额定电流为 150mA，最大电流为 500mA。
（3）额定电流输出时，$\Delta V_o/V_o \leqslant 10\%$。

2. 基本设计

整机电路由整流滤波电路和稳压电路组成。
（1）稳压电路的设计方案
采用带限流型保护电路的晶体管串联型稳压电路。
① 由于稳压电路输出电流 I_o >100mA，因此调整管应采用复合管。

② 提供基准电压的稳压管可使用发光二极管 LED 替代（LED 工作电压约为 2V），兼作电源指示灯。

③ 由于 V_o 为 3V、6V 两挡固定值，且不做调整，因此可将取样电路的取样电阻设计为两个合适的值，用 1×2 波段开关进行转换。

④ 输出端用 2×2 波段开关实现正、负极性选择。

⑤ 过载保护电路采用二极管限流型保护电路，二极管可用发光二极管 LED 替代，兼作过流指示灯使用。

（2）稳压电路的参数计算及元器件选择

稳压电路原理图如图 12.2-1 所示。

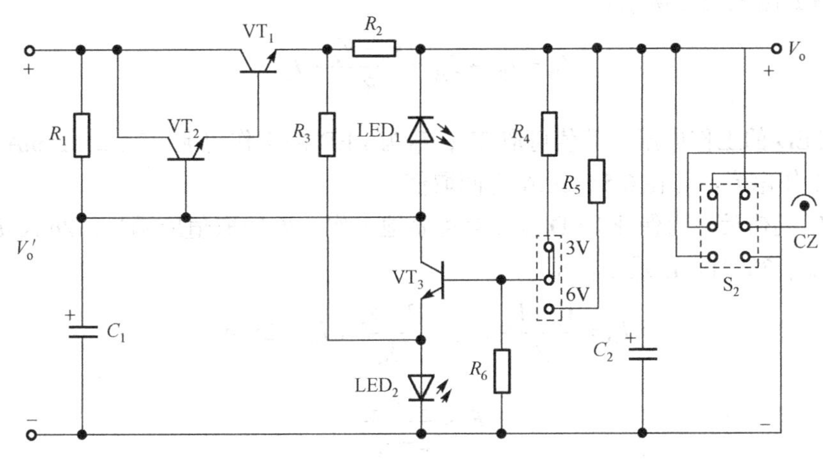

图 12.2-1　稳压电路原理图

① 输入电压 V_i

稳压电路输入电压 V_i 为整流滤波电路的输出电压 V_o'，当忽略 R_2 上的电压时，则有

$$V_i=V_o'=V_{omax}+V_{ce1}=6+V_{ce1} \tag{12.2-1}$$

式中，V_{ce1} 为调整管 VT_1 的管压降，一般在 3～8V 间选取，以保证 VT_1 能工作于放大区。当市电电网电压波动不大时，V_{ce1} 可选取得小一些，此时调整管和电源变压器的功耗也可以小一些。

② 三极管

估算出三极管的 I_{cmax}、V_{cemax} 和 P_{cmax} 值，再根据三极管的极限参数 I_{cm}、$V_{(BR)CEO}$ 和 P_{cm} 来选择三极管。

$$I_{cmax}\approx I_o=150\text{mA} \tag{12.2-2}$$

$$V_{cemax}=V_i-V_{omin}=V_i-3 \tag{12.2-3}$$

$$P_{cmax}=V_{cemax}I_{cmax} \tag{12.2-4}$$

查三极管手册，只要 I_{cm}、$V_{(BR)CEO}$ 和 P_{cm} 大于上述计算值的三极管，都可以作为调整管 VT_1 使用。VT_2、VT_3 由于电流电压都不大，功率较小，因此无须计算其值，一般可以选择低频小功率管。

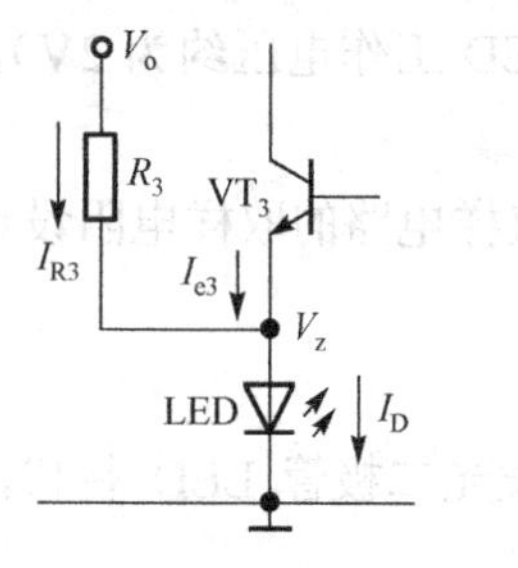

图 12.2-2　基准电压限流稳压电路

③ 基准电压

由 $$V_o=\frac{1}{n}(V_z+V_{be3})$$

有 $$V_z=nV_o-V_{be3}$$

则 $$V_z<nV_o \tag{12.2-5}$$

式中，n 为取样电路的取样比（分压比），且 $n\leqslant 1$。所以 V_z 应小于 V_{omax}（3V）。LED 的工作电压为 1.8～2.4V，且正向特性曲线较陡，因此它可以代替稳压管提供基准电压。

④ 限流电阻

限流电路如图 12.2-2 所示。

$$I_D=I_{R3}+I_{e3}=\frac{V_o-V_z}{R_3}+I_{e3} \tag{12.2-6}$$

式中，V_z 为 LED 的工作电压，其值可取 2V；I_D 为 LED 的工作电流，在 2～10mA 之间取值；I_{e3} 为 VT$_3$ 的工作电流，可在 0.5～2mA 之间取值。

当选定 I_{e3} 的值后，为保证 LED 能完全可靠地工作，R_3 的取值应满足：2mA<I_D<10mA。

当 $V_o=V_{omin}$=3V 时，I_D 最小，即

$$I_D=\frac{V_o-V_z}{R_3}+I_{e3}=\frac{3-V_z}{R_3}+I_{e3}>2\text{mA} \tag{12.2-7}$$

得 $$R_3<\frac{3-V_z}{2-I_{e3}} \tag{12.2-8}$$

当 $V_o=V_{omax}$=6V 时，I_D 最大，即

$$I_D=\frac{V_o-V_z}{R_3}+I_{e3}=\frac{6-V_z}{R_3}+I_{e3}<10\text{mA} \tag{12.2-9}$$

得 $$R_3<\frac{6-V_z}{10-I_{e3}} \tag{12.2-10}$$

因此有 $$\frac{6-V_z}{10-I_{e3}}<R_3<\frac{3-V_z}{2-I_{e3}} \tag{12.2-11}$$

在取值范围内，R_3 应尽量取大一些，这样有利于 V_z 的稳定。此外，计算的电阻值还应该选取标称值。

同时，R_3 的功率计算如下

$$P_{R3}=\frac{(V_{omax}-V_z)^2}{R_3}=\frac{(6-V_z)^2}{R_3} \tag{12.2-12}$$

需要注意的是，计算出的电阻功率也应选取标称值。

⑤ 取样电路

首先，确定取样电路的工作电流 I_1（流过取样电阻的电流）。若 I_1 取值过大，则取样电路的功耗也大；若 I_1 取值过小，则取样比 n 会因 VT$_3$ 的基极电流的变化而不稳定，同时也会造成 V_o 不稳定。

实际应用中，一般取 I_1=(0.05～0.1)I_o，然后计算取样电阻。

取样电路如图 12.2-3 所示，当 S_1 置于上方时，假设 V_o=3V。

则由　　$I_1(R_4+R_6)=3\text{V}$

取样电路的总电阻为　　$R=R_4+R_6=\dfrac{3}{I_1}$

又由于　　$\dfrac{R}{R_6}(V_z+V_{be3})=3\text{V}$

所以　　$R_6=\dfrac{R(V_z+V_{be3})}{3}$

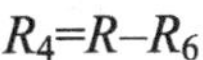

$$R_4=R-R_6$$

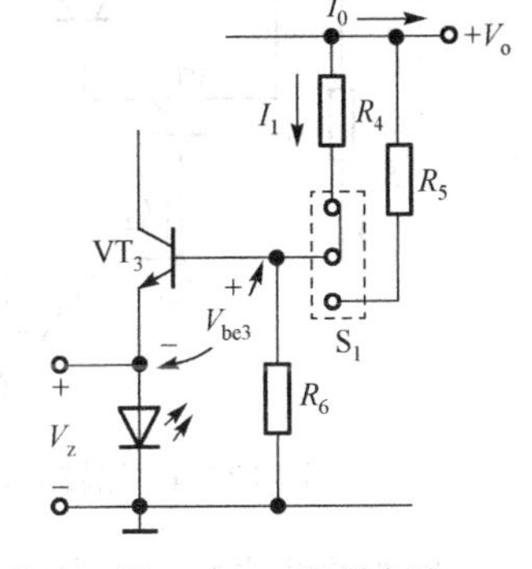

图 12.2-3　取样电路

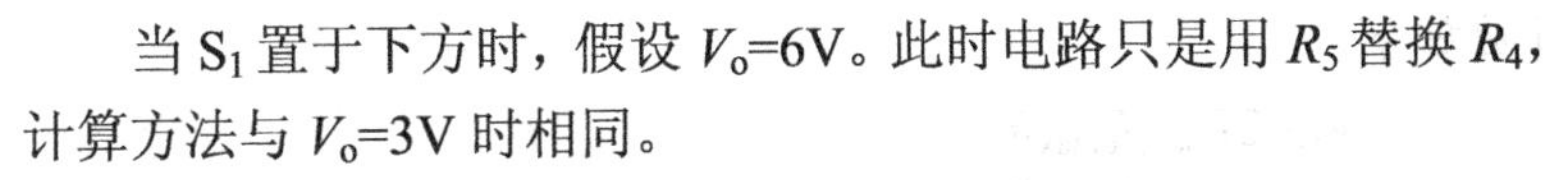

当 S_1 置于下方时，假设 V_o=6V。此时电路只是用 R_5 替换 R_4，计算方法与 V_o=3V 时相同。

取样电路的总电阻为

$$R=R_4+R_6=\frac{6}{I_1}$$

$$R_5=R-R_6$$

此时，计算出的电阻值应选取标称阻值，然后利用公式 $V_o=R(V_z+V_{be3})/R_6$ 计算 V_o，并检查 V_o 是否满足设计指标的要求，否则应重新取值计算。最后，还应对所取电阻进行功率计算，并取其标称值。

⑥ 比较放大器集电极电阻 R_1

比较放大器如图 12.2-4 所示，VT_3 和 R_1 构成比较放大电路。

R_1 的值取决于稳压电源的 V_o 和 I_o，由此可得

$$I_{R1}=\frac{V_i-V_{b2}}{R_1}=I_{b2}+I_{c3}$$

式中　　$V_{b2}=V_o+V_{be1}+V_{be2}\approx V_o+1.4$

$$I_{b2}\approx\frac{I_o}{\beta_1\beta_2}$$

若 R_1 的值太大，则 I_{R1} 的值变小，I_{b2} 也小，因此不能提供额定 I_o；若 R_1 的值太小，则比较放大器增益降低，会造成稳定性能不好。

当 $V_o=V_{omax}$=6V 时，R_1 的值应满足条件

$$\frac{V_i-7.4}{R_1}\approx I_{b2}+I_{c3}\text{ 或 }R_1\approx\frac{V_i-7.4}{I_{b2}+I_{c3}}$$

式中，I_{b2} 由 $\dfrac{I_o}{\beta_1\beta_2}$ 确定（I_o=150mA）；β_1 的取值范围为 20～50（大功率管取 20，中功率管取 50）；β_2 的取值范围为 50～100；I_{c3} 可用前面计算 R_3 时已选定的值 I_{e3}；R_1 的功耗估算为：$P_{R1}=[V_i-(V_{omax}+1.4)]^2/R_1$。

需要注意的是，阻值和功率都应选取标称值。

⑦ 限流保护电路

限流保护电路如图 12.2-5 所示，由 R_2 和 LED1 组成。

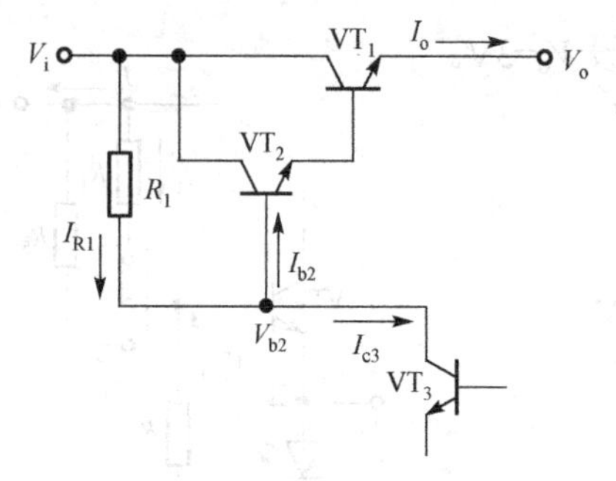

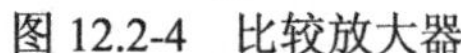
图 12.2-4　比较放大器

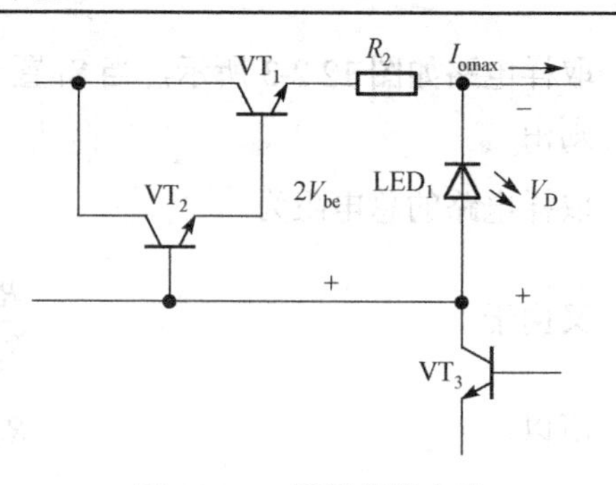

图 12.2-5　限流保护电路

R_2为检测电阻，其参数计算如下

因为
$$V_D=2V_{be}+I_{omax}R_2$$

所以
$$R_2=\frac{V_D-2V_{be}}{I_{omax}}\approx\frac{2-1.4}{I_{omax}}$$

式中，V_D取 2V，V_{be}取 0.7V，最大输出电流I_{omax}取 500mA。

检测电阻R_2的功耗估算为：
$$P_{R2}=I^2_{omax}R_2$$

同样，阻值和功耗应取标称值。

（3）整流滤波电路的设计

整流滤波电路部分的设计采用桥式整流、电容滤波电路，如图 12.2-6 所示。

① 整流输出电流I'_o

整流输出电流分配如图 12.2-7 所示，当稳压电源工作时，可得

$$I'_o=I_o+(I_1+I_2+I_3)$$

式中，$(I_1+I_2+I_3)$的取值范围是$(0.1\sim0.2)I_o$，则整流输出电流I'_o取值为 165～180mA。

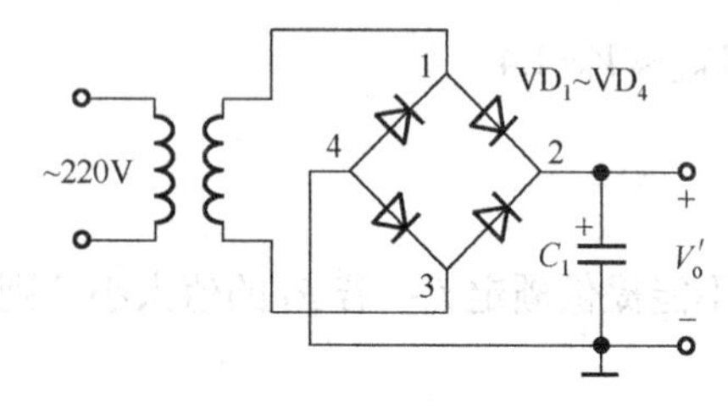

图 12.2-6　整流滤波电路

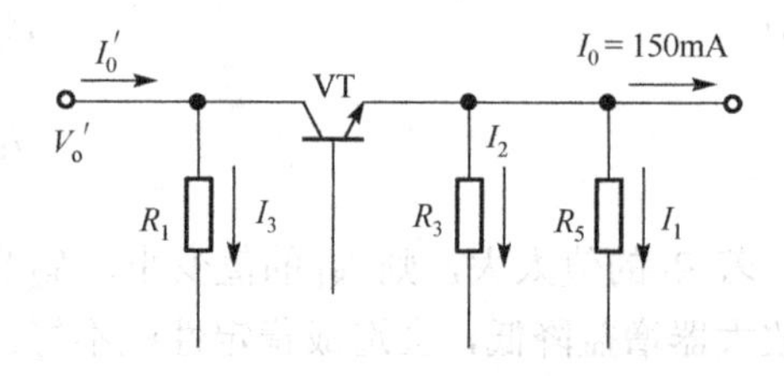

图 12.2-7　整流输出电流分配图

② 滤波电容

容量

$$C_1\geqslant(3\sim5)T/2R_1$$

式中，T=20ms（输入交流电流的周期），$R_1=\frac{V'_o}{I'_o}$（整流滤波电路的负载）。

滤波电容的耐压应取整流输出电压的 1.5 倍值以上，即 $V\geqslant1.5V'_o$。滤波电容的容量和耐压在选择时都应选取标称值。

③ 整流二极管

额定整流电流：$I_{dm}>0.5I'_o$；最高反向工作电压：$V_{rm}>\sqrt{2}V_2$。

④ 电源变压器

次级线圈电压：$V_2=V_o'/(1.1\sim1.2)$；次级线圈电流：$I_2\approx(1.0\sim1.1)I_o'$；功率：$P=V_2I_2$。

3. 整机电路参考图

根据上述参数计算和元器件选择画出整机电路原理图，如图 12.2-8 所示。

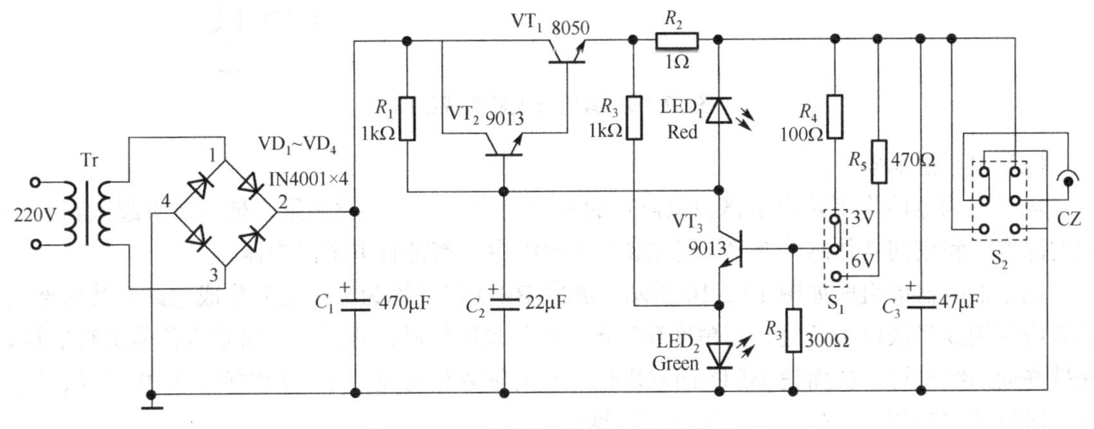

图 12.2-8　直流稳压电源电路原理图

12.2.2　音响放大器

1. 设计任务及要求

（1）已知条件

V_{CC}=+9V，话筒（低阻 20Ω）的输出信号电压为 5mV，播放器的输出信号电压为 100mV。电子混响延时模块一个，集成功放块 LA4102 一块，8Ω/2W 负载电阻 R_L 一只，8Ω/4W 负载扬声器一只，集成运放 LM324 一块。

（2）技术指标

① 额定功率 $P_o\leqslant1$W；

② 负载阻抗 R_L=8Ω；

③ 频率响应 $f_L\sim f_H$ 为 40～10kHz；

④ 音调控制特性 1kHz 处增益为 0dB，100Hz 和 10kHz 处有±12dB 的调节范围，$A_{\upsilon L}=A_{\upsilon H}\geqslant$ +20dB；

⑤ 输入阻抗 R_i>20kΩ。

2. 音响放大器的组成及原理

音响放大器主要由话筒放大器、电子混响器、前置放大器、音调控制器、功率放大器等组成，其框图如图 12.2-9 所示。

（1）话筒放大器

由于话筒的输出信号一般只有 5mV 左右，话筒放大器的作用是不失真地放大声音信号，并保证其输入阻抗大于话筒的输出阻抗。

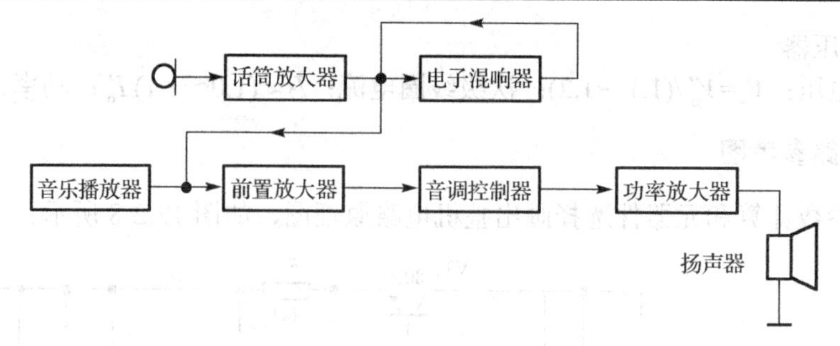

图 12.2-9 音响放大器组成框图

（2）电子混响器

电子混响器的作用是用电路模拟声音的多次反射，产生混响效果，使声音听起来具有一定的深度感和空间立体感。在“卡拉 OK”伴唱机中，都带有电子混响器。

电子混响器的组成如图 12.2-10 所示，其中 BBD 器件称为模拟延时集成电路，其内部由场效应管构成多级电子开关和高精度存储器，在外加时钟脉冲作用下，对输入信号进行取样、保持并向后级传送，从而使 BBD 的输出信号相对输入信号延迟了一段时间。BBD 的级数越多，时钟脉冲的频率越高，延迟的时间就越长。

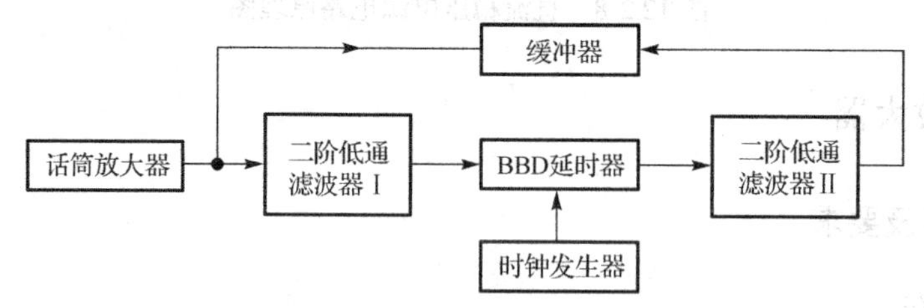

图 12.2-10 电子混响器组成框图

（3）前置放大器

前置放大器的作用是将播放器输出的音乐信号与电子混响后的声音信号进行混合放大。音响放大器的性能主要由音调控制器与功率放大器决定，下面详细介绍这两级电路的工作原理及设计方法。

（4）音调控制器

音调控制器的作用是控制、调节音响放大器输出频率的高低。音调控制器只对低音频或高音频的增益进行提升或衰减，中音频的增益保持不变。所以音调控制器的电路由低通滤波器和高通滤波器共同组成。在高档收录机、汽车音响等设备中广泛采用集成音调控制器，也有使用运算放大器构成的音调控制器。由于该电路调节方便，元器件少，在一般的音响设备中应用较多。

（5）功率放大器

功率放大器的作用是给音响放大器的负载 R_L（扬声器）提供一定的输出功率。当负载一定时，希望输出的功率尽可能大，输出信号的非线性失真尽可能小，效率尽可能高。功率放大器的常见电路形式有单电源供电的 OTL 电路和正、负双电源供电的 OCL 电路。有集成运放和晶体管组成的功率放大器，也有专用的集成电路功率放大器芯片。

由于集成功率放大器具有性能稳定、工作可靠及安装调试简单等优点，故目前在音响设备得到广泛的应用。

3. 设计过程

首先，确定整机电路的级数，再根据各级的功能及技术指标要求分配电压增益，然后分别计算各级电路参数，通常从功放级开始逐级向前计算。本实验已经给定了电子混响器的电路模块，需要设计的电路为话筒放大器、前置放大器、音调控制器及功率放大器。

根据题意要求，输入信号为 5mV 时输出功率的最大值为 1W，因此电路系统的总电压增益 $A_υ$=556，由于实际电路中有损耗，故取 $A_υ$=600，各级增益分配如图 12.2-11 所示。功率放大级的增益放大能力由集成功放决定，取值 $A_{υ4}$=100；音调控制级在 f_0=1kHz 时，增益应在 1（0dB），但实际电路可能产生衰减，故取 $A_{υ3}$=0.8；话筒放大级和前置放大级一般采用运算放大器，但会受到增益带宽积的限制，各级增益不宜太大，取 $A_{υ1}$=7.5、$A_{υ2}$=1。上述分配方案可在实验中灵活变动。

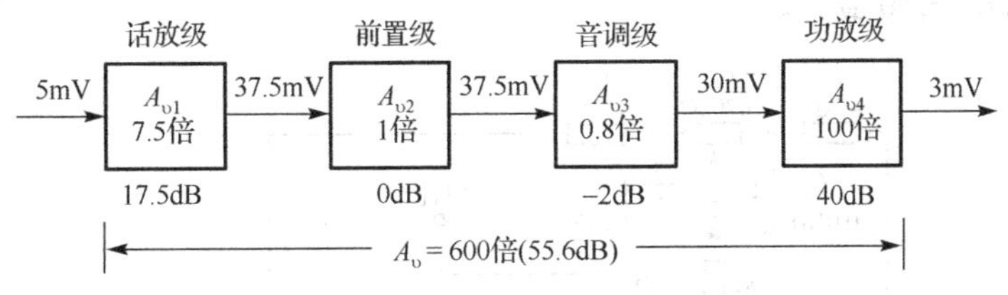

图 12.2-11　各级电压增益分配

（1）功率放大器设计

图 12.2-12 所示电路为 LA4102 集成功放接成 OTL 电路，其外部电路元器件的作用如下。

① C_1 是电源退耦滤波电容，消除低频自激。

② C_2 为输入耦合电容。

③ R_1、C_3 与内部电路组成交流反馈支路，控制电路的闭环电压增益。

④ C_5、C_6 是滤除纹波电容，一般取几十至几百微法。

⑤ C_7 为反馈电容，用以消除自激振荡，一般取几百皮法。

⑥ C_8 为相位补偿电容，C_8 减小，带宽增大，可消除高频自激，一般取几十至几百皮法。

⑦ C_9 为自举电容。

⑧ C_{10} 为 OTL 电路的输出耦合电容，两端的充电电压等于 $V_{CC}/2$，一般取耐压值大于 $V_{CC}/2$ 的几百微法的电容。

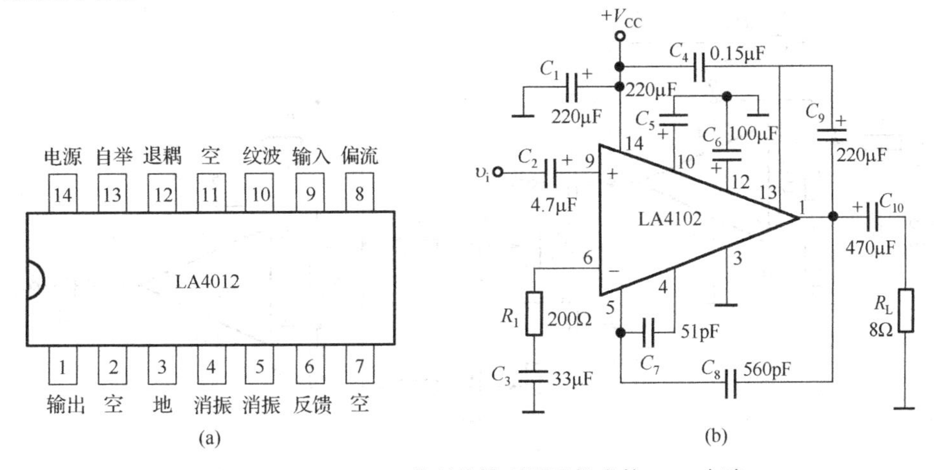

图 12.2-12　LA4102 外引线排列图及组成的 OTL 电路

由于采用集成功率放大器，电路设计变得十分简单，只要查阅手册便可以得到集成功放外围电路的元件参数，其电压增益计算公式为

$$A_\upsilon = \frac{20\text{k}\Omega}{R_1}$$

功放级的放大倍数分配为 100 倍，则

$$R_1 = \frac{20\text{k}\Omega}{A_\upsilon} = 200\Omega$$

如果输出波形出现高频自激（叠加毛刺），可在 13 脚与 14 脚之间加 0.15μF 的电容消除。

（2）音调控制器（含音量控制）设计

音调控制器的电路如图 12.2-13 所示。运算放大器选用四运放 LM324，其中 R_{p3} 为音量调节，滑动到最上端，音量最大。

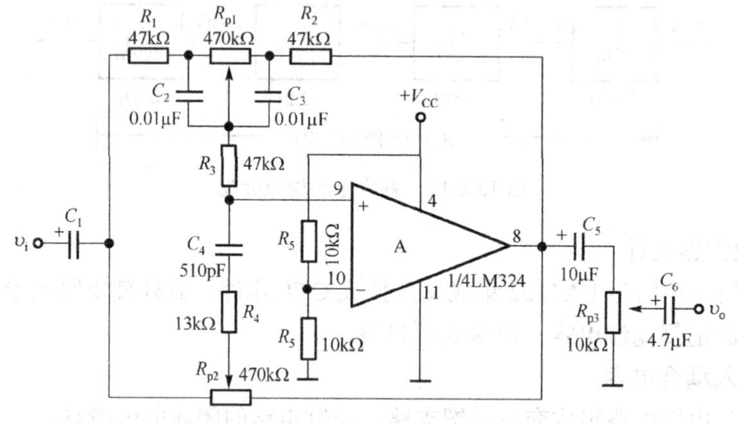

图 12.2-13　音调控制器电路

（3）话筒放大器与前置放大器设计

话筒放大器和前置放大器如图 12.2-14 所示。其中 A_1 组成同向放大器，具有很高的输入阻抗，能与高阻话筒匹配连接作为话筒放大电路，其放大倍数为

$$A_\upsilon = 1 + \frac{R_2}{R_1} = 7.8 \tag{12.2-13}$$

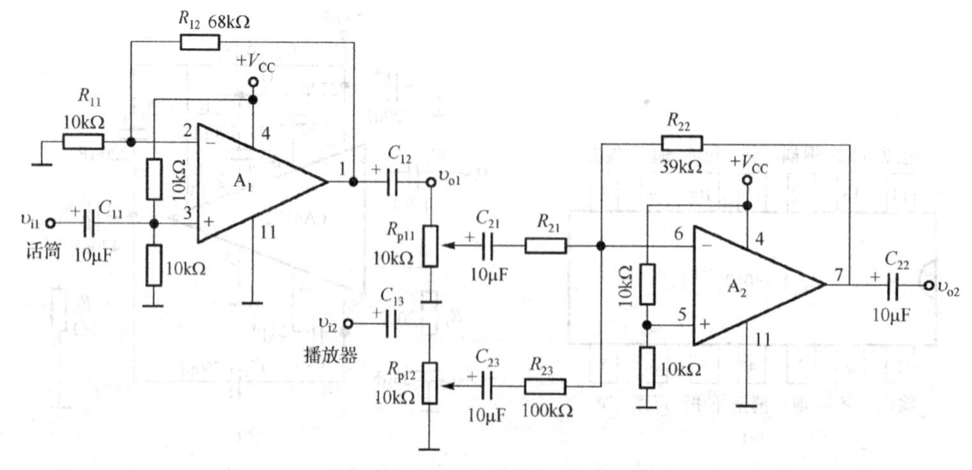

图 12.2-14　话筒放大及前置放大器电路

LM324 的频带虽然很窄（增益为 1 时，带宽为 1MHz），但这里放大倍数不高，故能达到 f_H=10kHz 的频率响应要求。

前置放大器的电路由运放 A_2 组成，这是一个反向加法电路，输出电压 υ_{o2} 的计算公式为

$$\upsilon_{o2}=-\left(\frac{R_{22}}{R_{21}}\upsilon_{o1}+\frac{R_{22}}{R_{23}}\upsilon_{i2}\right) \qquad (12.2\text{-}14)$$

根据图 12.2-11 所示的增益分配，前置的输出电压有效值 $\upsilon_{o2}\geqslant$37.5mV，而话筒放大器的输出有效值 υ_{o1} 已经达到了 υ_{o2} 的要求，即 $\upsilon_{o1}=A_{\upsilon 1}$， υ_{i1}=39mV，所以取 $R_{21}=R_{22}$。音乐播放器的输出信号一般为 100mV，已经远大于 υ_{o2} 的要求，所以对 υ_{i2} 要进行适当衰减，否则输出会产生失真。取 R_{23}=100kΩ，$R_{22}=R_{21}$=39kΩ，以使播放器输出经混合后达到 υ_{o2} 的要求。

如果要进行卡拉 OK 演唱，可在话筒放大器输出端及播放器输出端接两个音量控制电位器 R_{p11}、R_{p12}，分别控制声音和音乐的音量。

4．电路安装及调试

将设计完成的各级单元电路前后连接，即可实现音响放大器的功能。画出整机电路图，便进入最后一步，进行电路的安装及调试。

（1）合理布局

安装前应将各级进行合理布局，一般可以从输入级开始向后安装，也可从功放级开始向前安装，功放级要远离输入级。

（2）调试

安装一级调试一级，安装两级要进行联调，直到整机安装调试完成。调试方法请读者参考第一篇相关方法进行。

（3）整机功能试听

① 话筒扩音

低阻话筒接话筒放大器的输入端，应注意，扬声器的方向与话筒方向相反，否则扬声器的输出声音容易经话筒输入后，容易产生自激啸叫。讲话时，扬声器传出的声音应清晰，改变音量电位器，可控制声音大小。

② 电子混响效果

将电子混响器模块接话筒放大器的输出端，用手轻拍话筒一次，扬声器发出多次重复的声音，微调时钟频率，改变混响延迟时间。

③ 音乐欣赏

将音乐播放器输出音乐信号，接入电路，改变音调控制级的高低音调控制电位器，扬声器的输出音调发生明显变换。

④ 卡拉 OK 伴唱

播放器输出卡拉 OK 歌曲，手握话筒伴随歌曲演唱，适当控制话筒放大器与播放器输出的音量电位器，可以控制歌唱声音与音乐声音之间的比例，调节混响延迟可修饰、改善歌唱的声音。

12.2.3 数字逻辑信号测试器

1. 设计内容及要求

在数字电路测试、调试和检修时，经常要对电路中某点的逻辑电平进行测试，采用万用表或示波器等仪器仪表很不方便，而采用逻辑信号电平测试器可以通过声音来表示被测信号的逻辑状态，使用简单方便。

（1）基本功能：测试高电平、低电平或高阻。

（2）测量范围：低电平<0.8V；高电平>3.5V。

（3）高、低电平分别用1kHz和800Hz的音响表示，被测信号在0.8～3.5V之间则不发出声响。

（4）工作电源为5V，输入阻抗大于20kΩ。

2. 设计方案

数字逻辑信号测试器由输入电路、逻辑信号识别电路和音响信号产生电路组成，其组成框图如图12.2-15所示。

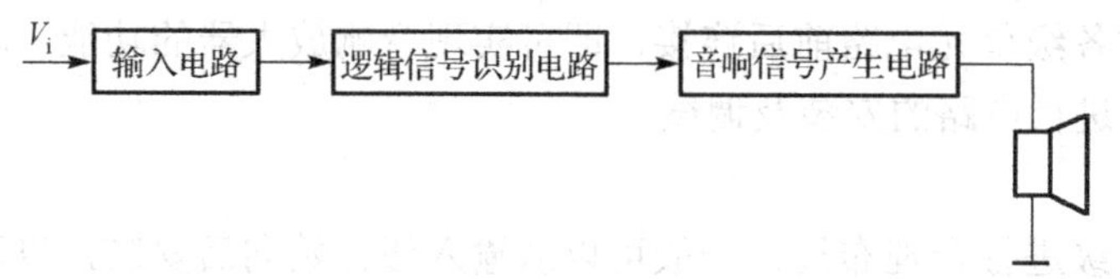

图12.2-15 数字逻辑信号测试器组成框图

3. 单元电路设计

（1）输入及逻辑信号识别电路

① 电路工作原理

输入及逻辑信号识别电路如图12.2-16所示，V_i是输入的被测逻辑信号，输入电路是由R_1和R_2组成，其作用是保证输入端悬空时，V_i既不是高电平，也不是低电平。A_1和A_2组成的双限比较器对输入信号进行检查识别，A_1的反相输入端为高电平阈值电位参考端，其电压值V_H由R_3和R_4分压后获得。同理，A_2同相输入端V_L为低电平端阈值电位参考端，其值由R_5和R_6的分压决定。

当比较器的同相输入端高于反相输入端电压时，比较器输出为高电平（5V）；反之，则比较器输出为低电平（0V）。在保证$V_H>V_L$的条件下，输入、输出的逻辑关系如表12.2-1所示。通过分析比较器的输出状态，就能够判断输入逻辑信号电平的高低。

② 电路参数的计算

根据技术指标要求，输入电阻大于20kΩ，并且输入悬空时，V_i=1.4V（一般在V_H=3.5V和V_L=0.8V中间位置选取），因此

$$\begin{cases} V_i = \dfrac{R_2}{R_1+R_2}V_{CC} = 1.4\text{V} \\ R_i = \dfrac{R_1R_2}{R_1+R_2} \geqslant 20\text{k}\Omega \end{cases}$$

从而可求出：R_1=71kΩ，R_2=27.6kΩ。

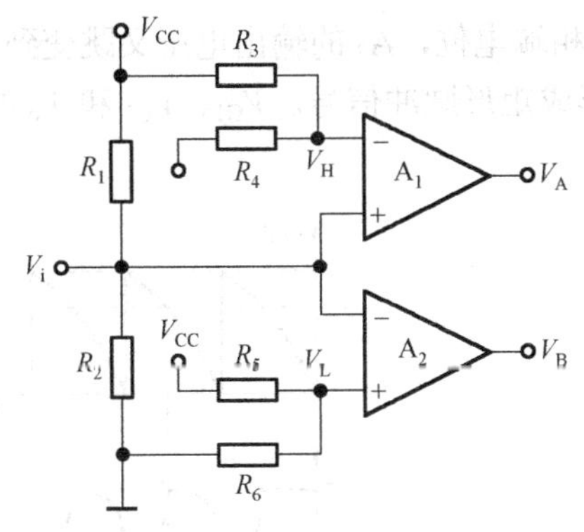

图 12.2-16　输入及逻辑信号识别电路

表 12.2-1　逻辑比较电路功能表

输入	输出	
	V_A	V_B
$V_i<V_L$	低	高
$V_L<V_i<V_H$	低	低
$V_i>V_H(>V_L)$	高	低

选取标称值：R_1=75kΩ，R_2=30kΩ。

R_3和R_4的作用是给A_1的反相输入端提供一个3.5V的基准电压，根据分压公式得

$$V_H=\frac{R_4}{R_3+R_4}V_{CC}=3.5V$$

R_3和R_4取值过大时容易引入干扰，取值过小则会增大功耗。工程上一般在几十至几百千欧姆间选取。

故选取电阻的标称值：R_3=30kΩ，R_4=68kΩ。

R_5和R_6的作用是给A_2的同相输入端提供一个0.8V的基准电压，同理可得

$$V_L=\frac{R_6}{R_5+R_6}V_{CC}=0.8V$$

R_5和R_6的阻值选取与R_3和R_4取值相同，故选取标称值：R_5=68kΩ，R_6=13kΩ。

（2）音响信号产生电路

① 电路工作原理

音响信号产生电路如图12.2-17所示，主要由两个比较器A_3和A_4组成，根据前面对逻辑信号识别电路输出的研究，分三种情况介绍该电路的工作原理。

（a）当$V_A=V_B=0$时

由于稳态时，C_1两端电压为零，并且此时V_A和V_B两端输入均为低电平，VD_1和VD_2截止，C_1没有充电回路，而A_3的同相输入端为基准电压3.5V，使得A_3的同相端电位高于反相端电位，V_o输出为高电平。V_o通过R_9按指数规律为C_2充电，达到稳态时C_2的电压为高电平，A_4的同相端电位（5V）高于反相端电位（3.5V），虽然输出高电平，但由于VD_3的存在，电路的稳定状态不受影响，故V_o一直保持高电平输出。

（b）当V_A=5V，V_B=0V时

此时VD_1导通，C_1通过R_7充电，V_{C1}按指数规律逐渐升高，由于A_3同相端输入电压为3.5V，则在V_{C1}未达到3.5V之前，A_3输出端电压保持为高电平。在V_{C1}升高到3.5V后，A_3的反相端电位高于同相端电位，A_3输出电压由5V跳变为0V，使C_2通过R_9和A_3的输入电阻R_{o3}放电，V_{C2}由5V逐渐下降，当V_{C2}下降到小于A_4反相端电压（3.5V）时，A_4的输出电压跳变为0V，VD_3导通，C_1通过VD_3和A_4的输出电阻放电。因为A_4输出电阻很小，所以V_{C1}

将迅速降到 0V 左右，这导致 A_3 反相端电位小于同相端电位，A_3 的输出电压又跳变到 5V，C_1 再一次充电，如此周而复始，就会在 A_3 输出端形成矩形脉冲信号。V_{C1}、V_{C2} 和 V_o 的波形如图 11.2-18 所示。

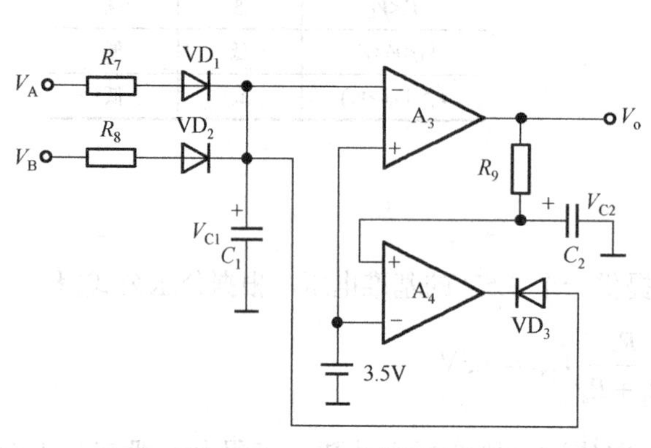

图 12.2-17　音响信号产生电路

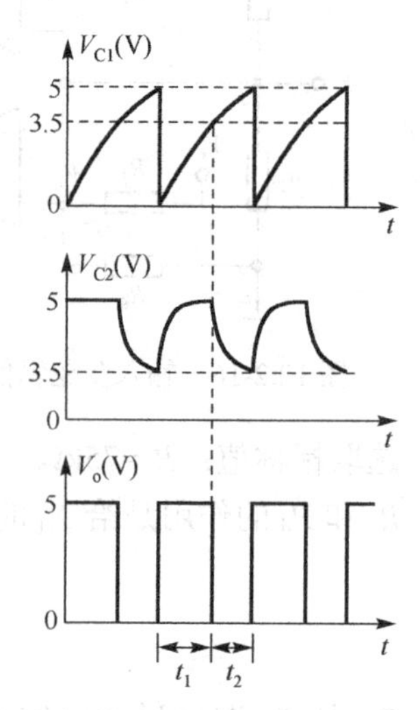

图 12.2-18　V_{C1}、V_{C2} 和 V_o 的波形图

（c）当 V_A=0V，V_B=5V 时

此时电路的工作过程与 V_A=5V、V_B=0V 时相同，唯一的区别在于 VD_2 导通时，V_B 为高电平，通过 R_8 向 C_1 充电，所以 C_1 的充电时间常数改变了，使得 V_o 的周期发生相应变化。

② 电路参数的计算

根据一阶电路响应的特点可知，在 t_1 期间电容 C_1 充电，电容两端电压表达式为

$$V_{C1}(t)=5(1-e^{-\frac{t}{\tau_1}})$$

在 t_2 期间电容 C_2 放电，其电压表达式为

$$V_{C2}(t)=5e^{-\frac{t}{\tau_2}}$$

输出信号的周期为：$T=t_1+t_2$。

式中，$t_1=-\tau_1\ln 0.3\approx 1.2\tau_1$；$t_2=-\tau_2\ln 0.7\approx 0.36\tau_2$。

选取：$\tau_2=R_9C_2=0.5\text{ms}$。

则当 C_2=0.01μF 时，

$$R_9=\frac{\tau_2}{C_2}=\frac{0.5\text{ms}}{0.01\mu\text{F}}=50\text{k}\Omega$$

同时选取 C_1=0.1MF，由于技术指标要求，被测信号为高电平时，音响频率为 1kHz，周期为

$$T=t_1+t_2=1.2\tau_1+0.36\tau_2=\frac{1}{f}=1\text{ms}$$

将 $\tau_2=0.5\text{ms}$ 代入上式，可求得

$$\tau_1=R_7C_1\approx 0.68\text{ms}$$

所以

$$R_7 = \frac{\tau_1}{C_1} = \frac{0.68\times10^{-3}}{0.1\times10^{-6}} = 6.8\text{k}\Omega$$

被测信号为高电平时，音响频率为 800Hz。同理，可求得 R_8=8.9kΩ，取标称阻值 9.1kΩ。

（3）音响驱动电路

音响驱动电路如图 11.2-19 所示，电阻 R_{10}=5kΩ，R_{11}=10kΩ。由于音响负载工作电压较低且功率小，因此对驱动三极管的耐压条件要求不高，选取 9012 作为驱动管，可完全满足本电路要求。

4．整机电路参考图

数字逻辑信号测试器的电路原理图如图 12.2-20 所示。

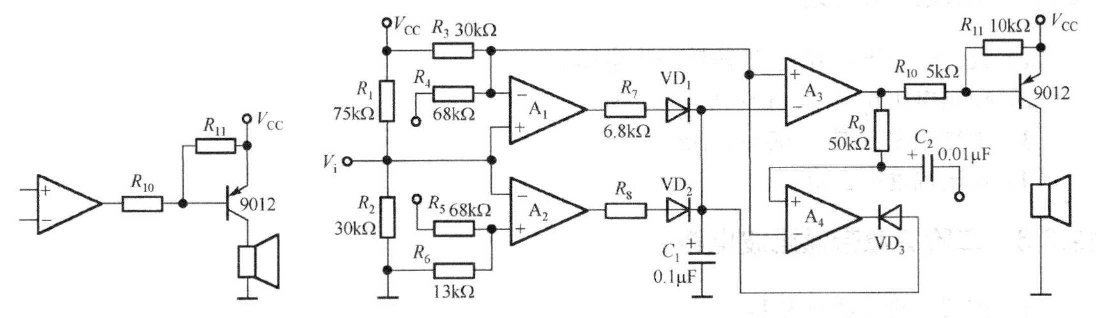

图 12.2-19　音响驱动电路　　　　图 12.2-20　数字逻辑信号测试器电路原理图

12.3　模拟电子技术课程设计项目

12.3.1　水温控制电路

（1）测温和控温范围：室温至 80℃（实时控制）。

（2）控制精度：±1℃。

（3）控温通道输出为双向晶闸管或继电器，一组转换接点为市电（220V、10A）。

12.3.2　电冰箱保护电路

（1）设计制作电冰箱保护器，使其具有过压、欠压、上电延迟等功能。

（2）电压在 180～250V 范围内正常供电，绿灯指示，正常范围可根据需要进行调节。

（3）欠、过压保护：当电压低于设定允许最低电压或高于设定允许最高电压时，自动切断电源，且红灯指示。

（4）上电、欠过压保护或瞬间断电时，延迟 3～5min 才允许接通电源。

（5）负载功率>200W。

12.3.3　声光控路灯电路

（1）在 5V 电源下，使用 LED 模拟路灯工作状态。

（2）白天工作时，LED 始终不被点亮。

（3）夜间工作时，在外界无声响的条件下，LED 不被点亮。

（4）夜间工作时，外界声响达到一定大小时，点亮 LED，当声响消失后，LED 点亮时间延迟 10s。

12.3.4 RC 正弦波振荡电路

（1）振荡频率：500Hz。

（2）振荡频率测量值与理论值的相对误差<±5%。

（3）电源电源变化±1V 时，振幅基本稳定。

（4）振荡波形对称，无明显非线性失真。

12.3.5 压控振荡电路

（1）设计一个压控方波-三角波产生电路。

（2）控制电压 υ_i 范围：1～2V。

（3）重复频率范围：500～1kHz。

（4）输出幅度：自定。

12.3.6 二阶有源带通滤波电路

（1）滤波电路总增益为 1。

（2）输出频带有效范围：500～1500Hz。

12.3.7 线性稳压电源电路

（1）输入交流电压：市电 220V、50Hz，电压波动范围±10%。

（2）输出直流电压：双路输出，一路输出固定 5V/1A，一路为输出可调 9～12V/1A。

（3）稳定系数：$S_v<0.5\%$。

（4）纹波电压：$V_{p-p}<5mV$。

（5）电源内阻：$R_o<0.15\Omega$。

（6）输出具有过流截止式保护电路。

第13章 数字电子电路设计基础

13.1 数字电子电路的设计方法

数字电子系统的规模差异很大，对于较小的数字电子系统，可采用所谓的经典设计，即根据设计任务要求，用真值表、状态表求出简化的逻辑表达式，画出逻辑电路图，最后用小规模数字集成电路实现。对于比较复杂的数字电子系统，可采用大、中规模数字集成电路，设计方法也比较灵活，有的全由硬件电路来完成全部任务，有的除了硬件电路外，还需加上软件，即使用可编程器件。采用软硬件结合的方法完成电路功能，给数字电子系统设计带来了很大的变化，硬件设计变得像软件一样易于修改，如要改变一个设计方案，通过设计工具软件在计算机上数分钟即可完成；对于需要完成复杂的算术运算，进行多路数据采集、处理及控制系统可采用单片机系统实现。目前处理复杂的数字电子系统的较好方案是大规模可编程逻辑器件加单片机，这样可大大节约设计成本，提供可靠性。本章主要介绍用各种数字集成电路设计数字电子系统。

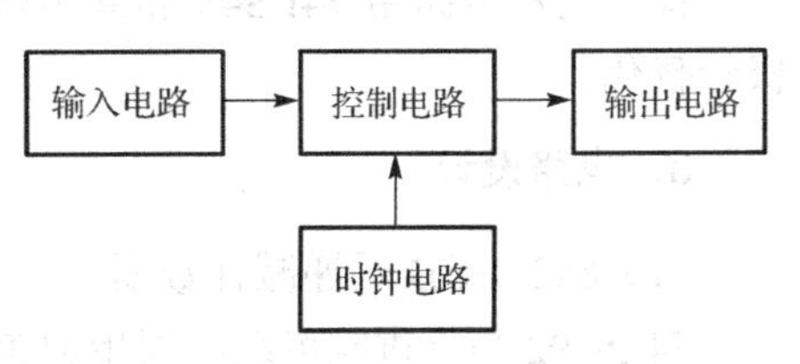

图 13.1-1　数字电子系统组成框图

完整的数字电子系统组成框图如图 13.1-1 所示，包括输入电路、输出电路、控制电路、时钟电路等若干子系统等。数字电子系统的一般设计步骤包括：首先必须明确系统的设计任务，根据设计任务进行方案选择，然后对方案中的各个部分进行单元电路的设计、参数计算和元器件选择，最后将各个部分连在一起，画出一个符合设计要求的完整的系统电路图。

近年来，随着中、大规模数字集成电路的迅猛发展，许多功能部件如数据选择器、译码器、计数器和移位寄存器等器件已大量生产和广泛应用，没有必要再按组合逻辑电路和时序逻辑电路的设计方法来设计这些电路，可以直接用这些部件来构成完整的数字系统。对于一些规模不大、功能不太复杂的数字系统，选用中、大规模器件，采用拼凑法设计，具有设计过程简单、电路调试方便、电路性能稳定可靠等优点。

13.2 数字电子电路设计举例

13.2.1 篮球竞赛 30s 定时电路

1. 设计任务及要求

（1）设计一个 30s 计时电路，并具有时间显示功能。

（2）设置外部操作开关，控制计数器的直接清零、启动和暂停/计时。

（3）要求计时电路递减计时，每隔 1s，计时器减 1。

（4）当计时器递减计时到零（定时时间到）时，显示器上显示“00”，同时发出光电报警信号。

2．设计方案

30s 定时器的参考方案框图如图 13.2-1 所示。它包括秒脉冲发生器、计数器、译码显示、报警电路和辅助时序控制电路（简称控制电路）等 5 部分组成。其中计数器和控制电路是系统的主要部分。计数器完成 30s 计时功能，而控制电路完成计数器的直接清零、启动计数、暂停/计时、译码显示电路的显示与灭灯、定时时间到报警等功能。

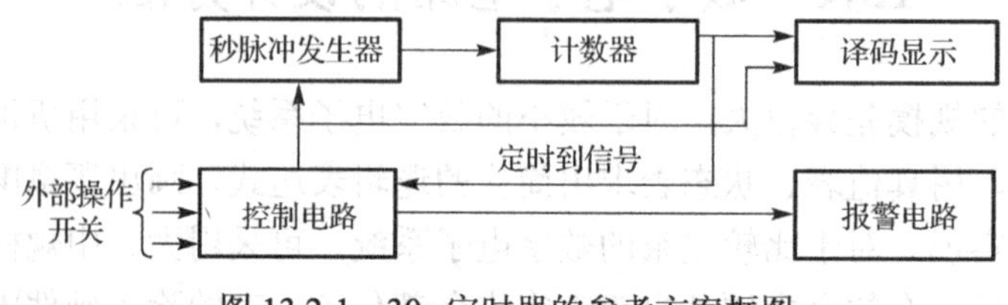

图 13.2-1　30s 定时器的参考方案框图

秒脉冲发生器产生的信号是电路的时钟脉冲和定时标准，但本设计对此信号要求并不高，电路采用 555 集成定时器或由 TTL 与非门组成的多谐振荡器构成即可。

译码显示电路用 74LS48 和共阴极七段 LED 显示器组成。报警电路在实验中可用发光二极管替代。

3．电路设计

（1）8421BCD 码递减计数器

74LS192 是十进制可编程同步加/减计数器，它采用 8421 码二-十进制编码，并具有直接清零、置数、加/减计数功能，所以计数器选用 74LS192 进行设计较为简单。74LS192 的功能表如表 13.2-1 所示。

表 13.2-1　74LS192 功能表

CP_U	CP_D	$\overline{LD}$	CR	操作
×	×	0	0	置数
↑	1	1	0	加计数
1	↑	1	0	减计数
×	×	×	1	清零

74LS192 的工作原理：当 $\overline{LD}=1$，CR=0 时，若时钟脉冲加入到 CP_U 端，且 $CP_D=1$，则计数器在预置数的基础上完成加计数功能，当加计数到 9 时，$\overline{CO}$ 端发出进位下跳变脉冲；若时钟脉冲加入到 CP_D 端，且 $CP_U=1$，则计数器在预置数的基础上完成减计数功能，当减计数到 0 时，$\overline{BO}$ 端发出借位下跳变脉冲。

由 74LS192 构成的三十进制递减计数器如图 13.2-2 所示，预置数 $N=(0011\ 0000)_2=(30)_{10}$。计数原理：只有当低位 $\overline{CO_1}$ 端发出借位脉冲时，高位计数器才做减计数。当高、低位计数器处于全零，且 $CP_D=0$ 时，置数端 $\overline{LD_2}=0$，计数器完成并行置数，在 CP_D 端的输入时钟脉冲作用下，计数器再次进入下一循环减计数。

（2）辅助时序控制电路

为了保证系统的设计要求，在设计控制电路时，应正确处理各个信号之间的时序关系。从系统的设计要求可知，控制电路要完成以下 4 项功能。

① 操作“直接清零”开关时，要求计数器清零。

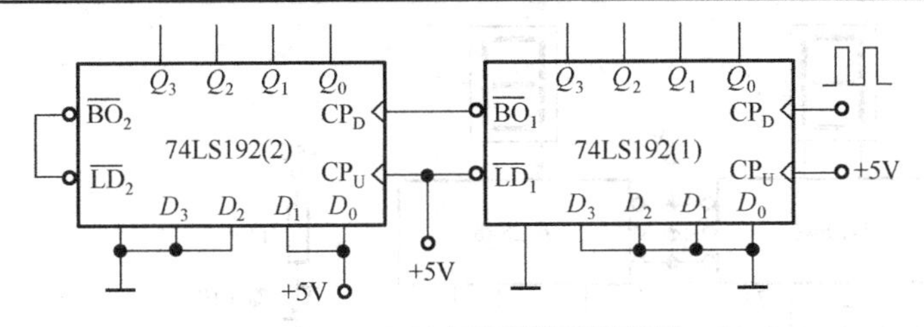

图 13.2-2　三十进制递减计数器

② 闭合“启动”开关时，计数器应完成置数功能，显示器显示 30s 字样；断开“启动”开关时，计数器开始进行递减计数。

③ 当“暂停/计时”开关处于“暂停”位置时，控制电路封锁时钟脉冲信号 CP，计数器暂停计数，显示器上保持原来的数不变，当“暂停/计时”处于“计时”位置时，计数器继续累计计数。另外，外部操作开关都应采取去抖动措施，以防止由机械抖动造成电路工作不稳定。

④ 当计数器递减计数到零（定时时间到）时，控制电路应发出报警信号，使计数器保持零状态不变，同时报警电路工作。

辅助时序控制电路如图 13.2-3 所示。图 13.2-3(a)是置数控制电路，$\overline{LD}$ 接 74LS192 的预置数控制端，当开关 S_1 合上时，$\overline{LD}=0$，74LS192 进行置数；当 S_1 端开时，$\overline{LD}=1$，74LS192 处于计数工作状态，从而实现功能②的要求。图 13.2-3(b)是时钟脉冲信号 CP 的控制电路，控制 CP 的放行与禁止。当定时时间未到时，74LS192 的借位输出信号 $\overline{BO_2}=1$，则 CP 信号受“暂停/计时”开关 S_2 的控制，当 S_2 处于“暂停”位置时，门 G_2 输出 0，门 G_1 关闭，封锁 CP 信号，计数器暂停计数；当 S_2 处于“计时”位置时，门 G_2 输出 1，门 G_1 打开，放行 CP 信号，计数器在 CP 的作用下，继续累计计数。当定时时间到，$\overline{BO_2}=0$，门 G_1 关闭，封锁 CP 信号，计数器保持零状态不变。从而实现了功能③、④的要求。

需要注意的是，$\overline{BO_2}$ 是脉冲信号，只有在 CP_D 保持低电平时，$\overline{BO_2}$ 输出的低电平才能保持不变。至于功能①的要求，可通过控制 74LS192 的异步清零端 CR 实现（图中未画出）。

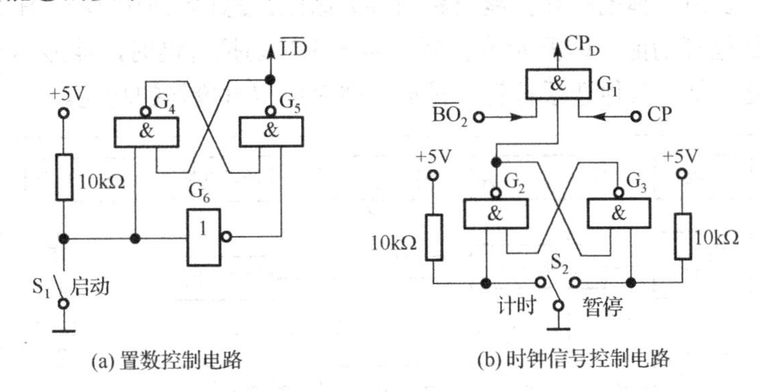

(a) 置数控制电路　(b) 时钟信号控制电路

图 13.2-3　辅助时序控制电路

（3）整机电路

根据前面的分析和系统设计方案，可画出篮球竞赛 30s 定时电路，其具体参考电路如图 13.2-4 所示。

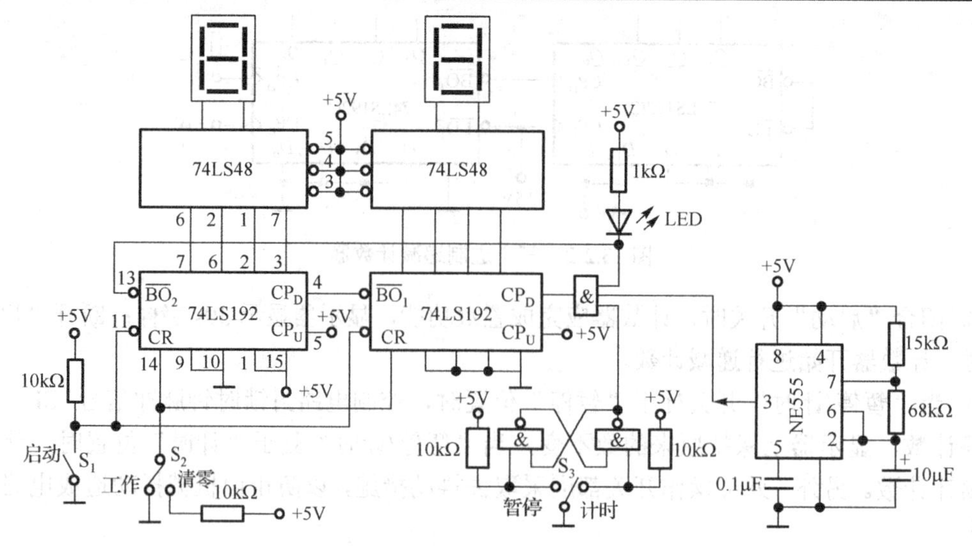

图 13.2-4 篮球竞赛 30s 定时电路

13.2.2 多路智能抢答器

1. 设计内容及要求

(1) 设计 8 路抢答器，编号与参赛选手对应。

(2) 具有优先显示抢答选手编号及时间的功能并禁止其他选手抢答。

(3) 主持人预置抢答时间，控制比赛开始和结束。

(4) 报警功能：主持人按下“开始”键时报警并进入抢答状态；当选手提前抢答（抢答未“开始”时）发出报警提示；在规定抢答终止时间到时发出报警提示。

2. 抢答器组成框图

定时抢答器主要由主体电路和扩展电路两部分组成，总体组成框图如图 13.2-5 所示。主体电路完成基本的抢答功能，即开始抢答后，当选手按动抢答键时，能显示选手的编号，同时能封锁输入电路，禁止其他选手抢答。扩展电路完成定时抢答的功能。

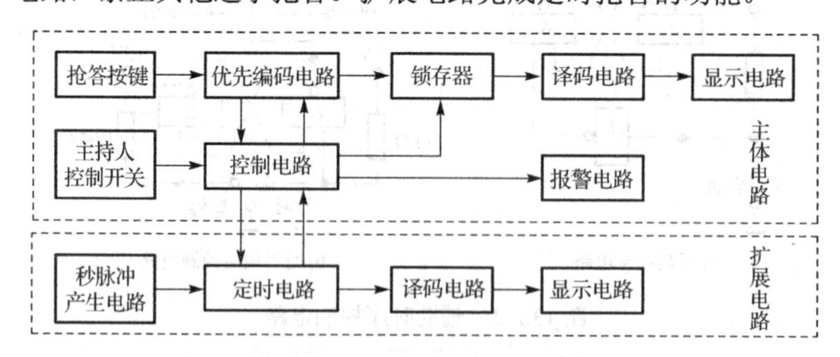

图 13.2-5 定时抢答器组成框图

定时抢答器的工作过程如下。

主持人将控制开关置于“清除”位置时，抢答器处于禁止工作状态，编号显示器无显示，定时显示器显示设定时间。

主持人将控制开关置于“开始”位置时，扬声器给出声响提示，抢答器处于工作状态，定时器进行倒计时。

当倒计时结束时，如果没有选手抢答，报警电路发出报警信号，并封锁输出电路，禁止选手超时抢答。

当选手在倒计时阶段按下抢答键时，抢答器完成以下 4 项工作：①优先编码电路立即对抢答选手编号进行编码，并经锁存器对编码信号锁存，然后通过译码显示电路显示选手编号；②扬声器发出短暂声响，提醒节目主持人注意；③控制电路要对输入编码电路进行封锁，避免其他选手再次抢答；④控制电路要使定时器停止工作，时间显示器上显示倒计时时间，并保持到主持人将系统清零为止。

若选手回答完毕，主持人控制开关，使系统恢复到禁止工作状态，以便进入下一轮抢答。

3. 电路设计

（1）抢答电路

抢答电路主要实现两种功能：一是分辨选手按键的先后，并锁存优先抢答选手的编号，送入译码显示电路；二是要使其他选手随后的按键操作无效。选用优先编码器 74LS148 和锁存器 74LS279 来完成电路功能，如图 13.2-6 所示。

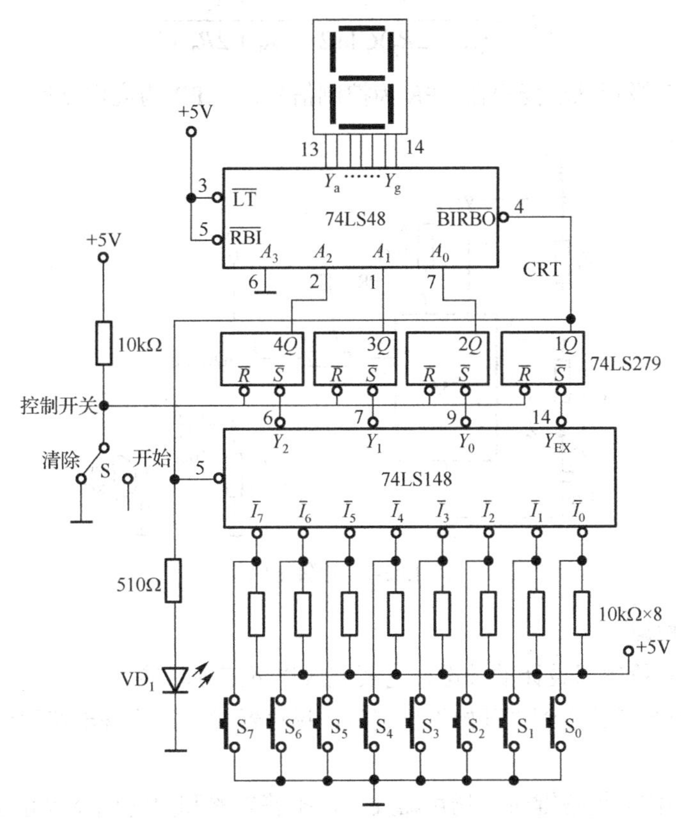

图 13.2-6 抢答电路原理图

电路工作原理：当控制开关处于“清除”位置时，SR 触发器的 $\overline{R}$ 端为低电平，输出端（4Q～1Q）全部为低电平。于是 74LS48 的 $\overline{\mathrm{BI}}$=0，显示器灭灯；74LS148 的选通输入端 $\overline{\mathrm{ST}}$=0，74LS48

处于工作状态，此时锁存电路不工作。当控制开关拨动到“开始”位置时，优先编码电路和锁存电路同时处于工作状态，即抢答器处于等待工作状态，等待输入命令端$\overline{I}_7 \cdots \overline{I}_0$输入信号。当有选手按下时（如按下 S_5），74LS148 的输出$\overline{Y}_2\overline{Y}_1\overline{Y}_0$=010，$\overline{Y}_{EX}$=0，经 74LS48 译码后，显示器显示“5”。此外，CRT=1，使 74LS148 的$\overline{ST}$端为高电平，74LS148 处于禁止工作状态，封锁了其他按键的输入。当按下的键放开后，74LS148 的$\overline{Y}_{EX}$为高电平，由于 CRT 维持高电平不变，所以 74LS148 仍处于禁止工作状态，其他按键的输入信号不会被接收。这就保证了抢答者的优先性及抢答电路的准确性。当优先抢答者回答完问题后，主持人操作控制开关 S，使抢答电路复位，以便进行下一轮抢答。

（2）定时电路

节目主持人根据抢答题目的难易度，设定一次抢答的时间，通过预置时间电路对计数器进行预置，选用十进制同步加/减计数器 74LS192 进行设计，计数器的时钟脉冲由秒脉冲电路提供。具体电路可参照图 13.2-4 进行设计。

（3）报警电路

由 555 定时器和三极管构成的报警电路如图 13.2-7 所示，其中 555 构成多谐振荡器，振荡频率为

$$f_o = \frac{1}{(R_1 + 2R_2)C\ln 2} \approx \frac{1.43}{(R_1 + 2R_2)C}$$

其输出信号经三极管推动扬声器。PR 为控制信号，当 PR 为高电平时，多谐振荡器工作，反之，振荡器停振。

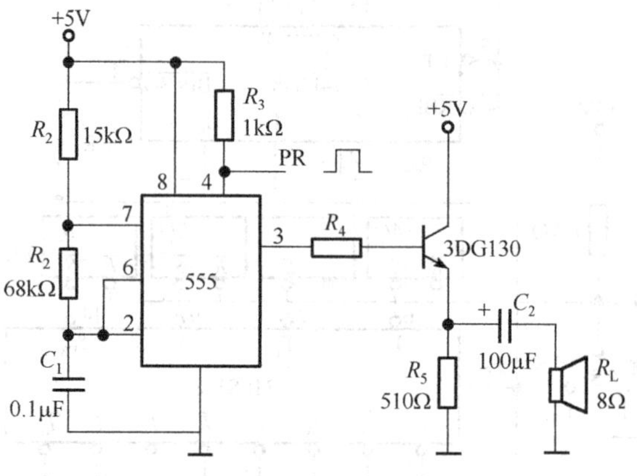

图 13.2-7　报警电路

（4）时序控制电路

时序控制电路是抢答器设计的关键，它要完成以下三项功能。

① 主持人将控制开关拨到“开始”位置时，扬声器发声，抢答电路和定时电路进入正常抢答工作状态。

② 当参赛选手按动抢答键时，扬声器发声，抢答电路和定时电路停止工作。

③ 当设定的抢答时间到，无人抢答时，扬声器发声，同时抢答电路和定时电路停止工作。

根据上述功能要求及图 13.2-5、图 13.2-6 和图 13.2-7，设计的时序控制电路如图 13.2-8(a)所示。图 13.2-8(a)中，门 G_1 的作用是控制信号 CP 的放行与禁止，门 G_2 的作用是控制 74LS148 的输入使能端$\overline{ST}$。

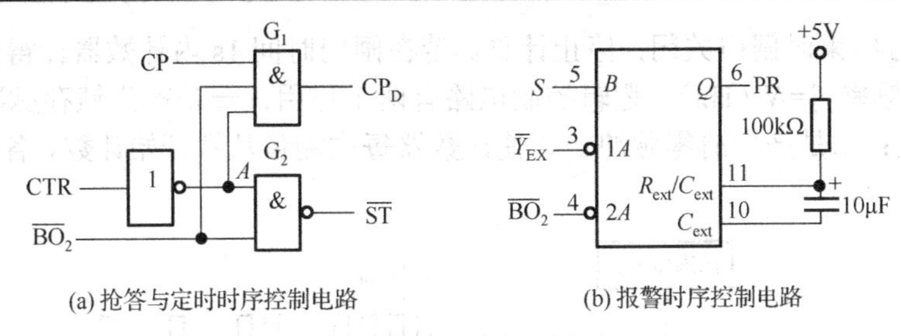

图 13.2-8　时序控制电路

图 13.2-8(a)所示电路的工作原理如下。

主持人控制开关从“清除”位置拨到“开始”位置时，图 13.2-6 中 74LS279 的输出 CTR=0，经 G_3 反相，A=1，则从 555 输出端来的时钟信号 CP 能够加到 74LS192 的 CP_D 时钟输入端，定时电路进行递减计时。同时，在定时时间未到时，图 13.2-8 中 74LS192 的借位输出端 $\overline{BO_2}=1$，门 G_2 的输出端 $\overline{ST}=0$，使 74LS148 处于正常工作状态，从而实现功能①的要求。

当选手在定时时间内按动抢答键时，CTR=1，经 G_3 反相，A=0，封锁 CP 信号，定时器处于保持工作状态；同时，门 G_2 的输出端 $\overline{ST}=1$，74LS148 处于禁止工作状态，从而实现功能②的要求。

当定时时间到，74LS192 的 $\overline{BO_2}=0$，$\overline{ST}=1$，74LS148 处于禁止工作状态，禁止选手进行抢答。同时，门 G_1 处于关门状态，封锁 CP 信号，使定时电路保持 00 状态不变，从而实现功能③的要求。

74LS121 用于控制报警电路及发声的时间，如图 13.2-8(b)所示。

4．整机电路

经过以上单元电路的设计，请读者自行整理定时抢答器的整机电路。

13.2.3　简易数字频率计设计

1．设计内容及要求

（1）测量频率范围：1Hz～9.999kHz。

（2）频率准确度$\Delta f_x/f_x \leqslant \pm 2\%$。

（3）测量信号：方波，峰-峰值为 3～5V。

（4）使用数码管显示测量的信号频率。

2．频率计组成框图

所谓频率，是指周期性信号在单位时间（1s）内变化的次数。若在一定时间间隔 T 内测得这个周期信号的重复变化次数为 N，则其频率可表示为

$$f_x = \frac{N}{T}$$

数字频率计的组成框图如图 13.2-9(a)所示。被测信号 υ_x 经放大整形电路变成计数器所要求的脉冲信号 υ_1，其频率与被测信号的频率 f_x 相同。时基电路提供标准时间基准信号 υ_2，其高电平持续时间 t_1=1s。当 1s 信号到来时，闸门开通，被测脉冲信号通过闸门，计数器开始计

数，直到 1s 信号结束时闸门关闭，停止计算。若在闸门时间 1s 内计数器计得的脉冲个数为 N，则被测信号频率 $f_x=N$（Hz）。逻辑控制电路有两个作用：一是产生锁存脉冲 υ_4，使显示器上的数字稳定；二是产生清零脉冲 υ_5，使计数器每次测量从零开始计数。各信号时序关系如图 13.2-9(b)所示。

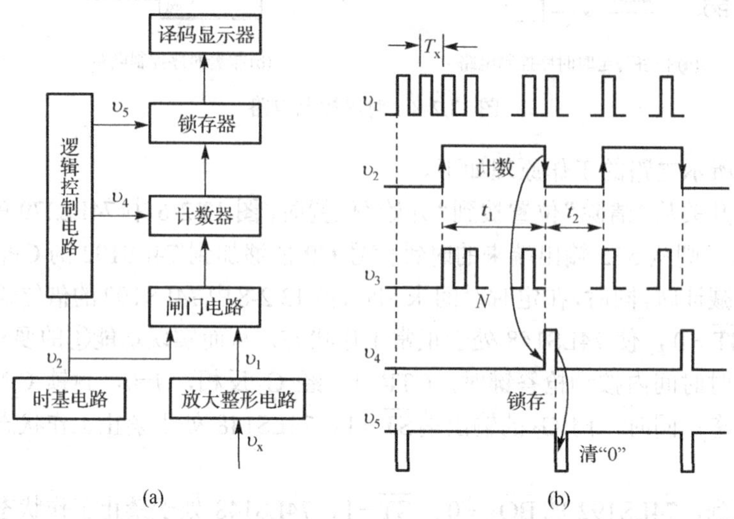

图 13.2-9 数字频率计的组成框图和时序波形图

3. 电路设计

（1）放大整形系统

放大整形系统包括衰减器、跟随器、放大器和施密特触发器，主要的功能是将正弦波输入信号 V_i 整形成同频率方波 V_o。衰减器由分压器构成，测试信号首先通过衰减开关选择输入衰减倍率，幅值过大的被测信号经过分压器分压，送入后级放大器以免波形失真。跟随器由运算放大器构成，起到阻抗变换的作用，提高输入阻抗。由运算放大器构成的同相放大器的放大倍数为$(R_f+R_1)/R_1$，改变 R_f 的大小可以改变放大倍数。系统的整形电路由施密特触发器组成，整形后的方波送到闸门以便计算。

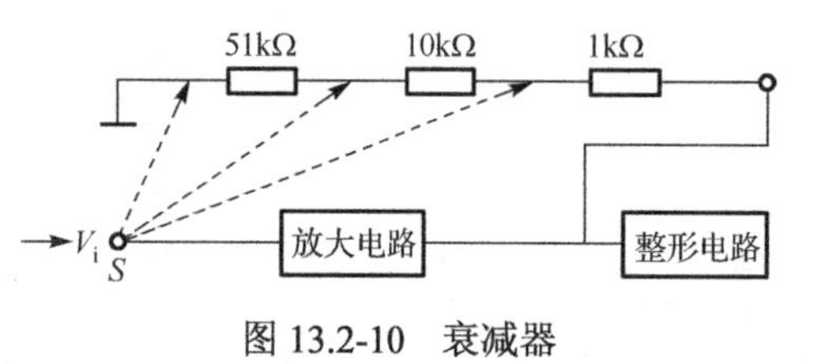

图 13.2-10 衰减器

① 衰减器

衰减器由三个大小不等的电阻串接而成，如图 13.2-10 所示。

② 放大整形电路

使用带分压偏置式共射极放大电路实现信号放大，目的是将一定频率的周期信号（如正弦波、三角波等）进行放大。

整形电路由 555 定时器构成施密特触发器，对放大器的输出信号进行整形，使之称为矩形脉冲。

将放大电路和整形电路级联起来，即可构成放大整形电路，如图 13.2-11 所示。

（2）时基电路

时基电路的作用是产生一个标准时间信号（高电平持续时间为 1s）。可选用 555 定时器构成的多谐振荡器和三片 74LS90 构成的分频器产生。具体工作原理请参考相关章节，这里不再阐述。其完整的时基电路如图 13.2-12 所示。

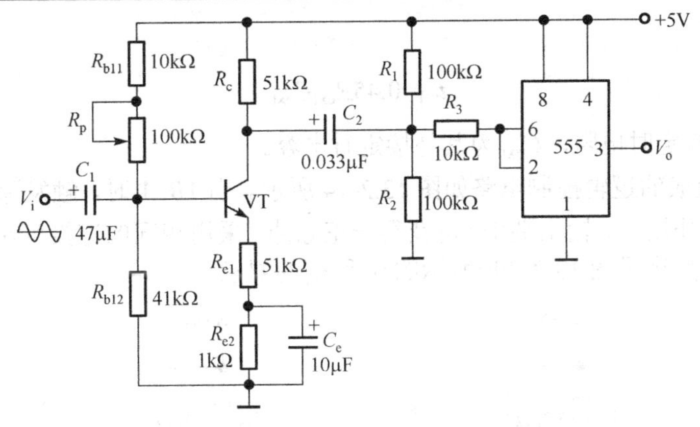

图 13.2-11　放大整形电路

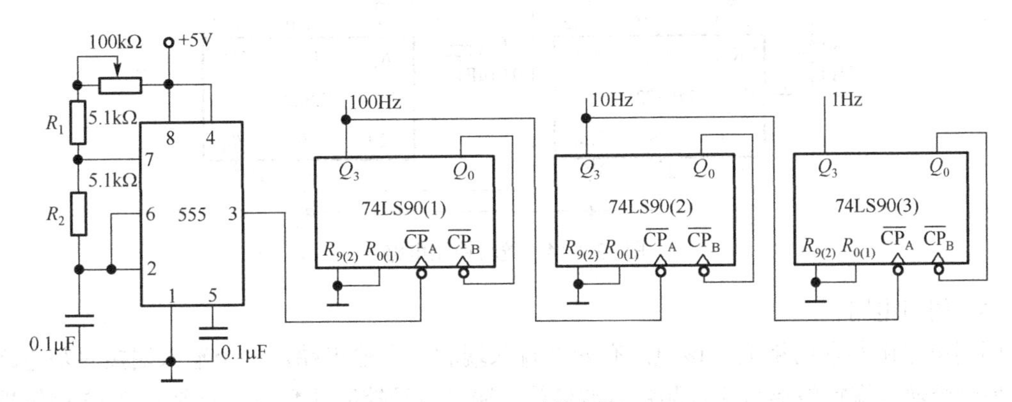

图 13.2-12　时基电路

（3）逻辑控制电路

根据图 13.2-9(b)所示的波形，时基信号 υ_2 结束时产生的负跳变用来产生锁存信号 υ_5，锁存信号 υ_5 的负跳变又用来产生清零信号 υ_4。脉冲信号 υ_5 和 υ_4 可由两个单稳态触发器 74LS221 产生，它们的脉冲宽度由电路的时间常数决定。

74LS221 是一个双单稳态触发器，输入/输出波形关系如图 13.2-13 所示。输入脉冲 B_1 触发后还可以借助 B_2 再触发，使输出脉冲展宽，故称为可重复触发。

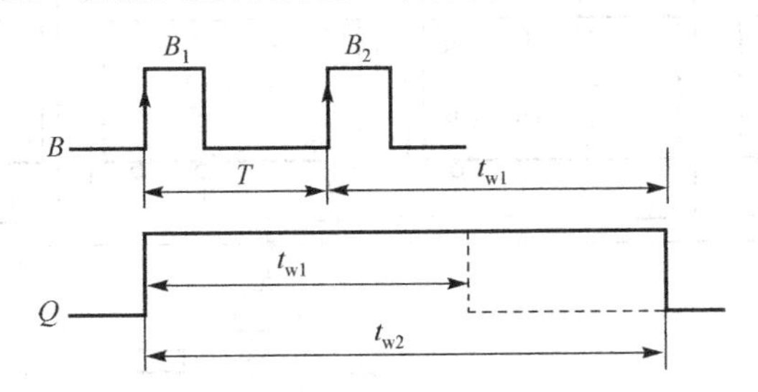

图 13.2-13　可重复触发单稳态触发器的输入/输出波形

由图 13.2-13 可见，未加重触发脉冲时的输出端 Q 的脉宽为 t_{w1}，加重触发脉冲后的脉宽为 t_{w2}，即

$$t_{w2}=T+t_{w1}$$

其中

$$t_{w1}=0.45R_{ext}C_{ext}$$

式中，R_{ext}为其外接定时电阻，C_{ext}为其外接定时电容。

由 74LS221 组成的逻辑控制电路如图 13.2-14 所示。当 $1B$=1 时，触发脉冲从 $1A$ 端输入，在触发端的负跳变作用下，输出端 $1Q$ 可获得一正脉冲，采用相同的连接可在 2 端获得一负脉冲，其波形关系正好满足图 13.2-9(b)所示的υ_5和υ_4的要求。

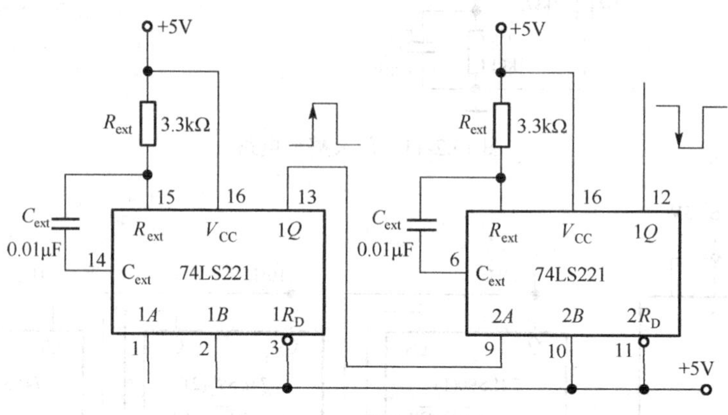

图 13.2-14 逻辑控制电路

（4）闸门电路

闸门电路由与非门组成，该电路有两个输入端和一个输出端，一个输入端接时基电路输出，另一个输入端接整形后的被测量方波信号，输出信号控制计数器，如图 13.2-15 虚线框部分所示。

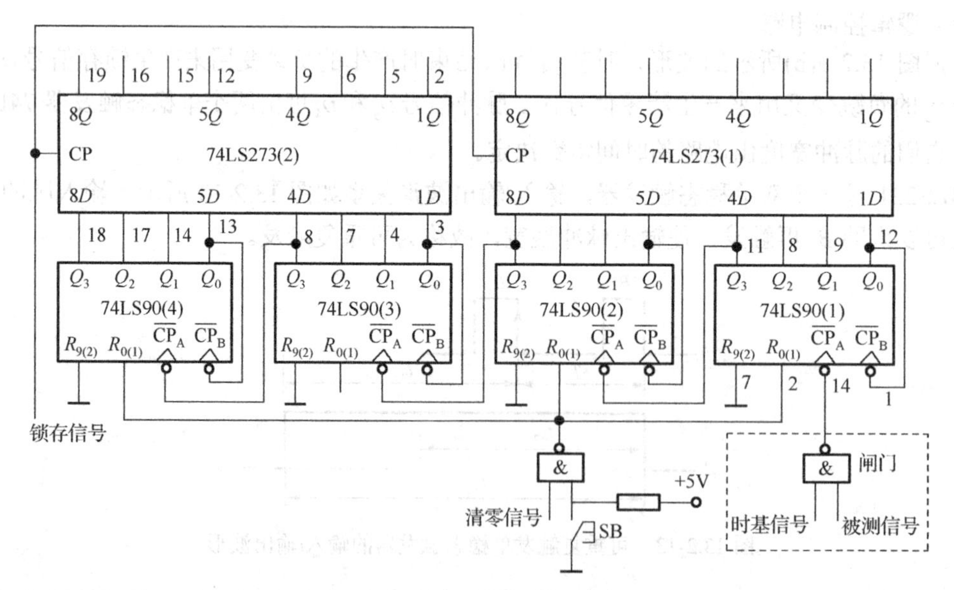

图 13.2-15 计数锁存电路

闸门是否开通受时基信号的控制，当时基信号为高电平时，闸门开启，而当时基信号为低电平时，闸门关闭。显然，只有在闸门开启的时间内，被测信号才能通过闸门进入计数器，计数器计数时间就是闸门开启时间。可见，时基信号的宽度一定时，闸门的输出值正比于被测信号的频率，计数显示系统再把闸门的输出结果显示出来，就可以得到被测信号的频率。

（5）计数锁存电路

计数锁存电路由计数器和锁存器组成，计数锁存电路如图 13.2-15 所示。

① 计数器

根据题意频率值由 4 位数字显示，则计数器可采用 4 片 74LS90 级联构成。

② 锁存器

锁存器的作用是将计数器在 1s 结束时所计的数进行锁存，使显示器能稳定地显示此时计数器的值。选用 8 位锁存器 74LS273 可以完成上述功能。

（6）译码显示电路

读者可自行参照相关章节进行自行设计。

13.3　数字电子技术课程设计项目

13.3.1　交通灯控制电路

（1）设计一个十字路口的交通灯控制电路，要求甲车道和乙车道两条交叉道路上的车辆交替通行，每次通行时间都设为 25s。

（2）要求黄灯先亮 5s，才能变换运行车道。

（3）黄灯亮时，要求每秒闪烁一次。

13.3.2　双钮电子锁

（1）两个按钮 A 和 B，开锁密码可自设，如（3、5、7、9）。

（2）若按 B 钮，则门铃响（嘀、嗒…）。

（3）开锁过程：按三下 A，按一下 B，则 3579 中的“3”即被输入；接着按 5 下 A，按一下 B，则输入“5”；以此类推，直到输入完“9”，按 B，则锁被打开——用发光管 KS 表示。

（4）报警：在输入 3、5、6、9 过程后，如果输入与密码不同，则报警；用发光管 BJ 表示，同时发出“嘟、嘟…”的报警声音。

（5）用一个开关表示关门（即闭锁）。

13.3.3　数字电子钟

（1）准确计时，具有时、分、秒数字显示（23 时 59 分 59 秒）。

（2）具有校时功能。

（3）整点报时。

13.3.4　红外线数字转速表

（1）设计 4 位数字显示红外线转速表，探头采用红外线发光管。

（2）测速范围为 0000～9999 转/min，实现近距离测量。

（3）发射的红外线用一定的频率脉冲调制，接收的调制脉冲通过解调电路得到被测转动体的转速脉冲。

13.3.5 病房呼叫系统

（1）用1～5个开关模拟5个病房的呼叫输入信号，1号优先级最高；1～5优先级依次降低。

（2）用一个数码管显示呼叫信号的号码；没有信号呼叫时显示0；有多个信号呼叫时，显示优先级最高的呼叫号（其他呼叫号用指示灯显示）。

（3）凡有呼叫发出5s的呼叫声。

（4）对低优先级的呼叫进行存储，处理完高优先级的呼叫，再进行低优先级呼叫的处理。

13.3.6 乒乓球游戏机

（1）用8个发光二极管表示球；用两个按钮分别表示甲、乙两个球员的球拍。

（2）一方发球后，球以固定速度向另一方运动（发光二极管依次点亮），当球达到最后一个发光二极管时，对方击球（按下按钮），球将向相反方向运动，在其他时候击球视为犯规，给对方加1分；都犯规，各自加1分。

（3）甲、乙各有一数码管计分。

（4）裁判有一个按钮，使系统初始化，每次得分后，按下一次。

13.3.7 彩灯控制器

（1）有10只LED，L0, …, L9。

（2）显示方式：

① 先奇数灯依次灭；

② 再偶数灯依次灭；

③ 再由L0到L9依次灭。

（3）显示间隔时间0.5～1s可调。

第四篇

Multisim 仿真

第14章　Multisim 12 仿真

在当代社会中，计算机技术发展迅猛，并在全世界得到了广泛的普及。人类的许多活动都或多或少地依赖或借助计算机的应用。用于电路仿真的 EDA 工具很多，Multisim 12 是早期 Electric Workbench（EWB）的升级换代的产品。Multisim 12 提供了更强大的电子仿真设计界面，能进行射频、PSpice、VHDL、基本电路等方面的仿真。Multisim 12 提供更为方便的电路图和文件管理功能。更重要的是，Multisim 12 使电路原理图的仿真与 PCB 设计的 Ultiboard 仿真软件结合构成新一代的 EWB 软件，使电子线路的仿真与印制电路板的制作更为高效。下面对 Multisim 12 的基本功能与基本操作做简单的介绍，使读者能够较快地熟悉 Multisim 12 的基本操作。

14.1　Multisim 12 的基本操作界面

在完成 Multisim 12 的安装之后，便可以打开安装好的软件，进行所需要的电路仿真、电路分析和综合等内容。

Multisim 12 与 Windows 的操作界面极其类似，具有操作简单、易于使用的特点。Multisim 12 操作界面如图 14.1-1 所示。

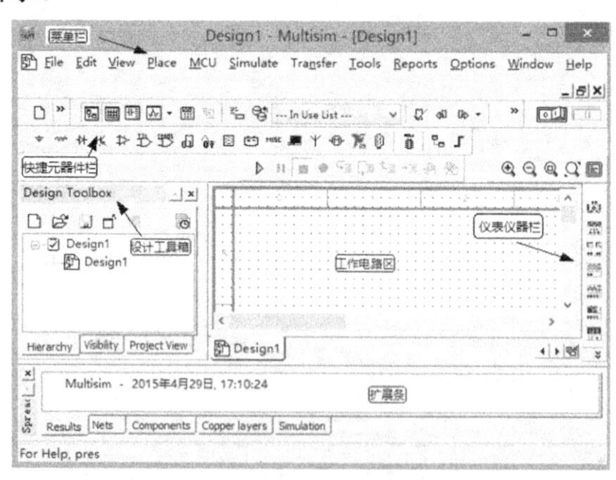

图 14.1-1　Multisim 12 操作界面

1．菜单栏

Multisim 12 的菜单栏提供了文件操作、文本编辑和放置元件等选项，如图 14.1-2 所示。

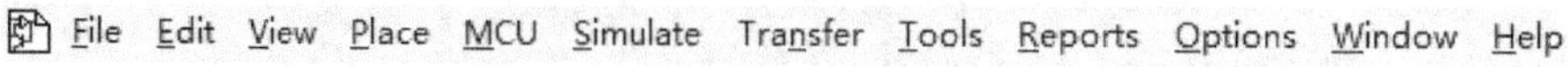

File　Edit　View　Place　MCU　Simulate　Transfer　Tools　Reports　Options　Window　Help

图 14.1-2　菜单栏

（1）File 菜单

此菜单提供了打开、新建、保存文件等操作，用法和 Windows 类似。

（2）Edit 菜单

此菜单提供了 undo、redo、cut、copy、paste、dilete、find 和 select all 选项。

（3）View 菜单

此菜单提供了以下功能：全屏显示，缩放基本操作界面，绘制电路工作区的显示方式，以及扩展条、工具栏、电路的文本描述、工具栏是否显示。

（4）Place 菜单

此菜单提供了绘制仿真电路所需要的元器件、节点、导线、各种连接接口，以及文本框、标题栏等文字内容。

（5）MCU 菜单

此菜单提供了带有微控制器的嵌入式电路仿真功能。

（6）Simulate 菜单

此菜单提供启/停电路仿真和仿真所需的各种仪器仪表；提供对电路的各种分析（如放大电路的静态工作点分析）；设置仿真环境及 PSpice、VHDL 等仿真操作。

（7）Transfer 传送菜单

此菜单提供了仿真电路的各种数据同 Ultiboard 12 的数据互相传送的功能。

（8）Tools 菜单

此菜单主要提供各种常用电路，如放大电路、滤波电路、555 时基电路的快捷创建向导，用户可以通过 Tools 菜单快速创建上述电路。另外，各种电路元器件可以通过 Tools 菜单修改其外部形状。

（9）Reports 菜单

此菜单用于产生制定元件存储在数据库中的所有信息和当前电路窗口中所有元件的详细参数报告。

（10）Options 菜单

此菜单提供了根据用户需要设置电路功能、存放模式及工作界面的选项。

（11）Window 菜单

此菜单提供了对一个电路的子电路及各个不同的仿真电路同时浏览的功能。

（12）Help 菜单

Help 菜单可以打开 Help 窗口，其中含有帮助主题目录、帮助主题索引及版本说明等选项。

2. 设计工具箱（Design Toolbox）

设计工具箱如图 14.1-3 所示，此图位于基本工作界面的左半部分，主要用于层次电路的显示。例如，Multisim12 刚启动时，自动默认命名的 Design1 电路就以分层化的形式展示出来。

Hierarchy 标签用于对不同电路的分层显示。单击图 14.1-3 的 🗋 将生成 Design2 电路，两个电路以层次化的形式表现。

Project View 标签用于显示同一电路的不同页。

Visibility 标签用于设置是否显示电路的各种参数标识，如集成电路的引脚名、引脚号。

【Schematic Capture】包含如下选项，如图 14.1-4 所示。

- RefDes：本层包含工作区中所有元器件的参考注释，如 R1、U1A。
- Label and value：本层包含元器件的标签和值。
- Attribute and variant：本层包含元器件的特征和变量。
- Net name：本层包含元器件引脚的名称。
- Footprint/Symbol pin Number：本层包含元器件引脚的序号。
- Bus entry label：本层包含总线的入口标签。

【Fixed Annotations】包含如下内容。

- ERC error mark：本层包含放置在原理图上的电气规则错误标记。
- Static probe：本层包含可以放置到原理图上的静态测量探针。
- Comment：本层包含用户添加在工作区的任何注释。
- Text/Graphics：本层包含用户放置工作区的任何图形。

3．仪器仪表工具栏

仪器仪表工具栏中列出了用户在电路仿真中将会用到的各种仪器仪表，如图 14.1-5 所示。

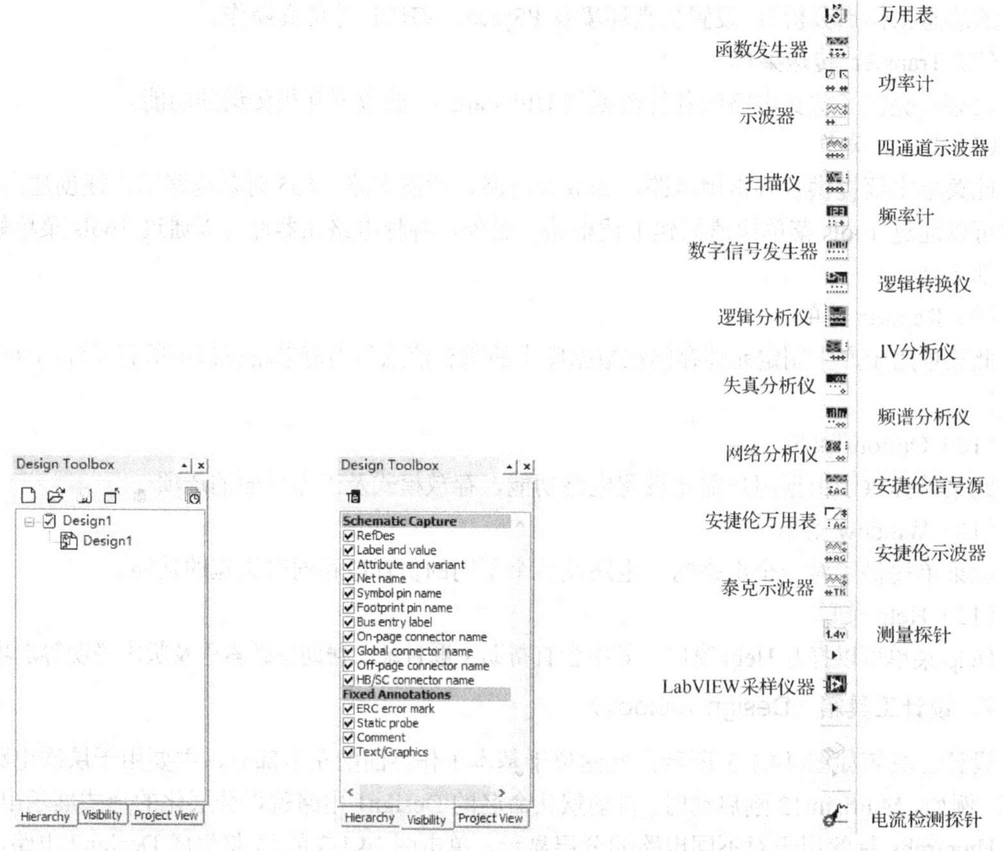

图 14.1-3 【Hierarchy】选项卡　图 14.1-4 【Visibility】选项卡　图 14.1-5 仪器仪表工具栏

4．元器件栏

元器件栏位于工具栏下方，如图 14.1-6 所示。该栏以元器件库按钮的形式分类集中了大量的常用仿真元器件。

5. 扩展条（SpreadSheet View）

扩展条位于图 14.1-1 中的最下方。它的作用是：当电路存在错误时，用于显示检验结果及作为当前电路文件中所有元件的属性统计窗口，还可以通过该窗口改变元件部分或全部属性。

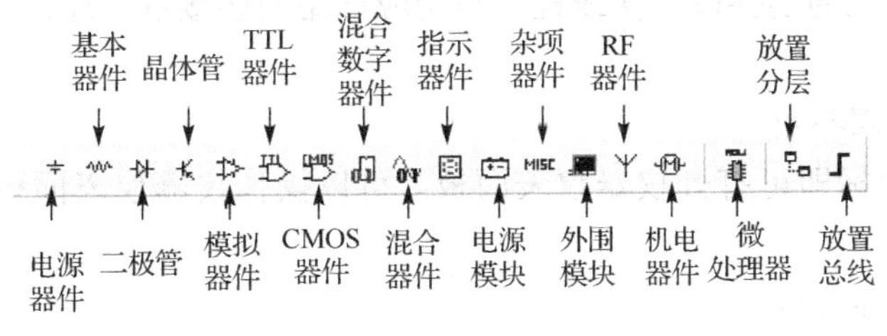

图 14.1-6　元器件栏

6. 工作电路区

工作电路区是基本工作界面的最主要部分，用来创建需要检验的各种实际电路。

14.2　仪器仪表的使用方法

在仿真分析时，电路的运行状态和结果要通过测试仪器来显示。Multisim 12 提供了大量用于仿真电路测试和研究的虚拟仪器，这些仪器的操作、使用、设置、连接和观测过程与真实仪器几乎完全相同，就好像在真实的实验环境中使用仪器。在仿真过程中，这些仪器能够非常方便地监测电路工作情况并对仿真结果进行显示与测量。另外从 Multisim 8 以后，利用 NI 公司的灵活、方便、图形化的虚拟仪器编程软件 LabVIEW，可以定制出自己的虚拟仪器，用于仿真电路的测试和控制，从而将仿真电路与实测环境、真实测试设备有机地联系起来，极大地扩展了 Multisim 12 的仿真功能。Multisim 12 提供的虚拟仪器仪表有 18 种，电流检测探针一个，4 种 LabVIEW 采用仪器和动态实时测量探针一个。

仿真使用时，在工作窗口内的虚拟仪器仪表有两个显示界面：添加在电路中的仪器仪表图标和进行操作显示的仪器仪表面板。例如，图 14.2-1 所示的数字万用表的面板和图标。用户通过仪器仪表图标的外接端子将仪器仪表接入电路，双击设备仪表图标弹出或隐藏仪器仪表面板，并在仪器仪表面板中进行设置、显示等操作，用户还可以用鼠标将仪器仪表面板拖动到电路窗口的任何位置，允许在一个电路中同时使用多个相同的虚拟仪器仪表，只不过它们的仪器仪表标识不同。

大多数虚拟仪器仪表具有以下特性。

- 仿真的同时可以改变设置。
- 仿真的同时重新连接仪器仪表端子。
- 在一个电路图中可以使用多个同样的仪器仪表。
- 对仪器仪表进行的设置和显示的数据可以与电路图一起保存。
- 仪器仪表显示的数据同样可以在图形窗口中显示。
- 仪器仪表面板可以根据屏幕分辨率和显示模式自动改变其大小。
- 可以非常方便地将显示结果保存为 txt、lvm 和 tdm 格式的数据文件。使用虚拟仪器仪表时，可按下列步骤操作。

（1）选用仪器仪表

从仪器仪表库中将所选用的仪器仪表图标拖放到电路工作区即可，类似元器件的拖放。

（2）连接仪器仪表

将仪器仪表图标上的连接端（接线柱）与相应电路的连接点相连，连线过程类似元器件的连接。

（3）设置仪器仪表参数

双击仪器仪表图标即可打开仪器仪表面板。可以操作仪器仪表面板上相应按钮设置对话窗口的数据。

（4）改变仪器仪表参数

在测量和观察过程中，可以根据测量和观察结果来改变仪器仪表参数的设置，如示波器、逻辑分析仪等。

（5）使用仪器仪表

仪器仪表的连接和参数设置完成后，选择 Simulate→Run 菜单命令，或者单击“仿真运行”按钮，在仪器仪表面板上就显示出所要测量的数据和波形，并可以像操作实际仪器仪表一样，在仪器仪表面板上操作虚拟仪器仪表。

下面对电路中经常使用的仪器仪表进行介绍。

● 数字万用表

虚拟数字万用表（Multimeter）和实验室中使用的数字万用表一样，是一种多用途的常用仪表，它能完成交直流电压、电流和电阻的测量显示，也可以用分贝（dB）形式显示电压和电流。数字万用表的图标和面板如图 14.2-1 所示。

1. 连接

图标上的“+、–”两个端子用来连接所要测试的端点，与实际万用表一样，连接时必须遵循并测电压、串入回路测电流的原则。

2. 面板操作

单击面板上的各按钮可进行相应的操作或设置：单击 A 按钮，测量电流；单击 V 按钮，测量电压；单击 Ω 按钮，测量电阻；单击 dB 按钮，测量衰减分贝（dB）；单击“～”按钮，测量交流，而其测量值是有效值；单击“–”按钮，测量直流，如果用于测量交流，则其测量值是其交流的平均值；单击 Set 按钮，可设置数字万用表内部的参数。万用表参数设置对话框如图 14.2-2 所示。

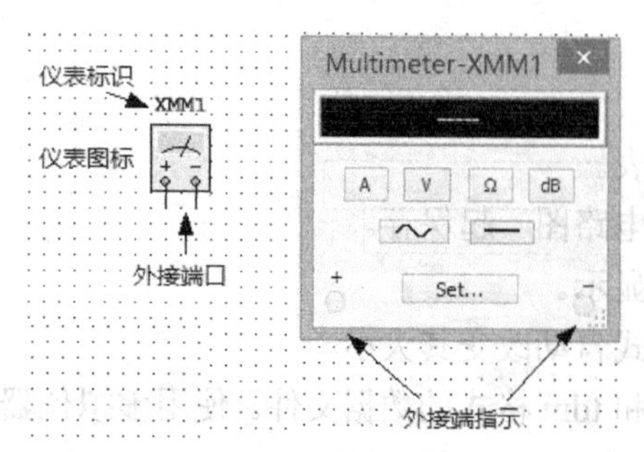

图 14.2-1 数字万用表的面板和图标

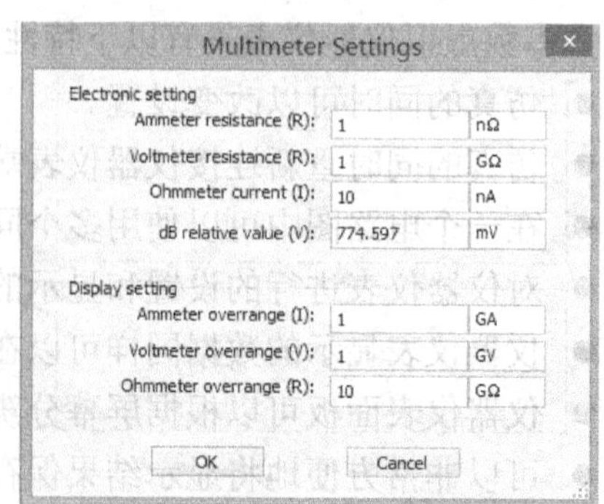

图 14.2-2 万用表参数设置

Electronic Setting 选项区域：Ammeter resistance(R)用于设置电流表内阻，其大小影响电流的测量精度；Voltmeter resistance(R)用于设置电压表内阻，其大小影响电压的测量精度；Ohmmeter current(I)是指用欧姆表测量时流过欧姆表的电流；dB Relative Value(V)是指在输入电压上叠加的初值，用以防止输入电压为 0 时无法计算分贝值的错误。

Display Setting 选项区域：用以设置被测值自动显示单位的量程。

函数信号发生器和示波器

函数信号发生器（Function Generator）和示波器（Oscilloscope）都是电子电路中使用很频繁的仪器，掌握该仪器的使用，有利于更好地完成电路仿真及分析。

● 函数信号发生器

函数信号发生器是可提供正弦波、三角波、方波三种不同波形信号的电压信号源。双击函数信号发生器图标，可以放大函数信号发生器的面板。函数信号发生器的面板和图标如图 14.2-3 所示。对于三角波和方波，还可以设置其占空比（Duty Cycle）大小。对偏置电压（Offset）的设置可将正弦波、三角波和方波叠加到设置的偏置电压上输出。

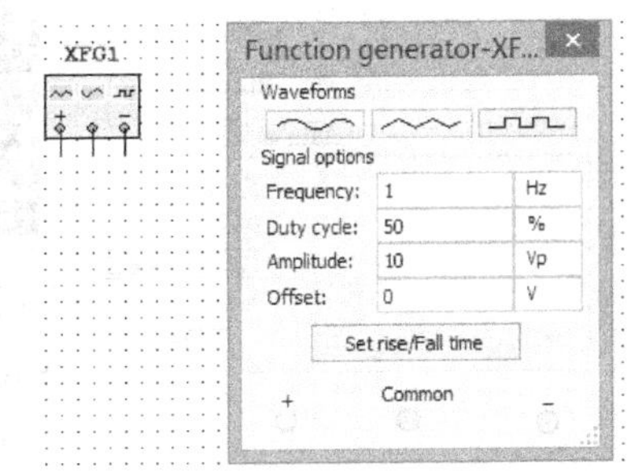

图 14.2-3 函数信号发生器的面板和图标

1. 连接

连接“+”和 Common 端子，输出信号为正极性信号；连接“-”和 Common 端子，输出信号为负极性信号；连接“+”和“-”端子，输出信号为双极性信号；同时连接“+”、Common 和“-”端子，并把 Common 端子与电路的公共地（Ground）符号相连，则输出两个幅值相等、极性相反的信号。

2. 面板操作

通过函数信号发生器面板上的相关设置，可改变输出电压信号的波形类型、大小、占空比或偏置电压等。

（1）Waveforms 选项区域：选择输出信号的波形类型，有正弦波、三角波和方波三种周期性信号供选择。

（2）Signal Options 选项区域：对 Waveforms 选项区域中选取的信号进行相关参数设置。

Frequency：设置所要产生信号的频率，范围为 1～999Hz。

Duty Cycle：设置所要产生的占空比，范围为 1%～99%。此设置仅对三角波和方波有效。

Amplitude：设置所要产生信号的幅值，范围为 1V～99TV。

Offset：设置偏置电压值，范围为 1～999V。

Set Rise/Fall Time 按钮：设置所要产生信号的上升时间与下降时间，该按钮只有在方波时有效。单击该按钮后，弹出参数输入对话框，其可选范围 1ns～500ms，默认值为 10ns。

● 示波器

示波器（Oscilloscope）是电子电路中使用中最为频繁的仪器之一，可用来观察信号波形，并可测量信号幅值、频率及周期等参数。在 Multisim 12 中配有双通道示波器（Oscilloscope）、

4 通道示波器（Four Channel Oscilloscope）和专业的安捷伦示波器（Agilent Oscilloscope）及泰克示波器（Tektronix Oscilloscope）。下面先介绍双通道示波器和 4 通道示波器的使用。

1. 双通道示波器

双通道示波器的面板和图标如图 14.2-4 所示。

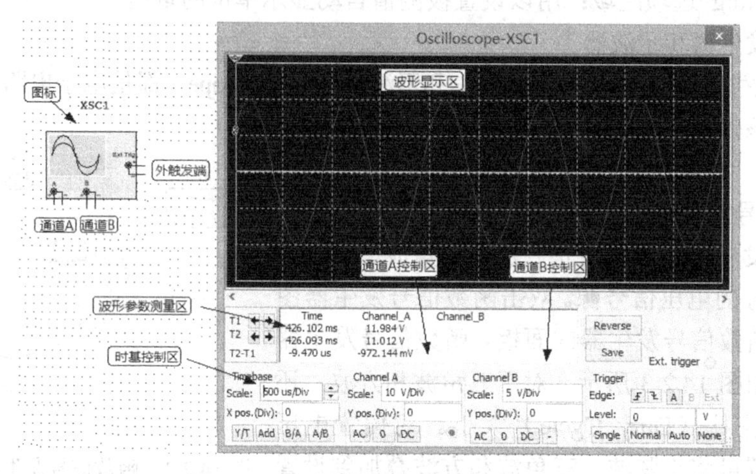

图 14.2-4 双通道示波器的面板和图标

（1）连接

双通道示波器包括通道 A 和 B 及外触发端三对接线端。它与实际示波器连接稍有不同：一是两通道 A、B 可以只用一根线与被测点连线，测量的是该点与地之间的波形；二是可以将示波器每个通道的“+”和“−”端接在某两点上，示波器显示的是这两点之间的电压波形。

（2）面板操作

下面介绍示波器面板的功能及其操作。

① Time base 选项区域：用来设置 x 轴方向扫描线和扫描速率。

Scale：选择 x 轴方向每个刻度代表的时间。单击该栏后将出现刻度翻转列表，根据所测信号频率的高低，上下翻转可选择适当的值。

X position：表示 x 轴方向扫描线的起始位置，修改其设置可使扫描线左右移动。

Y/T：表示 y 轴方向显示 A、B 通道的输入信号，x 轴方向显示扫描线，并按设置时间进行扫描。当显示随时间变化的信号波形（如三角波、方波及正弦波等）时，常采用此种方式。

B/A 或 A/B：表示将 A 通道信号作为 x 轴扫描信号，将 B 通道信号施加在 y 轴上；而 A/B 与 B/A 相反。以上这两种方式可用于观察图形。

Add：表示 x 轴按设置时间进行扫描，而 y 轴方向显示 A、B 通道的输入信号之和。

② Channel A 选项区域：用来设置 y 轴方向 A 通道输入信号的刻度。

Scale：表示 A 通道输入信号的每格电压值。单击该栏后将出现刻度翻转列表，根据所测信号电压的大小，上下翻转可选择适当的值。

Y position：表示扫描线在显示屏幕中的上下位置。当其值大于零时，扫描线在屏幕中线上侧，反之在下侧。

AC：表示交流耦合，测量信号中的交流分量（相当于实际电路中加入了隔直电容）。

DC：表示直接耦合，测量信号的交直流。

0：表示将输入端对地短路。

③ Channel B 选项区域：用来设置 y 轴方向 B 通道输入信号的刻度。其设置与 Channel A 选项区域相同。

④ Trigger 选项区域：用来设置示波器的触发方式。

Edge：表示边沿触发（上升沿或下降沿）。

Level：用于选择触发电平的电压大小（阈值电压）。

Single：单次扫描方式按钮，按下该按钮后示波器处于单次扫描等待状态，触发信号来到后开始一次扫描。

Normal：常态扫描方式按钮，这种扫描方式是没有触发信号时就没有扫描线。

Auto：自动扫描方式按钮，这种扫描方式不论有无触发信号时均有扫描线，一般情况下使用 Auto 方式。

A 或 B：表示 A 通道或 B 通道的输入信号作为同步 x 轴时基扫描的触发信号。

Ext：用示波器图标上触发端连接的信号作为触发信号来同步 x 轴的时基扫描。

⑤ 测量波形参数：在屏幕上有 T1、T2 两条可以左右移动的读数指针，指针上方注有 1、2 的三角形标志，用以读取所显示波形的具体数值，并将其显示在屏幕下方的测量数据显示区。数据区显示 T1 时刻、T2 时刻、T2～T1 时段读取的三组数据，每组数据都包括时间值（Time）、信号 1 的幅值（Channel A）和信号 2 的幅值（Channel B）。用户可拖动读数指针左右移动，或通过单击数据区左侧 T1、T2 的箭头按钮移动指针线的方式读取数值。

通过以上操作，可以测量信号的周期、脉冲信号的宽度、上升时间及下降时间等参数。为了测量方便准确，单击 Pause 按钮，使波形“冻结”，然后再测量。

⑥ 设置信号波形显示颜色：只要设置 A、B 通道连接线的颜色，则波形的显示颜色便与连接线的颜色相同。方法是快速双击连接导线，在弹出的对话框中设置连接线的颜色即可。

⑦ 改变屏幕背景颜色：单击操作面板右下方的 Reverse 按钮，即可改变屏幕背景的颜色。如要将屏幕背景恢复为原色，再次单击 Reverse 按钮即可。

⑧ 存储读数：对于读数指针测量的数据，单击操作面板右下方的 Save 按钮即可将其存储。数据存储为 ASCII 码格式。

⑨ 移动波形：在动态显示时，单击 Pause 按钮，可通过改变 X position 的设置而左右移动波形；通过拖动显示屏幕下沿的滚动条也可以左右移动波形。

14.3 案 例 演 示

【案例】电阻串联分压电路

第一步：选取元件。一个 12V 电源，参考接地点一个，以及一个 20kΩ 电阻和一个 10kΩ 电阻，如图 14.3-1 所示。为建立该实验仿真电路，选择菜单栏中 Place→Component 命令，如图 14.3-2 所示。弹出图 14.3-3 所示的对话框。此对话框中包含以下几个部分。

（1）Database 下拉列表框。单击该框后可以看到三个选项。其中，Master Database 表示主元器件库，Corporate Database 表示公司元器件库，User Database 表示用户元器件库。其中主元器件库中存储了大量常用的元器件，仿真时所需的器件基本都能从主元器件库中找到。后两个是为用户的特殊需要而设计的。

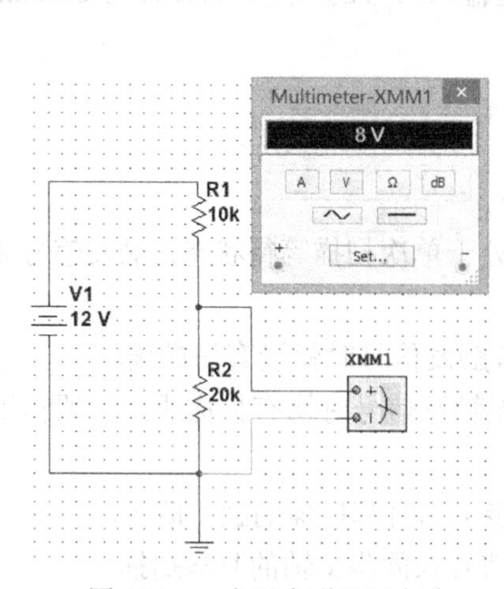

图 14.3-1　电阻串联分压电路

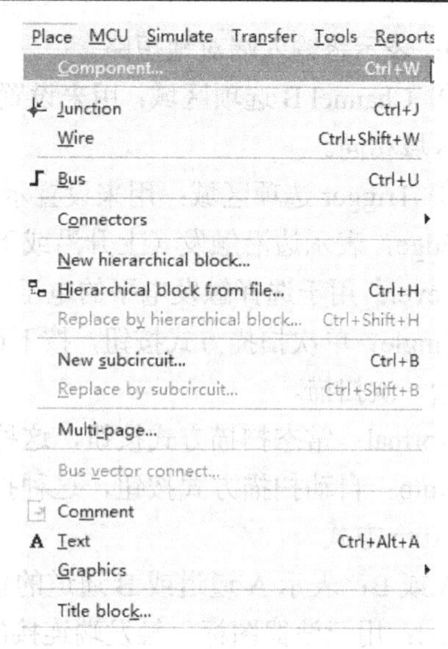

图 14.3-2　调用元件菜单路径

（2）Group 下拉列表框。Group 即为某一元器件库中的各种不同族元件的集合，如图 14.3-4 所示。图中一共表示了 17 种元件族。它们分别为：电源器件族、基本元件族、二极管族、晶体管族、模拟器件、TTL 器件族、CMOS 器件族、MCU 模块、高级外设模块、数字器件、数模混合器件、指示仿真结果器件、电源相关器件、其他器件、射频器件、机械电子器件族和 NI 元器件族。

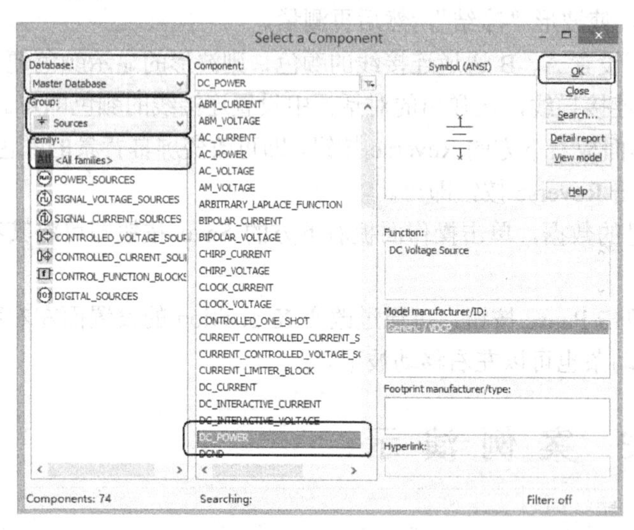

图 14.3-3　选择器件对话框

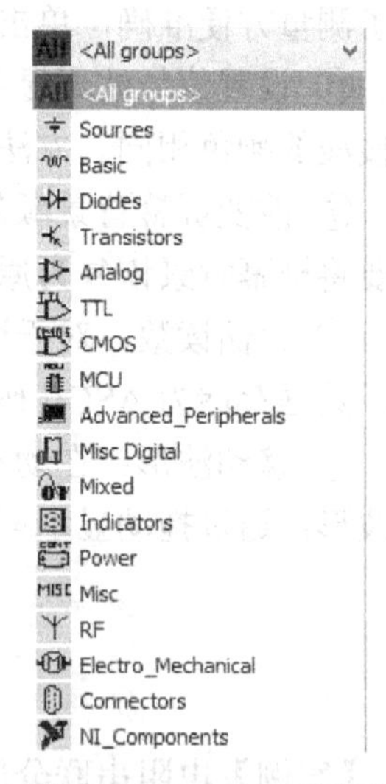

图 14.3-4　Group 下拉菜单

从中可以看出，选择元器件时，首先应确定某一数据库，然后确定元件族，接着确定某种系列。在本例中，首先选择+12V 直流电源，在 Database 框中选中 Master Database，在 Group 框中选择 Basic，这时在 Family 框中出现了 Select all family 选项和对应于电源器件族的 7 种不同的系列——依次为直流电压源、单信号交流电压源、单信号交流电流源、受控电压源和受控电流源、控制函数、数字时钟源。对于本例，自然选择 POWER_SOURCES 系列，选中后对话框变为图 14.3-3 所示，这时在 Select a Component 对话框中的 Component 框中一共列出来 10 个具体元件，单击每个选项，右侧的 Symbol、Function、Model manufacturer 等文本框都会给出元器件的外框、功能、封装模式等描述。

本例中按图 14.3-3 完成选择设置，然后单击 OK 按钮，会看到在用户绘制电路工作区有一个直流电源的虚影在随着鼠标移动，将鼠标移到相应位置后单击鼠标左键，此时，一个直流电源已经放置在工作区中。

放置电阻，还可以单击元器件栏的电阻器件库，如图 14.3-5 所示，放置一个 20kΩ 电阻和一个 10kΩ 电阻，出现图 14.3-6 所示的 Select a Component 对话框，通过筛选条件 Master Database 和 Basic Group，找到 RESTSTOR Family，选择需要的电阻大小，如没有需要的电阻阻值，可以放置好元件过后，双击电阻元件，出现 Resistor 对话框，如图 14.3-7 所示，直接在里面 Resistance 一栏修改相应的阻值。

图 14.3-5　元器件栏

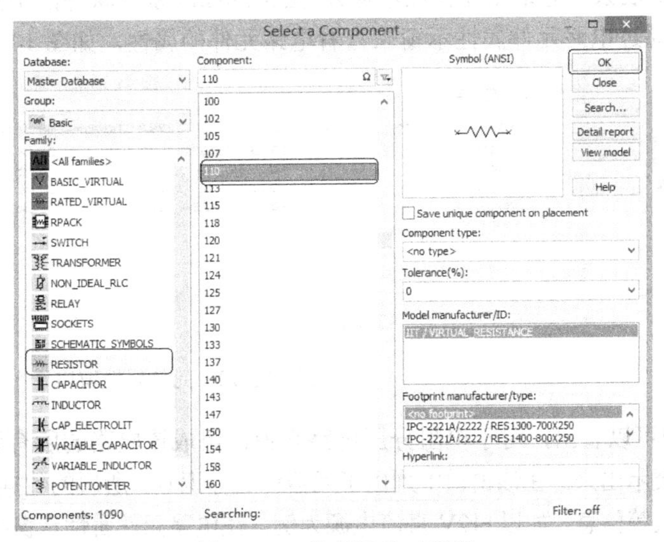

图 14.3-6　选择器件对话框

第二步：连接元件之间的导线。待所有的元器件都已经放置于工作区后，开始连接导线。将鼠标移动到所要连接的器件的某个引脚上，这时，鼠标指针会变成中间有实心黑点的十字形，如图 14.3-8 所示，单击左键后，就会拖动出一条黑实线。将此黑实线移动到所要连接的元件的引脚时，再次单击鼠标，这时就会将两个元器件的引脚连接起来。

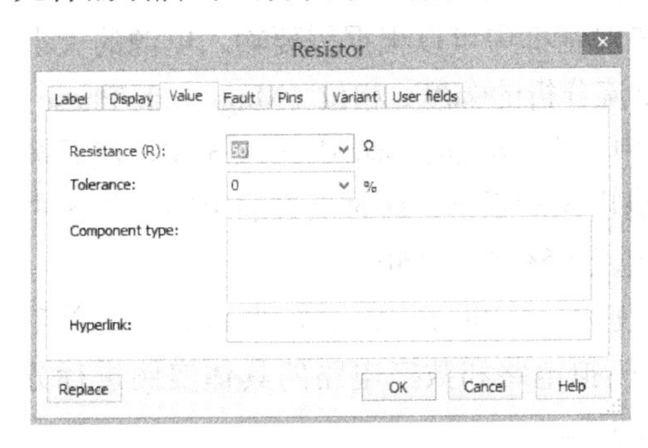

图 14.3-7　电阻参数修改对话框

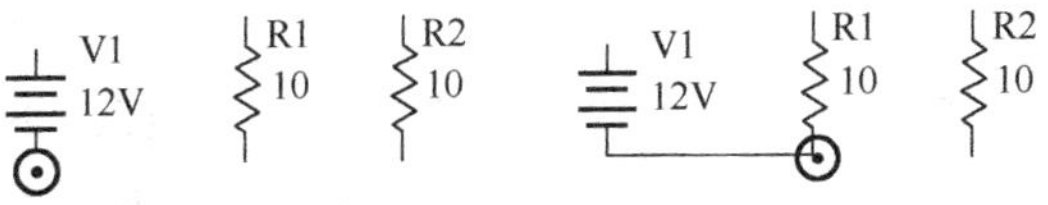

图 14.3-8　元器件连接示意图

第三步：分析仿真电路。Multisim 12 为仿真电路提供了两种分析方法，即利用 Multisim 12 提供的虚拟仪表观测仿真电路的某项参数和利用 Multisim 12 提供的分析功能。

本例中选择第一种分析方法：选择 Simulation→Instrument→Multimeter 命令，与放置元器件类似，此时随着鼠标指针移动的是一个万用表。完成万用表的放置后，将万用表按照前述方法与电路相连。然后双击万用表的图标，就出现图 14.3-9 所示的界面。也可以采用第二种分析方法，只需选择 Simulation→Analyses 命令即可。这两种分析方法实质上是等同的，只是对于 Multisim 12 的操作来说稍有不同。

按照上述办法连接的电路如图 14.3-1 所示。选择 Simulation→Run 命令开始仿真，结果如图 14.3-9 所示。

第四步：保存电路。创建电路、编辑电路、仿真分析等工作完成后，就可以将电路文件存盘，存盘的方法与其他 Windows 应用软件一样，第一次保存新创建的电路文件时，默认文件名为 Design1.msll，当然，也可以更改文件名和存放路径。

第五步：说明扩展条（电路元件属性示窗）。在 Multisim 系列软件的不同版本中创建了一个电路以后，可以通过电路元件属性示窗来查看电路元件的属性，如图 14.3-10 所示。

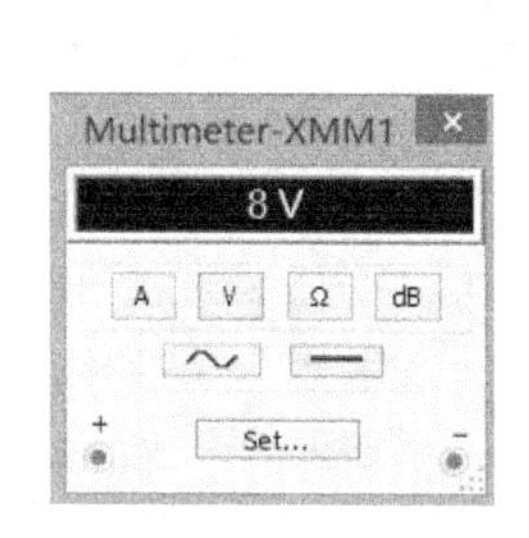

图 14.3-9 电压表

Export

Ref...	Sheet	Section	Section name	Family	Value	Tolerance	Manufacturer	Footprint
Gro...	Design1			POWER_SOURCES			Generic	
R1	Design1			NON_IDEAL_RLC	10k		Generic	
R2	Design1			NON_IDEAL_RLC	20k		Generic	
V1	Design1			POWER_SOURCES	12 V		Generic	
XMM1	Design1							

Spreadsheet View

Results | Nets | Components | Copper layers | Simulation

图 14.3-10 元件属性窗口

从图 14.3-9 中可以看出，对于电阻分压电路来说，组成该电路的所有元器件的清单通过电路元件属性示窗展示出来。在该窗口中列出了元器件的标识号、所属的数据库和元件系列、参数值，以及封装模式等信息。如以+12V 直流电源为例，在电路元件属性示窗中可以清楚地看到：它的标识号为 V1，属于 POWER_SOURCE 系列，数值为 12V 等。还可以通过电路元件属性视窗快速地更改元件的部分或某一属性。例如，在本例中，将直流电压源的数值大小改变，可以通过电路元件属性示窗来进行，方法如下：鼠标指向电路元件属性示窗中的 Component 标签 Value 选项后，双击 12V 之后，弹出图 14.3-11 所示的对话框。

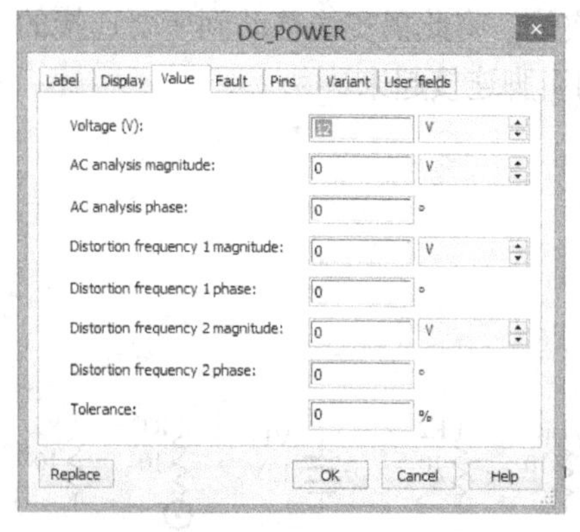

图 14.3-11 电压参数修改对话框

在图 14.3-11 所示的对话框中，选择 Value 标签，可以看到，在该对话框中可以根据需要输入电源的大小（Voltage）及交流分析的幅度、相位（Magnitude/Phase）等参数。本例中，在 Voltage 选项中输入 50V，然后按“OK”按钮，退出该对话框，这时上方的电路工作区中的直流电源的值已经变为了+50V。

以上就是使用 Multisim 12 分析电路的最简单工程，下面通过模拟电路和数字电路的具体实例进行分析，讲解更多功能。

14.4 案 例 集

【案例 1】桥式整流电路分析

根据二极管的单向导电特性，可以实现信号的整流。桥式整流电路是应用非常广泛的电路之一。本案例是对桥式整流电路进行分析和仿真。

操作方法：

（1）按图 14.4-1 所示连接电路。

（2）设置信号发生器参数如下。

① 信号类型：正弦信号。

② Frequency：100Hz。

③ Amplitude：10Vp。

（3）运行电路仿真，通过示波器查看输入/输出波形，如图 14.4-2 所示。

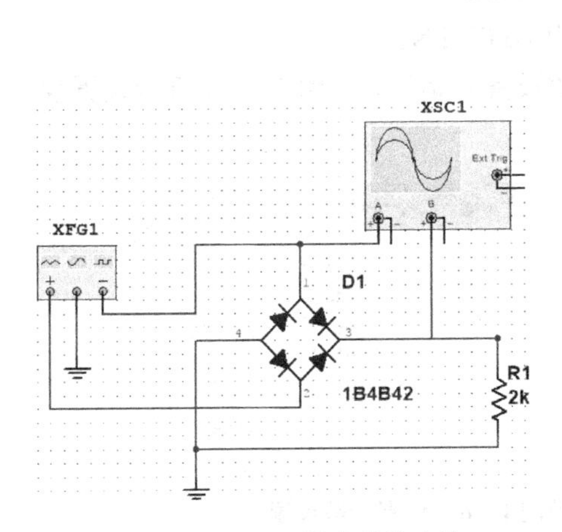

图 14.4-1　桥式整流电路

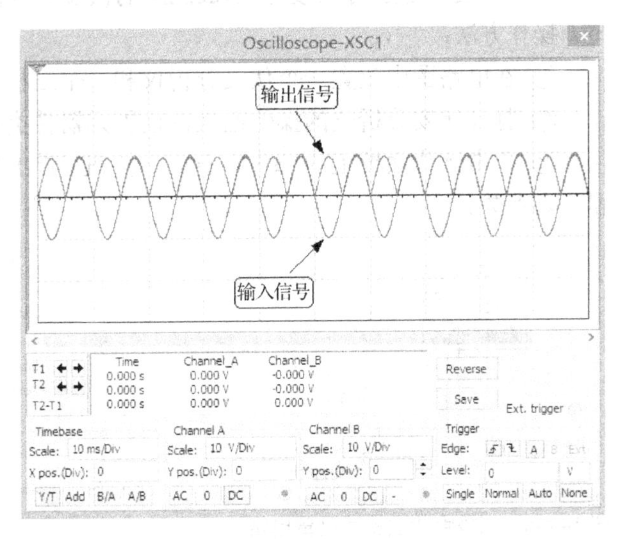

图 14.4-2　仿真结果

（4）通过输出波形可以看出，加在电阻两端的电压为直流脉动电压，但电压大小值是波动的。为此，还需要对该电路进行平滑处理。

（5）按图 14.4-3 所示进行电路修改。

（6）运行电路仿真，结果如图 14.4-4(a)所示。

（7）由图 14.4-4(a)所示可以看出，加在电阻两端的电压脉动明显减小，但是还存在一定的波动，如果要进一步降低输出电压的脉动性，可增大电容的容量，如当电容的容量增大到 10000μF 时的仿真结果如图 14.4-4(b)所示。

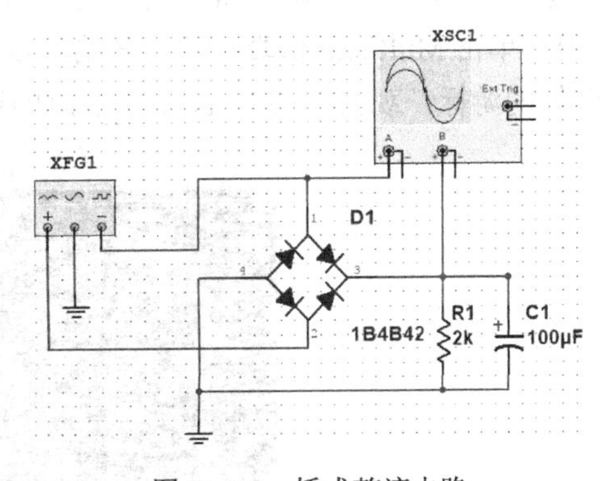

图 14.4-3　桥式整流电路

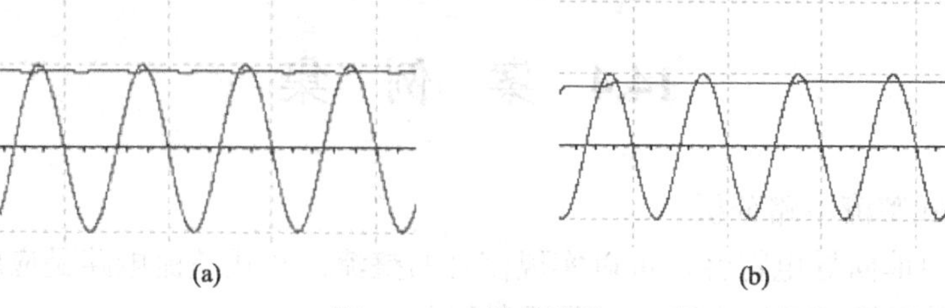

图 14.4-4 仿真结果

【案例 2】三极管特性测试

（1）三极管基础知识。半导体三极管也称为晶体三极管，几乎可以说是电子电路中最重要的器件，其最主要的功能是电流放大和开关作用有三个电极；二极管是由一个 PN 结构成的，三极管则由两个 PN 结构成。三极管的三个电极公用的一个电极称为基极，用字母 b 表示，另外两个电极称为集电极（用字母 c 表示）和发射极（用字母 e 表示）。根据不同的组合方式，可以分为 NPN 型和 PNP 型三极管。

（2）本案例通过对三极管 2N2222A 的伏安特性的测量，熟悉三极管的特性。

操作方法：

① 在电路图中放置一个伏安分析仪和一个三极管 2N2222A。

② 打开伏安分析仪的操作面板，设置元器件类型为 BJT NPN。

③ 单击操作面板上的 Simulate param. 按钮，弹出参数设置对话框，按图 14.4-6 所示设置仪器仿真参数。

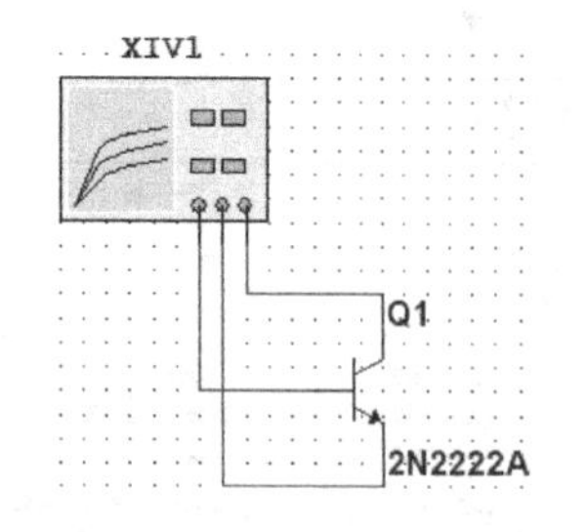

图 14.4-5 三极管伏安特性测量电路

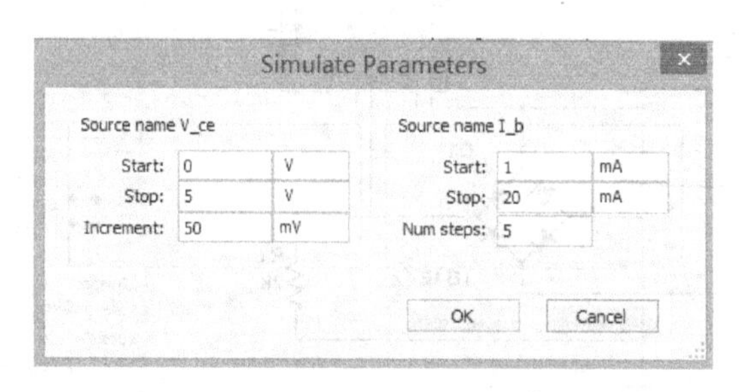

图 14.4-6 仿真参数设置

④ 按图 14.4-5 所示，将三极管连接到仪器上。

⑤ 单击 Multisim 仿真按钮，开始测量三极管的特性，测试结束后，停止仿真，调整伏安分析仪的游标，观察不同 V_ce 和 I_b 时的读数，如图 14.4-7 所示。

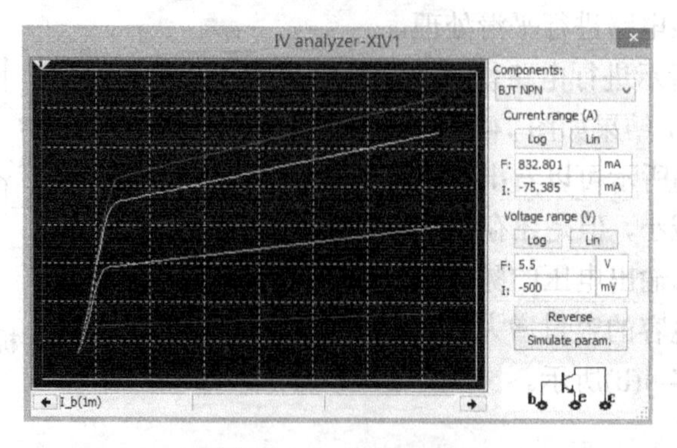

图 14.4-7 测量结果

⑥ 根据图 14.4-7 所示测量结果对 2N2222A 的伏安特性进行分析。

⑦ 如图 14.4-7 所示，调整游标到 V_ce=3.003V 时，选择 I_b=10mA 的曲线，测量得到 I_c=442.506mA。

【案例 3】单级共射放大电路

下面通过对简单的单管放大电路进行分析，加深读者对晶体管特性的认识和了解。

放大电路要完成信号的放大，必须选定一个工作点，以保证放大器工作在放大区。当放大电路的交流输入信号为 0 时，电路中各处的电压、电流都是直流信号，这称为直流状态或静止状态，简称静态。在静态工作的条件下，三极管各电极的直流电压和直流电流的数值，将在管子的特性曲线上确定一点，这点称为静态工作点。当放大电路输入信号后，电路中各处的电压、电流便处于变动状态，这时电路处于动态工作情况，简称动态。

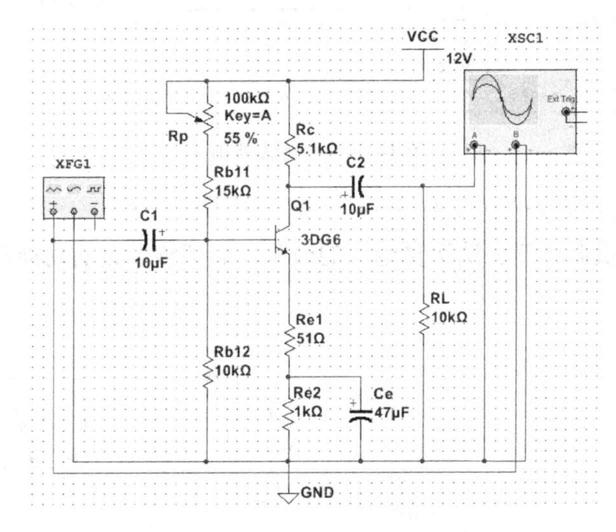

图 14.4-8 单级共射放大电路仿真

操作方法如下。

（1）选择 Simulate→Analysis→AC Analysis 命令，弹出 AC Analysis 对话框。

（2）设置 Frequency parameters 选项卡，如图 14.4-9 所示。

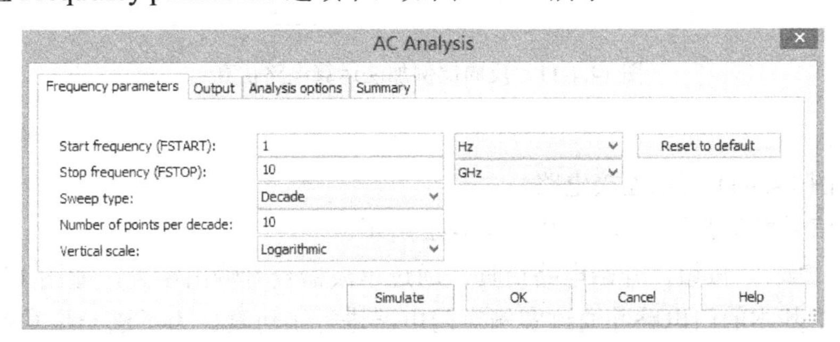

图 14.4-9 Frequency parameters 选项卡设置

（3）设置 Output 选项卡的分析变量为“V”。

（4）单击 按钮，分析结束后，弹出图示仪窗口，查看分析结果，如图 14.4-10 所示，如果波形不适合，可以修改 Channel A 和 Channel B 的值，方便实验者观察波形。

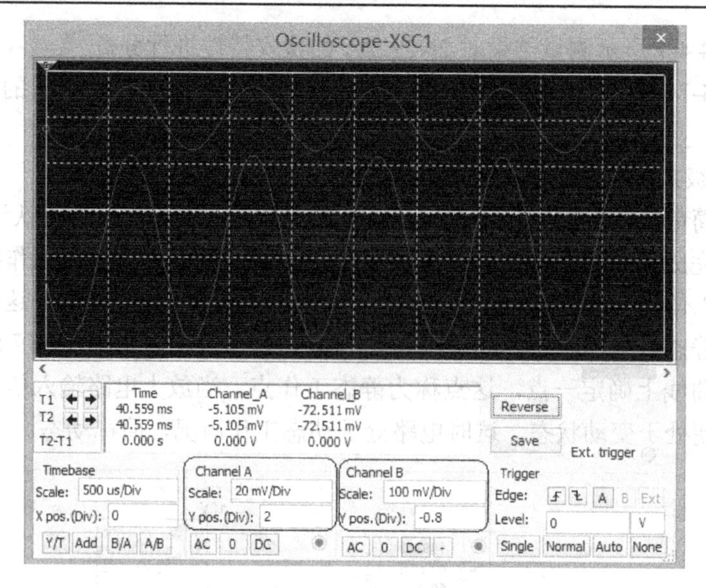

图 14.4-10　仿真波形

【案例 4】反向比例加法运算电路

本案例是通过对反向比例加法运算电路的仿真，验证该电路的功能和性质，仿真电路如图 14.4-11 所示。

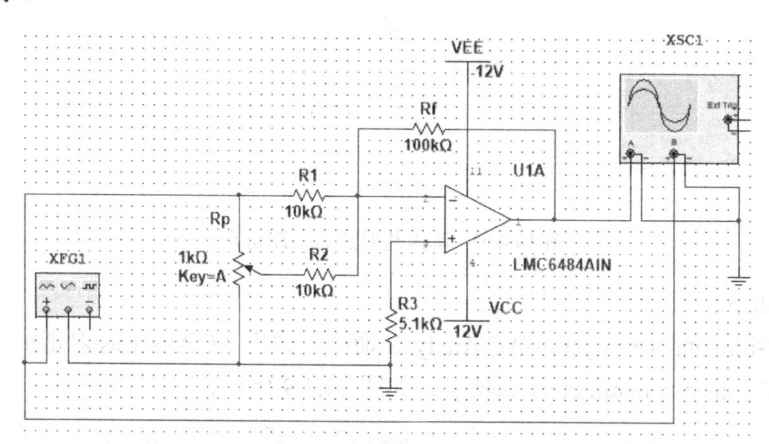

图 14.4-11　反向比例加法运算电路仿真

操作方法：

（1）按照图 14.4-11 所示连接电路。

（2）设置信号发生器的参数，如图 14.4-12 所示。

（3）单击 按钮，开始电路仿真，通过示波器查看输出结果，如图 14-4-13 所示。

前面介绍了基本的门电路并通过实例对门电路进行了仿真。为了进一步掌握门电路的特性，本节通过对组合逻辑电路的仿真，进一步掌握数字电路仿真的方法和技巧。

【案例 5】交通灯故障判断电路

本案例是通过对交通灯故障判断电路的仿真，验证该电路的功能和性质，电路如图 14.4-14 所示。

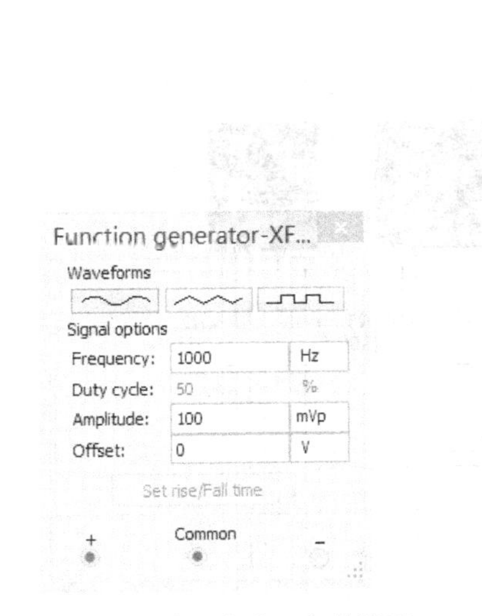

图 14.4-12　信号发生器参数设置

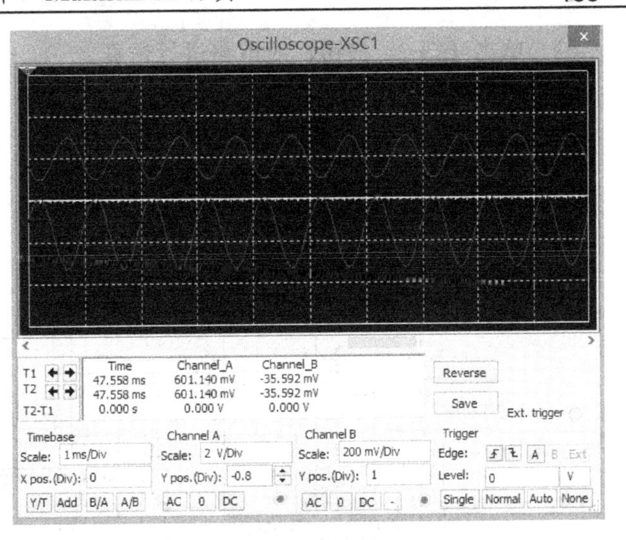

图 14.4-13　仿真结果

操作方法：

（1）在工作电路区中放置所需要的逻辑器件，仿真电路如图 14.4-14 所示。

（2）单击 按钮，对电路进行仿真。

（3）图中三排开关，若白点在左边表示打开，表示低电平 0，在右边表示开关闭合，表示高电平 1，当开关中任意两个处于右边即高电平 1 时，指示灯 LED1 的状态点亮，表示有故障，或者当开关中任意三个都处于左边，即低电平 0 时，指示灯 LED1 的状态点亮，也表示有故障。

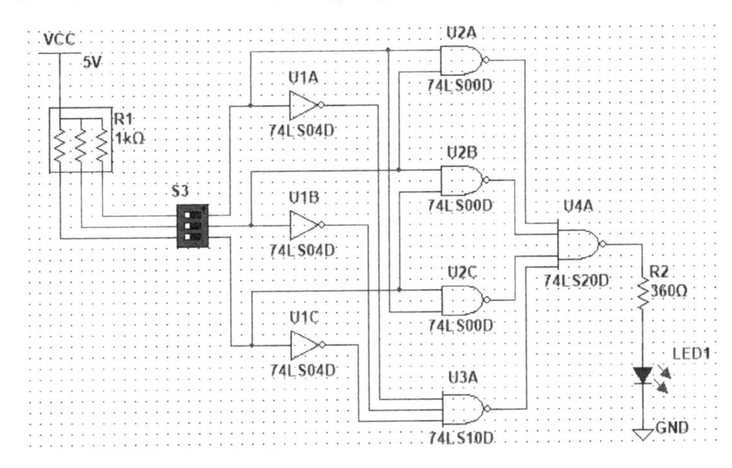

图 14.4-14　交通灯故障判断电路仿真

【案例 6】一百进制计数器

计数器是数字电路中使用最多的一个器件，它的主要功能是记录输入时钟脉冲的个数，除计数外，计数器还常用于分频、定时、脉冲产生及数字运算等。常用的集成计数器有异步计数器和同步计数器，本实验选用 4 位同步二进制计数器 74LS160D 和译码器 74LS48D。

操作方法：

（1）在工作电路区中放置所需要的逻辑器件，如图 14.4-15 所示。

（2）设置信号发生的参数，选择输出方波，设置频率 f=1Hz，V_p=4V。

（3）单击 [按钮图标] 按钮，对电路进行仿真。

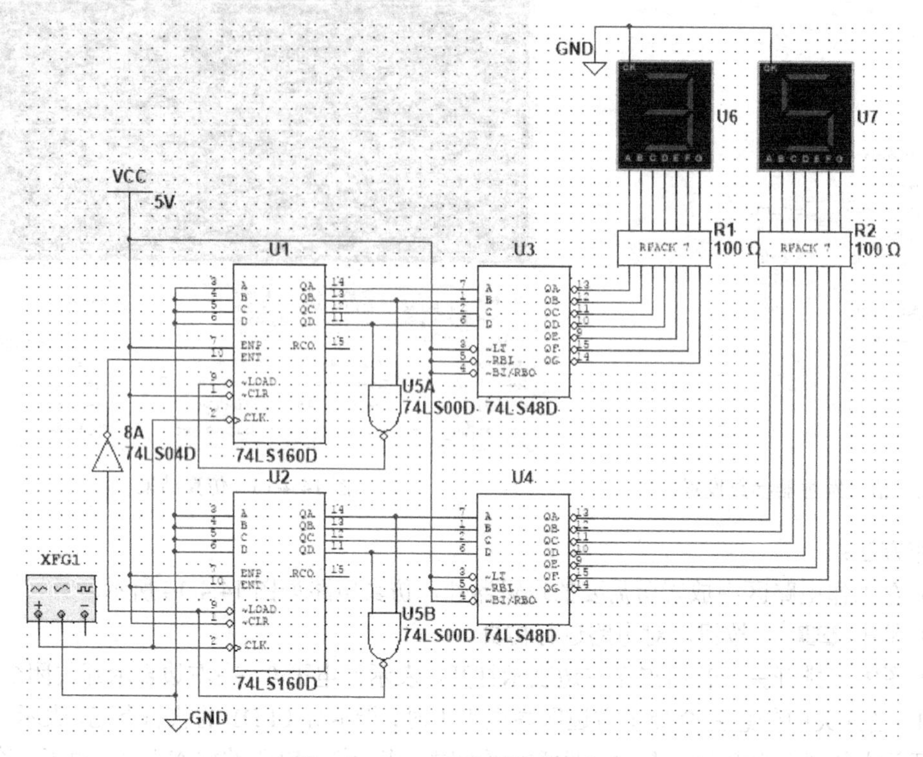

图 14.4-15 一百进制计数器仿真

第五篇

常用电子仪器

第15章 常用电子仪器

本章主要介绍信号发生器 SP1641B、SFG-1003 和 AFG-2025，示波器 DS1102E 和 GDS-1102，直流稳压电源 GDS-3303C 和数字万用表 UT39A 等常见电子仪器的技术参数和使用方法。同时也介绍了数模电路实验台 WBK-530。

15.1 SP1641B 函数信号发生器/计数器

SP1641B 函数信号发生器是一种精密的测试仪器，具有连续信号、扫频信号、函数信号、脉冲信号、点频正弦信号等多种输出信号和外部测频功能。

15.1.1 主要技术指标

1．函数信号发生器的技术指标

（1）主函数输出频率

0.1Hz～3MHz 按十进制分类共分 8 挡，每挡均以频率微调电位器实现频率调节。

（2）输出信号阻抗

函数、点频输出：50Ω；TTL/CMOS 输出：600Ω。

（3）输出波形

函数输出：正弦波、三角波、方波（对称或非对称输出）；

TTL/CMOS 输出：脉冲波（CMOS 输出 f≤100kHz）。

（4）输出信号幅度

函数输出（1MΩ 负载）：（V_{p-p}～$20V_{p-p}$）±10%，连续可调；

TTL 输出（负载电阻≥600Ω）：“0”电平，≤0.8V；“1”电平，≥1.8V；

CMOS 输出（负载电阻≥2kΩ）：“0”电平，≤0.8V；“1”电平，≥5～15V 连续可调。

（5）输出信号类别

单频信号、扫频信号、调频信号（受外控）。

（6）输出信号衰减

0dB/20dB/40dB/60dB（0dB 衰减即为不衰减）。

（7）扫描方式

内扫描方式：线性/对数扫描方式；外扫描方式：由 VCF 输入信号决定。

（8）点频输出

频率：100Hz±2Hz；波形：正弦波；幅度：约为 $2V_{p-p}$。

2．计数器的技术指标

（1）频率测量方位：0.1Hz～50MHz。

（2）输入电压范围：30mV～2V（1Hz～50MHz）；150mV～2V（0.1～1Hz）。

（3）输入阻抗：500kΩ/30pF。

（4）适应波形：正弦波、方波。

15.1.2　面板功能介绍

SP1641B 函数信号发生器的前面板如图 15.1-1 所示，后面板如图 15.1-2 所示。

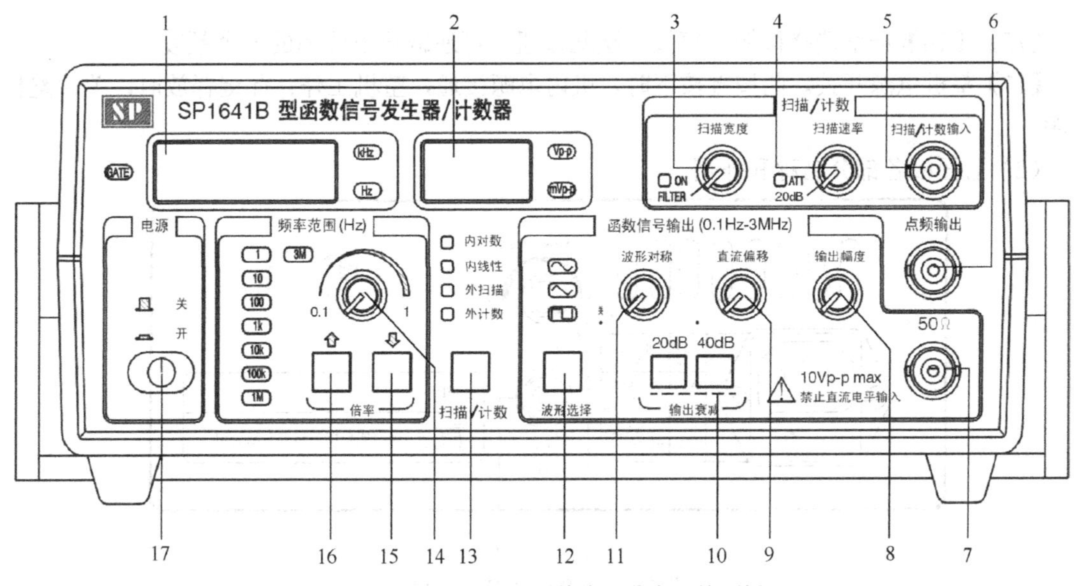

图 15.1-1　SP1641B 函数信号发生器前面板

（1）前面板各部分的名称和作用

【1】频率显示窗口。显示输出信号的频率或外测频信号的频率。

【2】幅度显示窗口。显示函数输出信号的幅度。

【3】扫描宽度调节旋钮。调节此电位器可调节扫频输出的频率范围。在外测频时，逆时针旋到底（绿灯亮），为外输入测量信号经过低通开关进入测量系统。

【4】扫描速率调节旋钮。调节此电位器可以改变内扫描的时间长短。在外测频时，逆时针旋到底（绿灯亮），为外输入测量信号经过衰减 20dB 进入测量系统。

【5】扫描/计数输入插座。当“扫描/计数键”【13】功能选择为外扫描状态或外测频功能时，外扫描控制信号或外测频信号由此输入。

【6】点频输出端。输出标准正弦波 1kHz 信号，输出幅度 $2V_{p-p}$。

【7】函数信号输出端。输出多种波形受控的函数信号，输出幅度 $20V_{p-p}$（1MΩ 负载），$10V_{p-p}$（50Ω 负载）。

【8】函数信号输出幅度调节旋钮。调节范围 20dB。

【9】函数输出信号直流电平偏移调节旋钮。调节范围：–5～+5V（50Ω 负载），–10～+10V（1MΩ 负载）。当电位器处在关位置时，则为 0 电平。

【10】输出波形对称性调节旋钮。调节此旋钮可改变输出信号的对称性。当电位器处在关位置时，则输出对称信号。

【11】函数信号输出幅度衰减开关。“20dB”、“40dB”键均不按下，输出信号不经衰减，直接输出到插座口。“20dB”、“40dB”键分别按下，则可选择 20dB 或 40dB 衰减。“20dB”、“40dB”同时按下时，为 60dB 衰减。

【12】函数输出波形选择按钮。可选择正弦波、三角波、脉冲波输出。

【13】“扫描/计数”按钮。可选择多种扫描方式和外测频方式。

【14】频率微调旋钮。调节此旋钮可微调输出信号频率，调节基数范围为从小于 0.1 到大于 1。

【15】、【16】倍率选择按钮。每按一次此按钮，可递减输出频率的一个频段。

【17】整机电源开关。此按键按下时，机内电源接通，整机工作；此键释放时，关掉整机电源。

（2）后面板各部分名称和作用

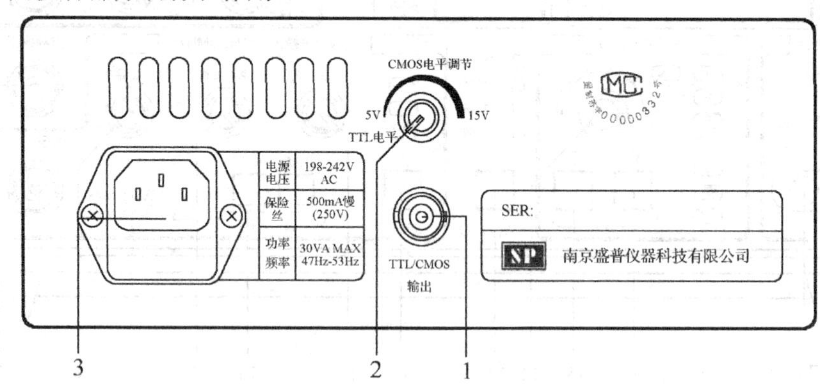

图 15.1-2　SP1641B 后面板

【1】电源插座。交流市电 220V 输入插座。内置保险丝容量为 0.5A。

【2】TTL/CMOS 电平调节。调节旋钮，“关”为 TTL 电平，打开则为 CMOS 电平，输出幅度可从 5V 调节到 15V。

【3】TTL/CMOS 输出插座。

15.1.3　使用说明

（1）50Ω 主函数信号输出

以终端连接 50Ω 匹配器的测试电缆，由前面板插座【7】输出函数信号。

由频率选择按钮【15】、【16】选定输出函数的频段，由频率调节器【14】调整输出信号频率，直到所需的工作频率值。

由波形选择按钮【12】选定输出函数的波形：正弦波、三角波、方波。

由信号幅度选择器【11】和【8】选定和调节输出信号的幅度。

由信号电平设定器【9】选定输出信号所携带的直流电平。

输出波形对称性调节器【10】可改变输出脉冲信号空度比，与此类似，输出波形为三角波或正弦波时可使三角波调变为锯齿波，正弦波调变为正与负半周分别为不同角频率的正弦波形，且可移相 180°。

（2）TTL 脉冲信号输出

除信号电平为标准的 TTL 电平外，其重复频率、调控操作均与函数输出信号一致。

以测试探头（终端不加 50Ω 匹配器）由输出插座【6】输出 TTL 脉冲信号。

（3）内扫描扫频信号输出

“扫描/计数”按钮【13】选定为内扫描方式。

分别调节扫描宽度调节器【3】和扫描速率调节器【4】获得所需的扫描信号输出。函数输出插座【7】、TTL 脉冲信号输出插座【6】均输出相应的内扫描的扫频信号。

（4）外扫描调频信号输出

“扫描/计数”按钮【13】选定为外扫描方式。

由外部输入插座【5】输入相应的控制信号，即可得到相应的受控扫描信号。

15.2　SFG-1003 合成函数信号发生器

SFG-1003 合成函数信号发生器采用了最新的直接数字合成（DDS）技术，产生稳定的且高分辨率的输出频率。

15.2.1　主要技术指标

（1）主函数输出频率：正弦波/方波，0.1Hz～3MHz；三角波，0.1Hz～1MHz。

（2）输出信号阻抗：50Ω±10%。

（3）输出波形：正弦波、三角波、方波。

（4）输出幅度：主函数，10$V_{p\text{-}p}$（50Ω 负载）；TTL，≥3dB。

（5）输出信号衰减：–40dB±1dB×1。

（6）直流偏置：–5～+5V（50Ω 负载）。

（7）占空比范围：25%～75%。

15.2.2　面板功能介绍

SFG-1003 合成函数信号发生器的前面板如图 15.2-1 所示，后面板如图 15.2-2 所示。

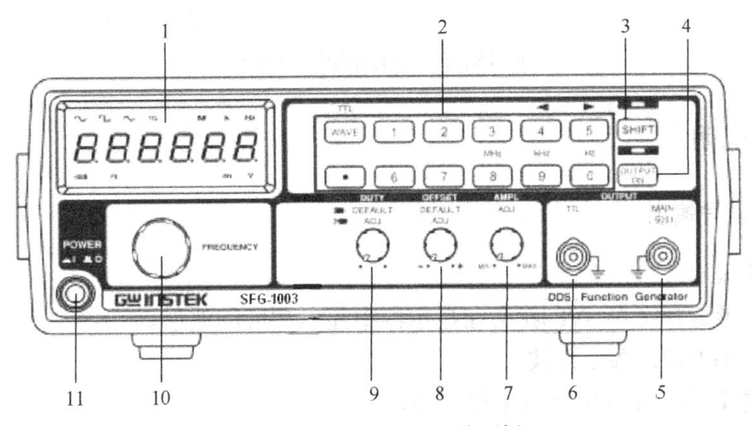

图 15.2-1　SFG-1003 前面板

（1）前面板各部分的名称和作用

【1】显示屏。显示输出信号的频率及函数类型。

【2】输入键盘。WAVE 选择波形：正弦，方波和三角波；数字输入键用作频率输入或频率单位输入。

【3】SHIFT 键。功能转换键。SHIFT→WAVE，开启 TTL 输出；SHIFT→8[MHz]（9[kHz]、0[Hz]），选择频率单位。

【4】输出开/关。输出 ON/OFF 切换，当输出键状态为 ON 时，LED 亮。

【5】主函数输出。主函数信号输出插座。

【6】TTL 输出。TTL 函数信号输出插座。

【7】振幅控制。设定正弦波、方波或三角波的幅度。当拉起此钮时，正弦波、方波或三角波的振幅将被衰减–40dB。

【8】直流偏置控制。当拉起按钮时，设置正弦波、方波和三角波的直流偏压范围。

【9】占空比控制。当拉起此钮时，可以在 25%～75%范围内调整方波或 TTL 的占空比。

【10】频率调节旋钮。频率调节。

【11】电源开关。整机电源开关。此按键按下时，机内电源接通，整机工作；此键释放，为关掉整机电源。

（2）后面板各部分名称和作用

【1】交流电压额定信息。

【2】接地端。

【3】交流电压输入。

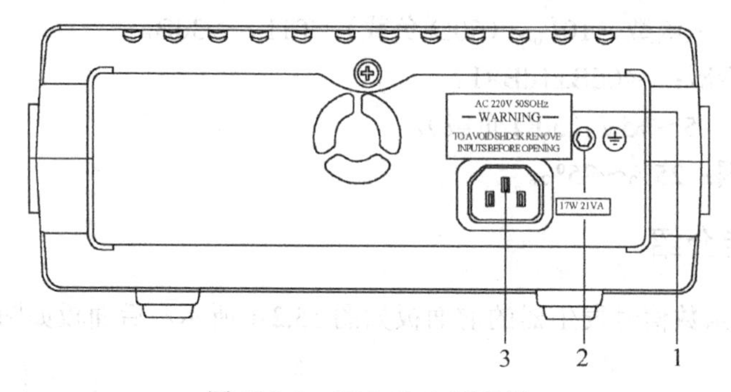

图 15.2-2 SFG-1003 后面板

15.2.3 使用说明

1. 主函数信号输出

（1）波形及输出

重复按下波形选择键 WAVE 就会在显示器中显示相应的波形。

∿正弦波；⎍方波；⋀三角波。

按下输出键【4】，LED 电量表示被打开。

输出插座选择【5】：振幅为 $10V_{p\text{-}p}$（接 50Ω负载时）；振幅为 $20V_{p\text{-}p}$（不接负载时）。

（2）频率设置

旋钮【10】是通过步进的方式改变频率大小，也可通过数字键改变频率大小。

数字键输入频率示例如下。

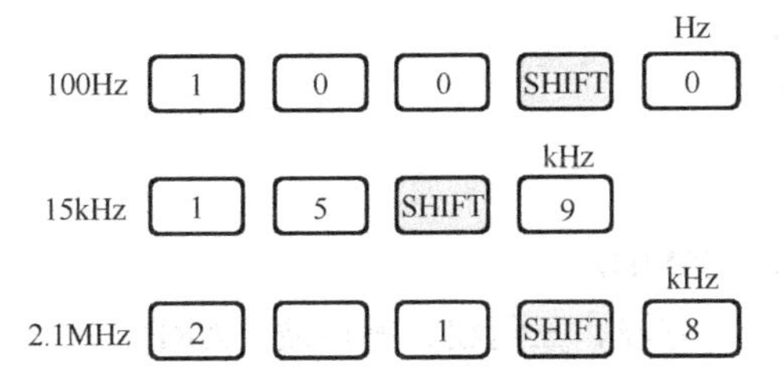

（3）幅度设置

该功能不适用于 TTL 信号输出。

调节幅度旋钮【7】，可改变输出信号的幅度大小，50Ω 输出阻抗下的范围为 2m$V_{p\text{-}p}$～10$V_{p\text{-}p}$。拉出幅度旋钮，输出信号幅度会衰减-40dB。

（4）占空比设置

该功能不适用于正弦波与三角波。

拉出占空比控制旋钮【9】即可调节输出信号的占空比，初始值为 50%，调节范围为 25%～75%。

（5）直流偏置设置

该功能不适用于 TTL 输出。

能够对正弦波、方波、三角波增大或减小偏移量，从而改变波形的电压偏移量。

拉出偏移量旋钮【8】以打开偏移量的设置。

2. TTL 脉冲信号输出

除信号电平为标准 TTL 电平外，其重复频率、调控操作均与函数信号一致。

测试探头由输出插座【6】输出 TTL 脉冲信号。

15.3 AFG-2025 任意函数信号发生器

AFG-2100/2000 系列任意波形信号发生器是一台以 DDS 技术为基础，涵盖正弦波、方波、三角波、噪声波及 20MSa/s 采样率的任意波形。0.1Hz 的分辨率和 1%～99%的方波（脉冲波）可调占空比功能，极大地扩展了它的应用范围。

15.3.1 主要技术参数

1. 性能

（1）使用 FPGA 的 DDS 技术提供高分辨率波形。

（2）25MHz DDS（直接数字合成）信号输出系列。

（3）0.1Hz 分辨率。

（4）任意波形能力：

- 20MSa/s 采样率；
- 10MHz 重复率；
- 4k-点波形长度；
- 10-bit 幅值分辨率；
- 10 组 4k 波形存储器。

2．特点

（1）频率范围：0.1Hz～25MHz。

（2）输出波形：正弦波、方波、三角波、噪声波、ARB。

（3）幅值范围：

0.1Hz～20MHz：1mV_{p-p}～10V_{p-p}（接 50Ω）；2mV_{p-p}～20V_{p-p}（开路）；

20～25MHz：1mV_{p-p}～5V_{p-p}（接 50Ω）；2mV_{p-p}～10V_{p-p}（开路）；

（4）存储/调取 10 组设置存储器。

（5）输出过载保护。

（6）计算机软件编辑 ARB（任意波形）。

15.3.2 面板介绍

AFG-2025 任意函数信号发生器的前面板如图 15.3-1 所示。

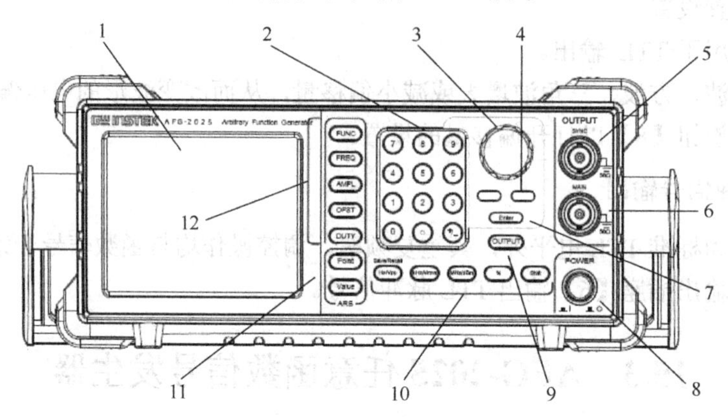

图 15.3-1 AFG-2025 前面板

【1】液晶显示。3.5"三色 LCD 显示。LCD 显示区分布如图 15.3-2 所示。

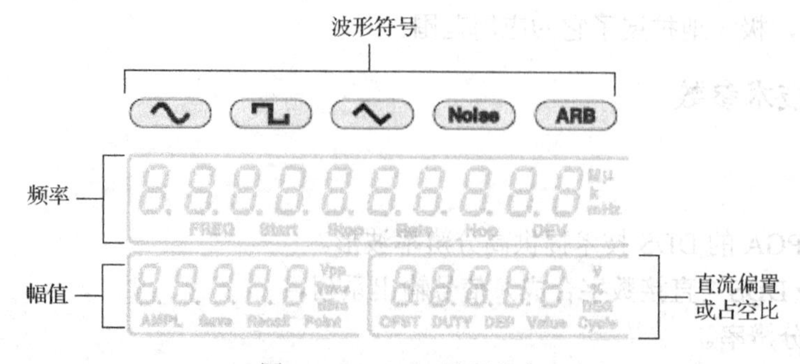

图 15.3-2 LCD 显示分布

【2】数字键盘。用于输入数值和参数，常与方向键和可调旋钮一起使用。

【3】功能旋钮。参数调节。在编辑数值和参数（步进一位）时与方向键一起使用。

【4】方向键。编辑参数时，用于选择数位。

【5】TTL 信号输出。SYNC 输出端口（50Ω 阻抗）。

【6】主函数输出。主输出端口（50Ω 阻抗）。

【7】确认按键。用于确认输入值。

【8】电源开关。启动/关闭仪器电源。

【9】输出开关。启动/关闭函数信号输出。

【10】单位选择按键。Hz/Vpp，选择单位 Hz 或 Vpp；Shift+Hz/Vpp，存储或调取波形；kHz/Vrms，选择单位 kHz 或 Vrms；MHz/dBm，选择单位 MHz 或 dBm；%，选择单位%；Shift，用于选择操作的第二功能。

【11】ARB 编辑键。Point 键设置 ARB 的点数；Value 键设置所选点的幅值。

【12】函数操作键。FUNC，选择函数类型；FREQ，函数频率设置；AMPL，函数幅值设置；OFST，直流偏置设置；DUTY，占空比设置。

AFG-2025 任意函数信号发生器的后面板如图 15.3-3 所示。

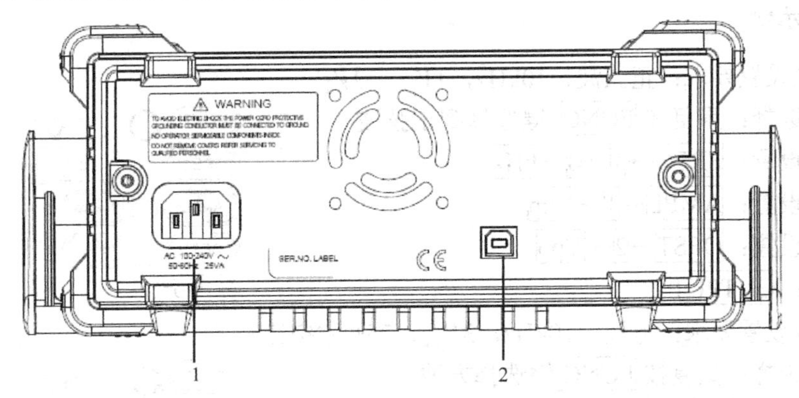

图 15.3-3　AFG-2025 后面板

【1】电源输入插座。

【2】USB 接口。

15.3.3　操作说明

1. 系统默认设置

仪器打电源后，LCD 显示默认设置。

函数类型：正弦波；函数频率：1kHz；函数幅值：100m$V_{\text{p-p}}$；偏置：0.00V_{dc}；输出单位：$V_{\text{p-p}}$；输出端：50Ω。

2. 部分功能操作说明

（1）波形选择

AFG-2025 提供 4 种标准波形，重复按下 FUNC 键即可选择所需的标准波形。

（2）频率设置

按下FREQ键，频率显示区FREQ图标闪烁，表示进入行频率设置状态。

使用方向键和功能旋钮配合调节频率大小。也可通过数字键输入区输入数字，然后选择单位来设置频率大小。

（3）幅值设置

按下AMPL键，第二显示区AMPL图标闪烁，表示进入幅值设置状态。

使用方向键和功能旋钮配合调节幅值大小。也可通过数字键输入区输入数字，然后选择单位来设置幅值频率大小。

3．波形的存储和调取

（1）存储波形

首先按下Shift，然后选择Save（Hz/Vpp键），最后确认（Enter）。

（2）调取波形

首先按下Shift，然后选择Save（Hz/Vpp键），再通过功能旋钮选择调取编号，最后按下确认（Enter）。

4．操作示例

（1）函数设置要求：正弦波，10kHz，1V_{p-p}，2V_{dc}

① 波形选择：重复按FUNC 键选择到正弦波

② 频率设置：FREQ→1→0→kHz

③ 幅值设置：AMPL→1→Vpp

④ 偏置设置：OFST→2→Vpp

⑤ 输出：OUTPUT

（2）函数设置要求：方波，10kHz，3V_{p-p}，75%占空比

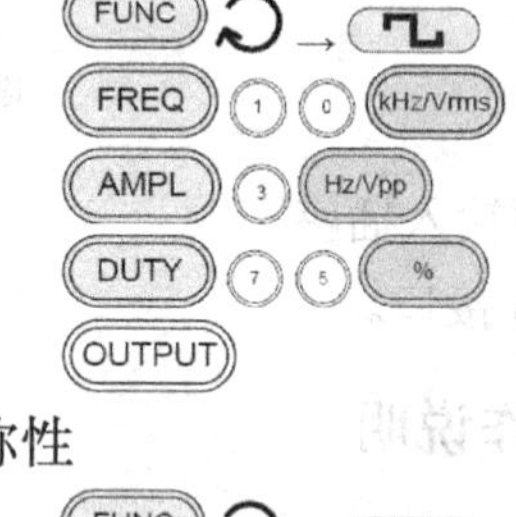

① 波形选择：重复按FUNC键选择方波

② 频率设置 FREQ→1→0→kHz

③ 幅值设置：AMPL→3→Vpp

④ 占空比设置：DUTY→7→5→%

⑤ 输出：OUTPUT

（3）函数设置要求：三角波，10kHz，3V_{p-p}，25%对称性

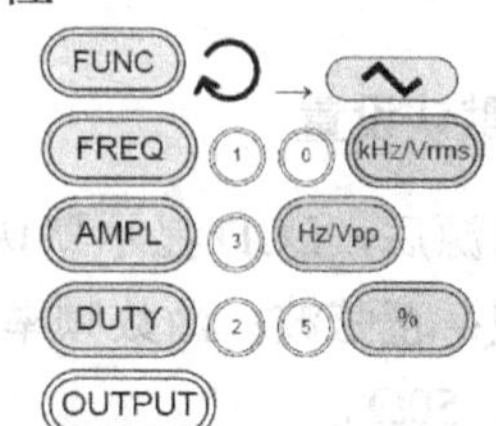

① 波形选择：重复按FUNC键选择方波

② 频率设置：FREQ→1→0→kHz

③ 幅值设置：AMPL→3→Vpp

④ 占空比设置：DUTY→2→5→%

⑤ 输出：OUTPUT

（4）任意函数设置

函数设置要求：2 ARB点，10kHz，1V_{p-p}

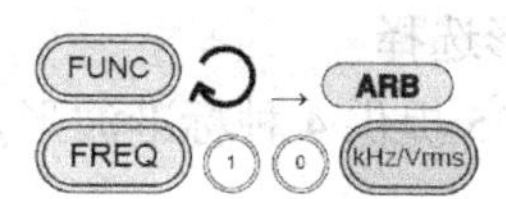

① 波形选择：重复按FUNC键选择ARB

② 频率设置：FREQ→1→0→kHz

③ 幅值设置：AMPL→1→Vpp
④ 0 点设置：Point→0→Enter
　0 点幅值设置：Value→5→1→1→Enter
⑤ 1 点设置：Point→1→Enter
　1 点幅度设置：Value→±→5→1→1→Enter
⑥ 输出：OUTPUT

AMPL 1 Hz/Vpp
Point 0 Enter
Value 5 1 1 Enter
Point 1 Enter
Value +/- 5 1 1 Enter
OUTPUT

15.4　DS1102E 数字式双踪示波器

15.4.1　概述

DS1102E 数字示波器前面板的设计清晰直观，完全符合传统仪器的使用习惯，方便用户操作。为加速调整，便于测量，可以直接使用 AUTO 键，将立即获得适合的波形显示和挡位设置。此外，高达 1GSa/s 的实时采样、25GSa/s 的等效采样率及强大的触发和分析能力，可帮助用户更快、更细致地观察、捕获和分析波形。

主要特色如下。

- 提供双模拟通道输入，最大 1GSa/s 实时采样率，25GSa/s 等效采样率，每通道带宽 100MHz。
- 16 个数字通道，可独立接通或关闭，或以 8 个为一组接通或关闭（仅 DS1000D 系列）。
- 5.6 英寸 64k 色 TFT LCD，波形显示更加清晰。
- 具有丰富的触发功能：边沿、脉宽、视频、斜率、交替、码型和持续时间触发。
- 独一无二的可调触发灵敏度，适合不同场合的需求。
- 自动测量 22 种波形参数，具有自动光标跟踪测量功能。
- 独特的波形录制和回放功能。
- 精细的延迟扫描功能。
- 内嵌 FFT 功能。
- 拥有 4 种实用的数字滤波器：LPF，HPF，BPF，BRF。
- Pass/Fail 检测功能，可通过光电隔离的 Pass/Fail 端口输出检测结果。
- 多重波形数学运算功能。
- 提供功能强大的上位机应用软件 UltraScope。
- 标准配置接口：USB Device，USB Host，RS232，支持 U 盘存储。
- 独特的锁键盘功能，满足工业生产需要。
- 支持远程命令控制。
- 嵌入式帮助菜单，方便信息获取。
- 多国语言菜单显示，支持中/英文输入。
- 支持 U 盘及本地存储器的文件存储。
- 模拟通道波形亮度可调。
- 波形显示可以自动设置 AUTO。
- 弹出式菜单显示，方便操作。

15.4.2 技术参数

（1）带宽：100MHz。

（2）存储深度：1Mpts（单通道），512Kpts（双通道）。

（3）通道数：双通道+外触发。

（4）实时采样率：1GSa/s（单通道），500MSa/s（双通道）。

（5）等效采样率：25GSa/s。

（6）时基范围：2ns/div～50s/div。

（7）触发模式：边沿、视频、脉宽、斜率、交替。

（8）垂直灵敏度：2mV/div～10V/div。

（9）垂直分辨率：8 bits。

（10）滚动范围：500ms/div～50s/div。

（11）光标测量：手动模式、追踪模式和自动测量模式。

（12）内部存储：10 组波形、10 组设置。

（13）U 盘存储：位图存储、CSV 存储、波形存储、设置存储。

（14）接口：USB Device，USB Host，RS-232，P/F Out（光电隔离）。

（15）显示：5.6 英寸 64k 色 TFT 彩色液晶屏，320 × 234 分辨率。

（16）电源：全球通用，100～127V/45～440Hz，100～240V/45～65Hz，50W 最大值。

15.4.3 功能面板介绍及说明

DS1102E 数字式双踪示波器的前面板如图 15.4-1 所示。

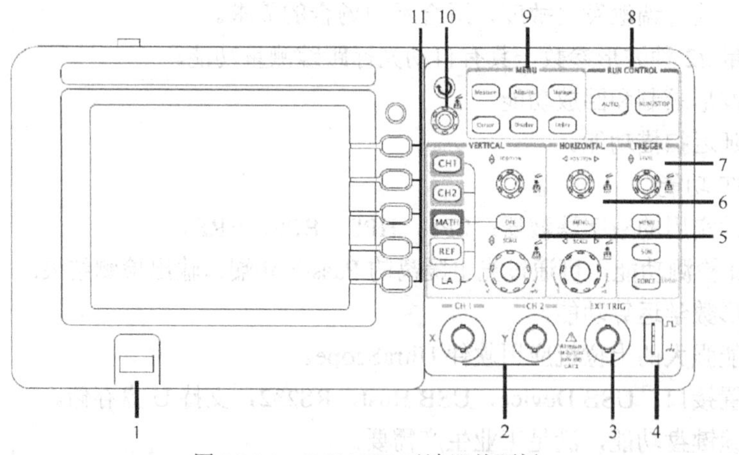

图 15.4-1 DS1102E 示波器前面板

【1】USB 接口；【2】信号输入通道；【3】外部触发输入；【4】探头补偿；【5】垂直控制；【6】水平控制；【7】触发控制；【8】运行控制；【9】常用菜单；【10】多功能旋钮；【11】菜单操作键。

（1）显示界面

显示屏幕为液晶显示。显示图像中除了波形外，还显示出许多有关波形和仪器控制设定值的细节。如图 15.4-2 所示。

【1】运行状态。

【2】显示当前波形窗口在内存中的位置。

【3】内存中的触发位置。

【4】当前波形窗口的触发位置。

【5】操作菜单。

【6】波形显示窗口。

【7】水平时基挡位状态。

【8】耦合及垂直挡位状态。

【9】通道 1 标志。

【10】通道 2 标志。

（2）垂直控制 VERTICL

垂直控制区如图 15.4-3 所示。使用垂直控制系统，可以用来显示波形，调节垂直尺和位置，以设定输入参数。

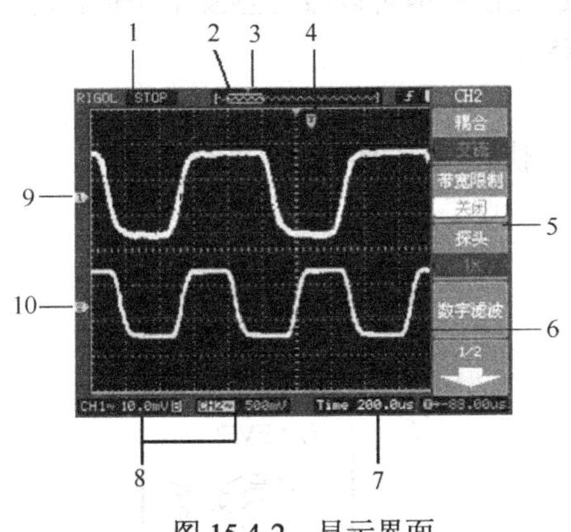

图 15.4-2　显示界面

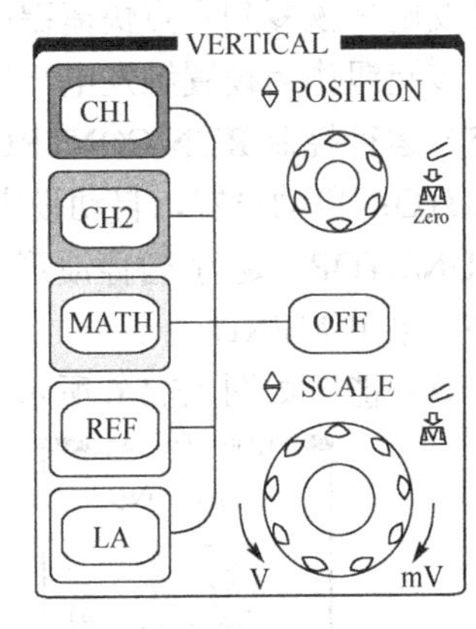

图 15.4-3　垂直控制区

使用垂直 POSITION 旋钮控制信号的垂直显示位置。

当转动垂直 POSITION 旋钮时，指示通道地（GROUND）的标识跟随波形而上下移动。

如果通道耦合方式为 DC，可以通过观察波形与信号地之间的差距来快速测量信号的直流分量。如果耦合方式为 AC，信号里面的直流分量被滤除。这种方式方便用更高的灵敏度显示信号的交流分量。

旋动垂直 POSITION 旋钮不但可以改变通道的垂直显示位置，更可以通过按下该旋钮作为设置通道垂直显示位置恢复到零点的快捷键。

转动垂直 SCALE 旋钮改变“Volt/div（伏/格）”垂直挡位，可以发现状态栏对应通道的挡位显示发生了相应的变化。

按 CH1、CH2、MATH、REF、LA，屏幕显示对应通道的操作菜单、标志、波形和挡位状态信息。按 OFF 键关闭当前选择的通道。

可通过按下垂直 SCALE 旋钮作为设置输入通道的粗调/微调状态的快捷键，调节该旋钮即可粗调/微调垂直挡位。

（3）水平控制 HORIZONTAL

水平控制区如图 15.4-4 所示。水平控制系统可以用来改变时基、水平位置及波形的水平放大。

转动水平 SCALE 旋钮改变"s/div（秒/格）"水平挡位，可以发现状态栏对应通道的挡位显示发生了相应的变化。水平扫描速率为 2ns～50s，以 1－2－5 的形式步进。

水平 SCALE 旋钮不但可以通过转动调整"s/div（秒/格）"，还可以按下此按钮切换到延迟扫描状态。

当转动水平 POSITION 旋钮调节触发位移时，可以观察到波形随旋钮而水平移动。

水平 POSITION 旋钮不但可以通过转动调整信号在波形窗口的水平位置，还可以按下该键使触发位移（或延迟扫描位移）恢复到水平零点处。

按 MENU 按键，显示 TIME 菜单。在此菜单下，可以开启/关闭延迟扫描或切换 Y－T、X－Y 和 ROLL 模式，还可以将水平触发位移复位。

（4）触发系统 TRIGGER

触发控制区如图 15.4-5 所示。转动 LEVEL 旋钮，可以发现屏幕上出现一条橘红色的触发线及触发标志，随旋钮转动而上下移动。停止转动旋钮，此触发线和触发标志会在约 5s 后消失。在移动触发线的同时，可以观察到在屏幕上触发电平的数值发生了变化。

触发电平恢复到零点快捷键：旋动垂直 LEVEL 旋钮不但可以改变触发电平值，还可以通过按下该旋钮作为设置触发电平恢复到零点的快捷键。

（5）运行控制 RUN CONTROL

AUTO：自动设置，自动设定仪器各项控制值，快速设置和测量信号。

RUN/STOP：运行/暂停波形采样。

（6）菜单 MENU

菜单功能区如图 15.4-6 所示。

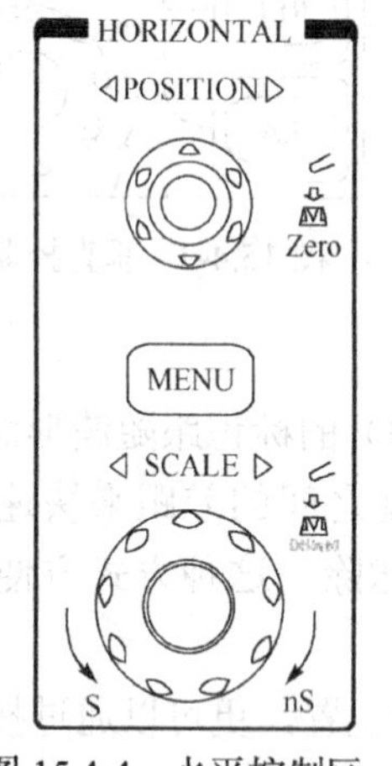

图 15.4-4　水平控制区

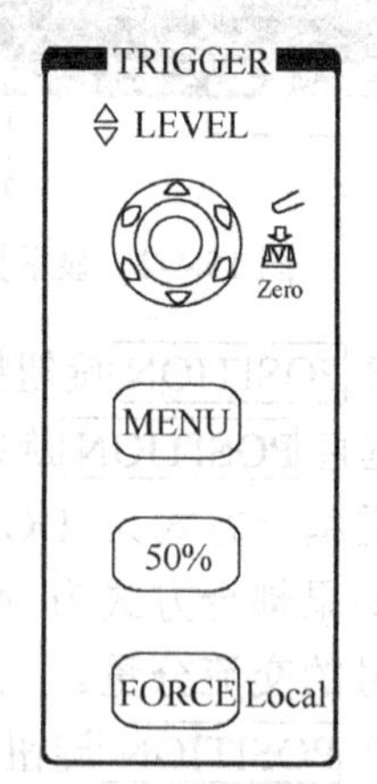

图 15.4-5　触发控制区

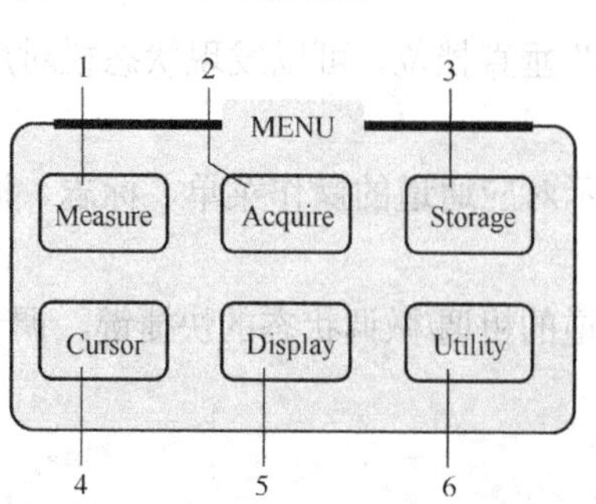

功能说明	
【1】Measure	测量设置
【2】Acquire	采样设置
【3】Storage	存储设置
【4】Cursor	光标测量
【5】Display	显示系统设置
【6】Utility	辅助系统功能设置

图 15.4-6　菜单功能区

【1】Measure：此菜单的功能是对波形参数进行自动测量。

【2】Acquire：此菜单的功能是调整波形采样方式。

【3】Storage：通过该菜单对示波器内部存储区和USB存储设备上的波形和设置文件进行保存和调出操作，也可以对USB存储设备上的波形文件、设置文件、位图文件及CSV文件进行新建和删除操作（注：可以删除仪器内部的存储文件，或将其覆盖）。操作的文件名称支持中/英文输入。

【4】Cursor：光标测量分为三种模式。

① 手动模式：出现水平调整或垂直调整的光标线。通过旋动多功能旋钮（↻）手动调整光标的位置，示波器同时显示光标点对应的测量值。

② 追踪模式：水平与垂直光标交叉构成十字光标。十字光标自动定位在波形上，通过旋动多功能旋钮（↻）可以调整十字光标在波形上的水平位置。示波器同时显示光标点的坐标。

③ 自动测量模式：通过此设定，在自动测量模式下，系统会显示对应的电压或时间光标，以揭示测量的物理意义。系统根据信号的变化，自动调整光标位置，并计算相应的参数值。此种方式在未选择任何自动测量参数时无效。

【5】Display：此菜单的功能是调整波形显示方式。

【6】Utility：此菜单的功能是辅助系统功能设置。

15.4.4 使用实例

1. 测量简单信号

观测电路中的一个未知信号，迅速显示和测量信号的频率和峰-峰值。

（1）显示波形

欲迅速显示该信号，请按如下步骤操作。

① 将通道1的探头连接到电路被测点。

② 按下AUTO（自动设置）按键。

示波器将自动设置使波形显示达到最佳状态。在此基础上，可以进一步调节垂直、水平挡位，直至波形的显示符合要求。

（2）自动测量

示波器可对大多数显示信号进行自动测量。欲测量信号频率和峰-峰值，请按如下步骤操作。

① 测量峰-峰值

按下 Measure 按键以显示自动测量菜单。

按下1号菜单操作键以选择信源CH1。

按下2号菜单操作键选择测量类型：电压测量。

在电压测量弹出菜单中选择测量参数：峰-峰值。

此时，可以在屏幕左下角发现峰-峰值的显示。

② 测量频率

按下3号菜单操作键选择测量类型：时间测量。

在时间测量弹出菜单中选择测量参数：频率。

此时，可以在屏幕下方发现频率的显示。需要注意的是，测量结果在屏幕上的显示会由于被测信号的变化而改变。如果要对有毛刺的信号进行较为准确的测量，需使用光标测量。

2. 光标测量

本示波器可以自动测量 22 种波形参数。所有的自动测量参数都可以通过光标进行测量。使用光标可迅速地对波形进行时间和电压测量。

（1）测量 Sinc 第一个波峰的频率

如图 15.4-7 所示，欲测量信号上升沿处的 Sinc 频率，请按如下步骤操作。

① 按下 Cursor 按钮以显示光标测量菜单。

② 按下 1 号菜单操作键设置光标模式为手动。

③ 按下 2 号菜单操作键设置光标类型为 X。

④ 旋动多功能旋钮（↻）将光标 1 置于 Sinc 的第一个峰值处。

⑤ 旋动多功能旋钮（↻）将光标 2 置于 Sinc 的第二个峰值处。

光标菜单中显示出增量时间和频率（测得的 Sinc 频率）。

（2）测量 Sinc 第一个波峰的幅值

如图 15.4-8 所示，欲测量 Sinc 幅值，请按如下步骤操作。

① 按下 Cursor 按钮以显示光标测量菜单。

② 按下 1 号菜单操作键设置光标模式为手动。

③ 按下 2 号菜单操作键设置光标类型为 Y。

④ 旋动多功能旋钮（↻）将光标 1 置于 Sinc 的第一个峰值处。

⑤ 旋动多功能旋钮（↻）将光标 2 置于 Sinc 的第二个峰值处。

光标菜单中将显示：增量电压（Sinc 的峰-峰电压）；光标 1 处的电压；光标 2 处的电压。

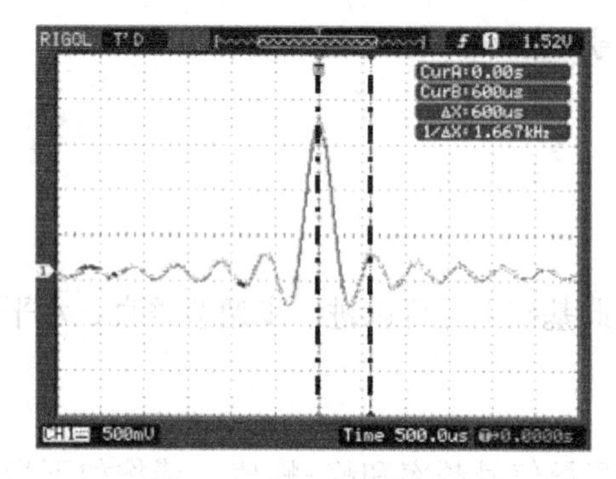

图 15.4-7　光标测量频率

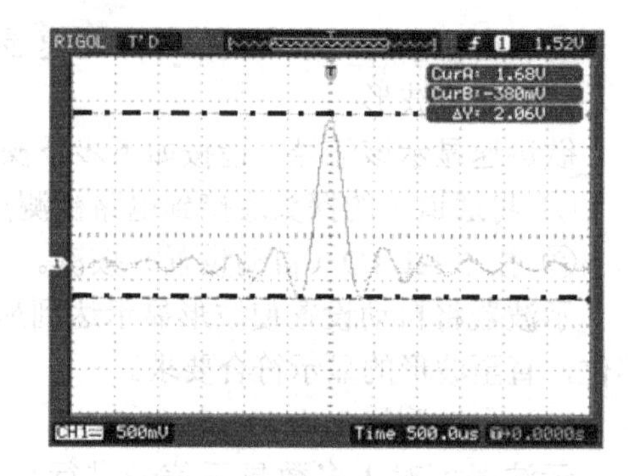

图 15.4-8　光标测量电压

15.5　GDS-1102 数字式存储示波器

15.5.1　概述

GDS-1102 是一款通用型 100MHz，2 通道示波器，人性化的操作界面及全系列均采用 A 十等级 5.6" TFT 彩色显示器，这不但更能提供高清晰的画质的表现，其宽裕的可视角度在观测波形上更能快速且精准地辨识量测信号。

主要特色如下。

- 100MHz 带宽。
- 2 输入通道。

- 250MSa/s 实时采样率和 25GSa/s 等效采样率。
- 4k 存储深度/CH。
- 最快 10ns 的峰值侦测。
- 15 组的面板设定和波形存储/调出。
- 5.6" TFT 真彩显示。
- 19 组自动测量。
- 时基数：1ns～10ns/div。
- USB 界面。
- 数学运算——加，减，FFT。
- 6 位实时频率计数。

15.5.2　主要技术参数

（1）垂直系统

通道数：双通道；带宽：DC，100MHz（–3dB）；灵敏度：2mV/div ～ 5V/div（1—2—5 步进）；输入阻抗：1MΩ±2%，～16pF；最大输入：300V（DC+AC peak），CATII；带宽限制：20MHz（–3dB）。

（2）水平系统

扫描范围：1ns/div ～ 10s/div（1—2—5 步进）；滚动模式：250ms/div ～ 10s/div；显示模式：主时基，窗口，窗口放大，滚动，X-Y；准确度误差：±0.01%；前置触发：最大 10 div；后置触发：1000 div。

（3）触发系统

触发源：CH1，CH2，LINE，EXT；触发模式：自动，普通，单次，TV，边沿，脉冲宽度；触发耦合：AC，DC，低频抑制，高频抑制，噪声抑制；灵敏度：DC～40MHz，约 0.5div 或 5mV。

（4）外部触发

范围：±15V；灵敏度：DC～25MHz，～50mV；25M～100MHz，～100mV；输入阻抗：1MΩ±2%，～16pF；最大输入：300V（DC AC peak），CATII。

（5）信号获取系统

实时采样率：最大 250MSa/s；等效采样率：最大 25GSa/s；垂直分辨率：8 位；记录长度：最大 4K 点；获取模式：采样，峰值侦测，平均；峰值测量：10ns（500ns/div～10s/div）。

（6）光标及测量系统

电压测量：$V_{p\text{-}p}$，V_{amp}，V_{avg}，V_{rms}，V_{hi}，V_{lo}，V_{max}，V_{min}，Rise Preshoot/Overshoot，Fall Preshoot/Overshoot；

时间测量：频率，周期，上升时间，下降时间，正脉宽，负脉宽，周期比；游标测量 ΔV，ΔT；自动计数；分辨率：6 位；精确度：±2%；信号源：除视频触发模式下，所有可用触发源。

15.5.3　GDS-1102 前面板介绍

GDS-1102 数字式双踪示波器的前面板如图 15.5-1 所示。

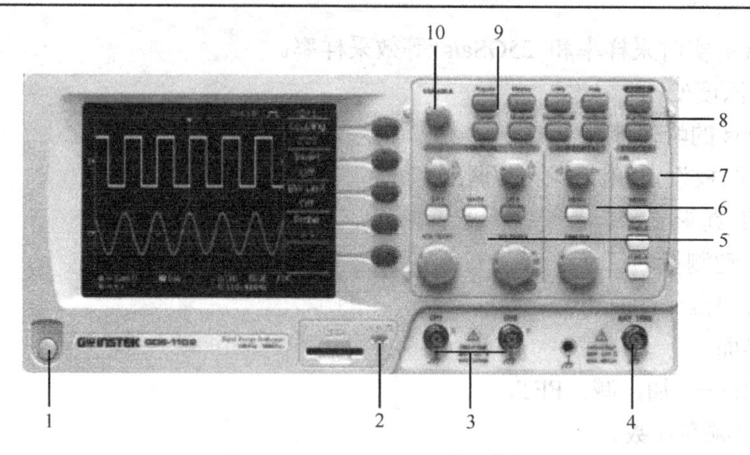

图 15.5-1　GDS-1102 前面板

【1】电源开关；【2】探头补偿；【3】信号输入通道；【4】外部触发输入；【5】垂直控制；【6】水平控制；【7】触发控制；【8】运行控制；【9】常用菜单；【10】多功能旋钮。

15.5.4　GDS-1102 使用说明

与 DS1102E 完全类似，读者可以参考前面所述或详见 GDS-1102 的说明书。

15.6　GPS-3303C 双组电源供应器

15.6.1　概述

GPS-3303C 直流稳压电源具有三组独立直流电源输出，三位数字显示器，可同时显示两组电压及电流，具有过载及反向极性保护，可选择连续/动态负载，输出具有 Enable/Disable 控制，具有自动串联及自动并联同步操作，定电压及定电流操作，并具有低噪的特点。

15.6.2　主要性能指标简介

（1）两路独立输出 0～30V 连续可调，最大电流为 3A；两路串联输出时，最大电压为 60V，最大电流为 3A；两路并联输出时，最大电压为 30V，最大电流为 6A。另一路为固定输出电压 5V，最大电流为 3A 的直流电源。

（2）主回路变压器的副边无中间抽头，故输出直流电压为 0～30V 不分挡。

（3）独立（INDEP），串联（SERLES），并联（PARALLEL）。是由一组按钮开关在不同的组合状态下完成的。

根据两个不同值的电压源不能并联，两个不同值的电流源不能串联的原则，在电路设计上将两路 0～30V 直流稳压电源在独立工作时电压（VOLTAGE）、电流（CURRENT）独立可调，并由两个电压表和两个电流表分别指示，在用作串联或并联时，两个电源分为主路电源（MASTER）和从路电源（SLAVE）。

15.6.3　前面板功能介绍

GPS-3303C 直流稳压电源供应器的前面板如图 15.6-1 所示。

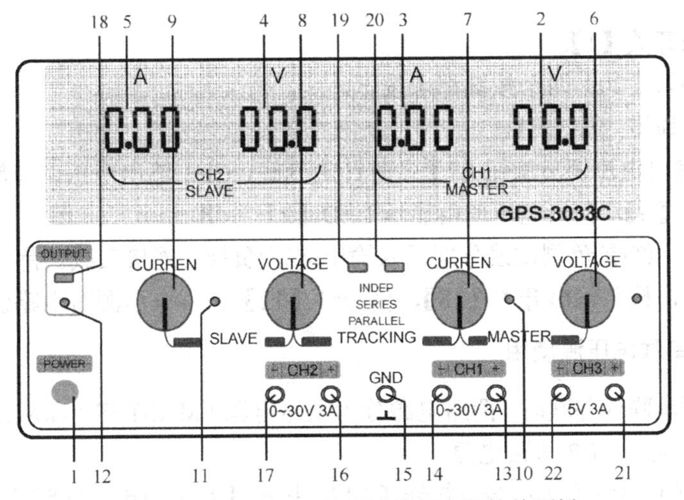

图 15.6-1　GPS-3303C 直流稳压电源的前面板

【1】电源开关。

【2】CH1 输出电压显示 LED。

【3】CH1 输出电流显示 LED。

【4】CH2 输出电压显示 LED。

【5】CH2 输出电流显示 LED。

【6】CH1 输出电压调节旋钮，在双路并联或串联模式时，该旋钮也用于 CH2 最大输出电压的调整。

【7】CH1 输出电流调节旋钮，在并联模式时，该旋钮也用于 CH2 最大输出电流的调整。

【8】CH2 输出电压调节旋钮，用于独立模式的 CH2 输出电压的调整。

【9】CH2 输出电流调节旋钮，用于独立模式的 CH2 输出电流的调整。

【10】、【11】C.V./C.C.指示灯，输出在恒压源状态时，C.V.灯（绿灯）亮；输出在恒流源状态时，C.C.灯（红灯）亮。

【12】输出指示灯，输出开关 18 按下后，指示灯亮。

【13】CH1 正极输出端子。

【14】CH1 负极输出端子。

【15】GND 端子，大地和底座接地端子。

【16】CH2 正极输出端子。

【17】CH2 负极输出端子。

【18】输出开关，用于打开或关闭输出

【19】、【20】TRACKING 模式组合按键，两个按键未按下时构成 INDEP（独立），【19】按下时构成 SERIES（串联），两个按键都按下时构成 PARALLEL（并联）的输出模式。

【21】CH3 正极输出端子。

【22】CH3 负极输出端子。

15.6.4 使用说明

1. 作独立电源使用

（1）打开电源开关【1】。

（2）保持【19】、【20】两个按键都未按下。

（3）选择输出通道，如CH1。

（4）将CH1输出电流调节旋钮【7】顺时针旋到底，CH1输出电压调节旋钮【6】旋至零。

（5）调节旋钮【6】，输出电压值由显示LED【2】读出。

（6）关闭电源，红/黑色测试线分别插入输出端正/负极，连接负载。待电路连接完毕，检查无误，打开电源，按下输出开关【18】，信号灯【12】亮，电压源对电路供电。

2. 作并联或串联电压源使用

在用作电压源串联或并联时，两路电源分为主路电源（MASTER）和从路电源（SLAVE）。其中CH1为主路电源，CH2从路电源。

SERIES（串联）追踪模式：按下按钮【19】，按钮【20】弹出，此时CH1输出端子负端（“–”）自动与CH2输出端子的正端（“+”）连接。在该模式下，CH2的输出最大电压和电流完全由CH1电压和电流控制。实际输出电压值为CH1表头显示的两倍，实际输出的电流可从CH1和CH2电流表表头读出。注意，在做电流调节时，CH2电流控制旋钮需顺时针旋转到底。

在串联追踪模式下，如果只需单电源供电，可按图15.6-2所示接线。如果希望得到一组共地的正、负直流电源，可按图15.6-3所示接线。

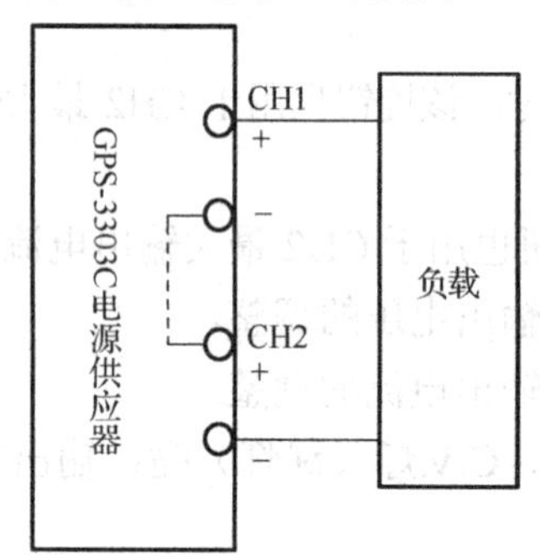

图15.6-2 单电源供电接线图

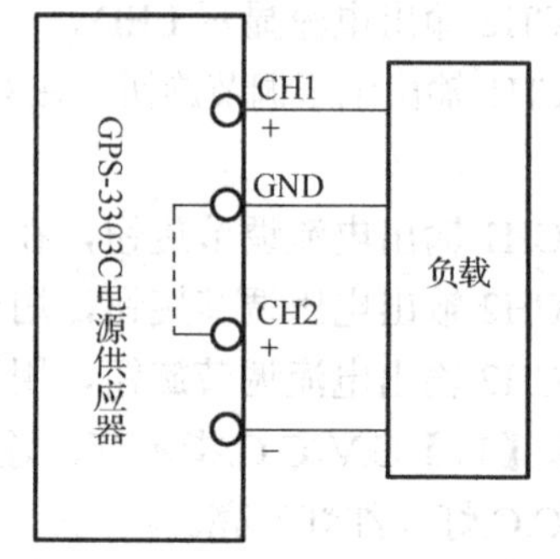

图15.6-3 正、负电源供电接线图

PARALLEL（并联）追踪模式：按下按钮【19】、【20】，此时CH1输出端和CH2输出端自动并联，输出电压和电流由CH1主路电源控制。实际输出电压值为CH1表头显示值，实际输出的电流为CH1电流表表头显示读数的两倍。

15.7 UT39A数字万用表

15.7.1 概述

UT39A是三位半手持式数字万用表，功能齐全，性能稳定，结构新潮，安全可靠。整机电路设计以大规模集成电路、双积分A/D转换器为核心，并配以全功能过载保护，可用于测量交、直流电压和电流、电阻、电容、温度、频率、二极管正向压降及电路通断，具有数据保持和睡眠功能。该仪表配有保护套，使其具有足够的绝缘性能和抗震性能。

15.7.2 综合指标

（1）电压输入端子和地之间的最高电压：1000V。

（2）⚠mA 端子的保险丝：φ5×20-F 0.315A/250V。

（3）⚠10A 或 20A 端子：无保险丝。

（4）量程选择：手动。

（5）最大显示：1999 ，每秒更新 2～3 次。

（6）极性显示：负极性输入显示 – 符号。

（7）过量程显示：“1”。

（8）数据保持功能：LCD 左上角显示“H”。

（9）电池不足：LCD 显示“▆”符号。

（10）机内电池：9V NEDA1604 或 6F22 或 006P。

（11）工作温度：0℃～40℃（32～104）；存储温度：–10℃～50℃（14～122）。

（12）海拔高度：（工作）2000m；（存储）10000m。

（13）外形尺寸：172mm×83mm×38mm。

（14）质量：约 310g（包括电池）。

15.7.3 外表结构

UT39A 的外表结构如图 15.7-1 所示。

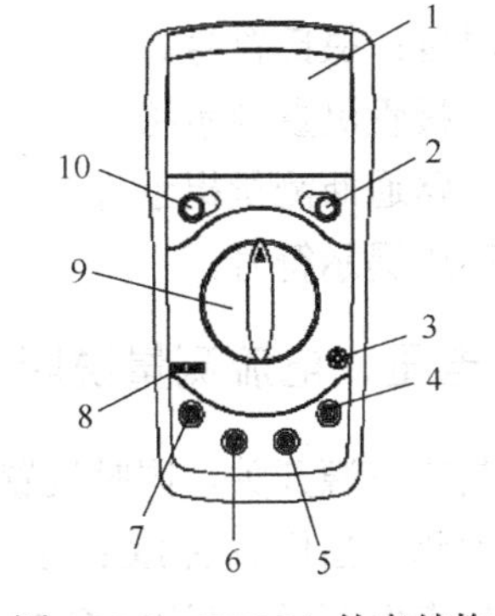

图 15.7-1　UT39A 外表结构

【1】LCD 显示器。

【2】数据保持选择按键。

【3】晶体管放大倍数测试输入座。

【4】公共输入端。

【5】其余测量输入端。

【6】mA 测量输入端。

【7】20A/10A 电流输入端。

【8】电容测试座。

【9】量程开关。

【10】电源开关。

15.7.4 按键功能及自动关机

（1）电源开关按键

当黄色 POWER 键被按下时，仪表电源即被接通；当黄色 POWER 键处于弹起状态时，仪表电源即被关闭。

（2）自动关机

仪表工作 15min 左右，电源将自动切断，仪表进入休眠状态，此时仪表约消耗 10μA 的电流。当仪表自动关机后，若要重新开启电源，则请重复按动电源开关两次。

（2）数据保持显示

按下蓝色 HOLD 键，仪表 LCD 上保持显示当前测量值，再次按一下该键，则退出数据保持显示功能。

15.7.5 LCD 显示符号

使用过程中，在 LCD 显示屏上会显示出各种不同的符号，如图 15.7-2 所示。

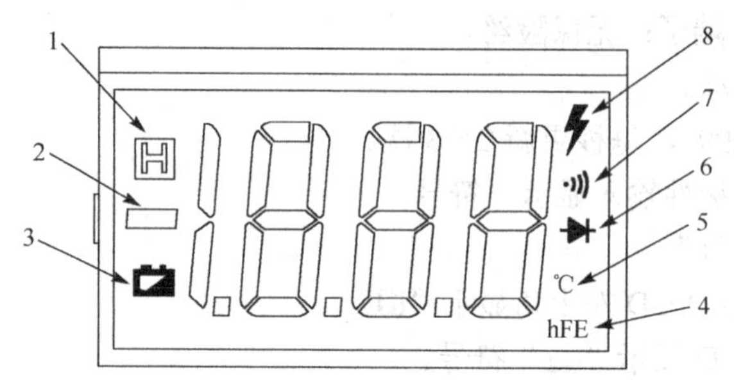

图 15.7-2 LCD 显示符号

【1】数据保持提示符。

【2】显示负的读数。

【3】电池欠压提示符。

【4】晶体管放大倍数提示。

【5】温度：摄氏符号。

【6】二极管测量提示符。

【7】电路通断测量提示符。

【8】高压提示符号。

15.7.6 电压、电流测量说明

仪表具有电源开关，同时设置有自动关机功能，当仪表持续工作 15min 后会自动进入睡眠状态，因此，当仪表的 LCD 上无显示时，首先应确认仪表是否已自动关机。

开启仪表电源后，观察 LCD 显示屏，如出现"🔋"符号，则表明电池电力不足，为了确保测量精度，须更换电池。

测量前须注意测试笔插口旁边的"⚠"符号，这是提醒要留意测试电压和电流，不要超出指示值。

（1）直流电压测量

电压测量示意图如图 15.7-3 所示。

① 将红表笔插入 VΩ 插孔，黑表笔插入 COM 插孔。

② 将功能开关置于 V⎓量程挡，并将测试表笔并联到待测电源或负载上。

③ 从显示器上读取测量结果。

注意：

① 不知被测电压范围时，请将功能开关置于最大量程，根据读数需要逐步调低测量量程挡。

② 当 LCD 只在最高位显示“1”时，说明已超量程，须调高量程。

（2）直流电流测量

电流测量示意图如图 15.7-4 所示。

① 将红表笔插入 mA 或 10A 或 20A 插孔（当测量 200mA 以下的电流时，插入 mA 插孔；当测量 200mA 及以上的电流时，插入 10A 或 20A 插孔），黑表笔插入 COM 插孔。

② 将功能开关置 A⎓量程，并将测试表笔串联接入到待测负载回路中。

③ 从显示器上读取测量结果。

注意：

① 不知被测电流值的范围时，应将量程开关置于高量程挡，根据读数需要逐步调低量程。

② 若输入过载，内装保险丝会熔断，须予更换。

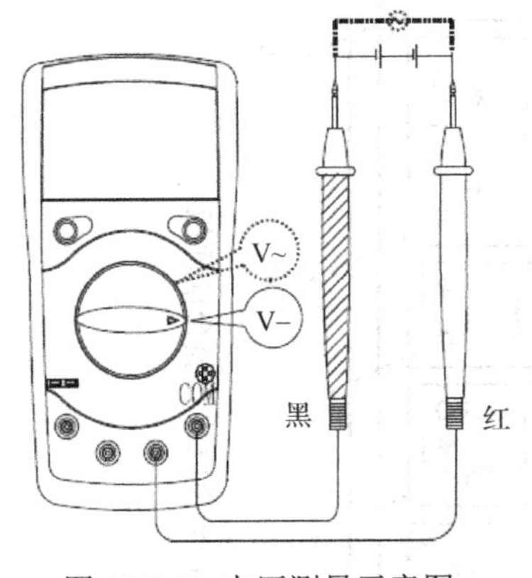

图 15.7-3　电压测量示意图

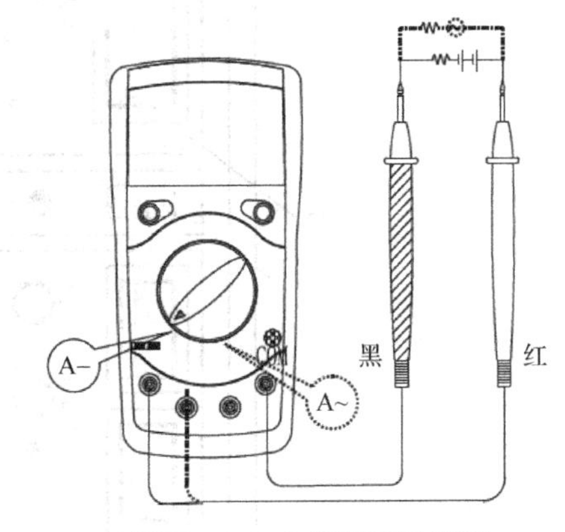

图 15.7-4　电流测量示意图

15.8　WBK-530 模数电路实验台

15.8.1　概述

实验台具有较完善的安全保护措施和较齐全的功能。实验操作桌中央配有通用电路插板，电路插板注塑而成，表面均布有由九孔成一组相互联通的插孔，元件盒在其上任意拼插成实验电路；元件盒盒体透明，直观性好，盒盖印有永不褪色元件符号，线条清晰美观。盒体与盒盖采用较科学的压卡式结构，维修、更换元件拆装方便。元器件放置在实验操作桌下边左右柜内，实验时取存方便，大大提高了管理水平和规范化程度。

15.8.2　实验操作桌结构及功能

WBK-530 模数电路实验台的前面板如图 15.8-1 所示。

【1】电源总开关及保险盒。

【2】单相调压器：0.5kVA 单相 0～250V 输出。

【3】双路直流稳压电源。

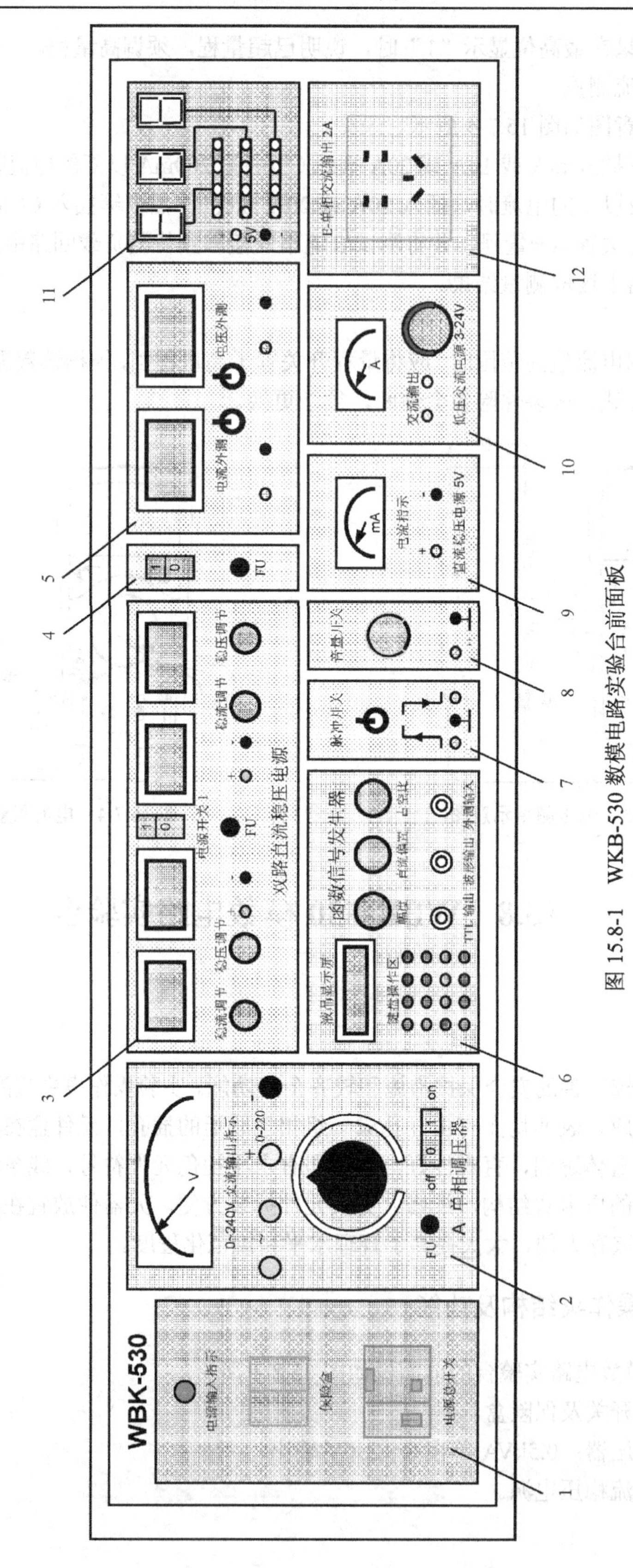

图 15.8-1　WKB-530 数模电路实验台前面板

双路稳流稳压电源，两路输出电压均为 0～30V，由多圈电位器连续调节，输出最大电流为 1.5A，每路电源输出由 0.5 级数字电流表、电压表指示。电压稳压度$<10^{-2}$，负稳压度$<10^{-2}$，纹波电压<5mV

【4】电源开关：打开开关，5、6、7、8、9、10 部分才能工作。

【5】电流表、电压表：精度 0.5 级，三位半数字式显示，测量范围 0～1000mA；精度 0.5 级，三位半数字式显示，测量范围：0～99.9V。

【6】函数信号发生器/频率计

（1）信号发生器

波形：正弦波、三角波、方波、脉冲波、锯齿波、TTL 方波。

频率范围：由 0.1Hz 到 2MHz，分 7 个频率挡级。正弦波失真度：10～30Hz<3%　30Hz～100kHz≤1%。

方波响应：前沿/后沿≤100ns（开路）。

最大输出幅度（开路）：$f<1\text{MHz}$，幅度≤$15V_{\text{p-p}}$；$1\text{MHz}<f\leqslant 2\text{MHz}$，幅度≤$11V_{\text{p-p}}$。

直流偏置（开路）：±10V。

输出阻抗 Z：$Z_o=50\Omega\pm5\Omega$。

占空比：脉冲与锯齿波上升、下降沿可连续变化，范围 10%～90%。

压控振荡（VCF）：加外加直流电压 0±5V 变化时，对应的频率变化大于 100∶1。

输出衰减：20dB，40dB，60dB。

（2）频率计

测频范围：1Hz～100MHz，6 位数显。

闸门时间：0.01s、0.1s、1s、10s。

输入阻抗（AC 耦合）：电阻分量约 500kΩ，并联电容约 100pF。

【7】单次脉冲源（上升沿、下降沿）：每次可输出一对正负脉冲。

【8】音频放大器：输入音频电压不低于 10mV，输出功率不小于 1W，音量可调，内有扬声器，用于放大电路扩音，也可用于信号寻迹。

【9】直流 5V 电压源：低压直流稳压电源，电压 5V，电流 0.5A，电流表指示。

【10】3～24V 交流电压：低压交流电压 3～24V 分 7 挡可调，最大输出电流 1.5A，电流表指示。

【11】七段译码显示电路：三组七段译码器及对应译码显示数码管。

【12】220V 市电插座：单相交流市电输出，供用户自备设备使用。

15.9　课前准备实验（常用电子仪器的使用）

1．实验目的

（1）学习数字万用表的使用方法。

（2）学习并掌握示波器测试电压波形、幅度和频率的基本方法。

（3）掌握正确调节信号发生器波形、频率和幅度的方法。

（4）掌握直流稳压电源、万用表的使用方法。

2．预习要求

（1）认真阅读第五篇，详细了解上述电子仪器面板旋钮的功能和使用方法。

（2）熟悉实验内容、实验电路，自拟记录表格。

3．实验原理

在电子技术基础实验中，最常用的电子仪器有直流稳压电源、数字万用表、函数信号发生器和示波器等。为了正确观察被测量实验电路的实验现象、测量实验数据，必须学会一些常用电子仪器的使用方法，并掌握一般的电子测量技术。这是电子技术实验课程的重要任务之一，电子技术实验的基本框图如图 15.9-1 所示。

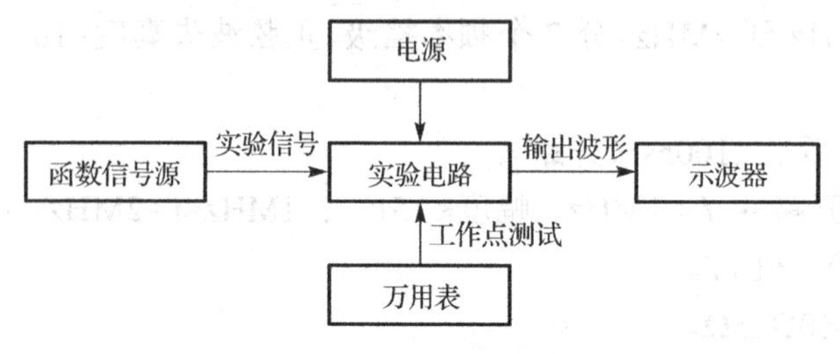

图 15.9-1 电子电路测量图

（1）实验电路

实验电路即在“电子技术基础”或其他电路课程中的各种电路。实验电路可以是一个单元电路，也可以是综合设计性电路。无论何种电路，都要使用一些电子仪器及设备进行测试。测试分为静态测试和动态测试两种。通过观察实验现象和结果，从而将理论和实践结合起来。

（2）直流稳压电源

为实验电路提供必要的电能。

（3）数字万用表

用来测量实验电路中电阻、电压、电流和频率等参数。

（4）函数信号发生器

即信号源，用以产生实验电路所需（波形、频率、幅度）的函数信号。

（5）示波器

示波器用来观察、测量实验电路的输入/输出信号。通过示波器可以显示电压或电流的波形，可以测量频率、周期及其他有关参数。

4．实验内容

（1）数字万用表的使用

万用表可以用来测量交直流电压和电流、电阻、电容、二极管正向压降、三极管 HFE 参数等。

使用前要确认挡位、量程、表笔是否安放正确，如有“锁存（HOLD）”键，则需查看是否处于锁存状态，如果电池电量不足，应先更换电池。

选择 1kΩ 电阻，分别使用欧姆挡 200、2k、20k 和 200k 测量电阻阻值，将测量结果填入表 15.9-1，并指出哪个量程所测量的值的精确度最高。

表 15.9-1 电阻阻值的测量

量程	200	2k	20k	200k
实测阻值				

（2）示波器

示波器不仅可以观察电压波形，还可以测量电量参数。

将探头补偿处的信号连接至示波器 CH1，然后在示波器上显示出波形，并且测量出该信号的幅度和频率。同时辅助调节示波器的垂直系统和水平系统，观察波形图大小和位置的变化。

（3）函数信号发生器

调整信号的三个基本参数：函数类型、频率、输出幅度。并辅以调整波形对称和直流偏置功能。

要求调整所需输出信号：2kHz、10$V_{p\text{-}p}$的正弦信号（波形对称和直流偏置全部关闭），并将此信号连接到示波器 CH1，通过示波器观察并测量输出波形。

波形输出时要确认 OUTPUT 是否打开，探头是否连接到 50Ω 接口。

调节输出幅度旋钮，改变输出信号的幅度，同时使用示波器和万用表交流挡测量信号幅度，将所测数据填入表 15.9-2，对数据结果进行分析。

表 15.9-2 信号幅度的测量

示波器（峰-峰值）					
万用表（有效值）					

5. 实验报告要求

（1）写出每项内容的操作步骤。

（2）对所测数据进行分析。

6. 思考题

（1）在测量电阻时，怎样提高测量精度？在测量电压和电流时，是否也可使用这种方法？

（2）如果将探头补偿的信号接至 CH1，发现无波形，可能是什么原因？

（3）示波器测量的峰-峰值和万用表的测量值有何不同？它们有什么关系？

7. 注意事项

如果发现示波器的测量值是实际值的 10^n 倍，应将相应通道的衰减调节至“×1”处。

附录A 常见电路元件

任何电子电路都是由元器件组成的，常见的电路元件是电阻器、电容器、电感器。为了能正确地选择和使用这些元器件，必须掌握它们的结构、性能与主要参数等有关知识。

A.1 电 阻 器

电阻器是电子电路元器件中应用最广泛的一种，在电子设备中约占元件总数的30%以上，其质量的好坏对电路工作的稳定性有极大影响。电阻器的主要用途是稳定和调节电路中的电流和电压，其次还可作为分流器、分压器和消耗电能的负载等。

A.1.1 电阻器的分类

电阻器按结构，可分为固定式和可变式两大类。

（1）固定式电阻器及其特点

固定式电阻器一般称为“电阻”，其外形如图A.1-1所示。由于制作材料和工艺不同，可分为膜式电阻、实芯式电阻、金属线缆电阻（RX）和特殊电阻4种类型。

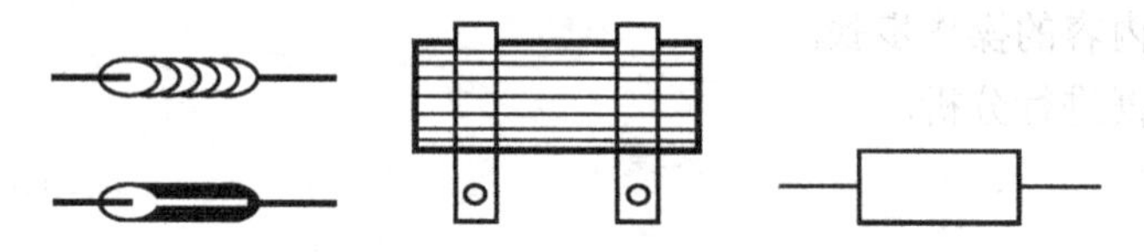

图A.1-1 电阻的外形及符号

① 薄膜电阻

薄膜电阻包括碳膜电阻、金属膜电阻和氧化膜电阻等。

碳膜电阻（RT）：碳膜电阻稳定性好，电压的改变对阻值影响小，阻值范围宽（几十欧至几十兆欧），价格便宜，是目前使用最多的一种电阻器，在精度要求不高的电路中得到了广泛的应用。

金属膜电阻（RJ）：金属膜电阻具有比碳膜电阻更高的精度、更好的稳定性，同时耐热性能也超过了碳膜电阻，主要用于对稳定性要求较高的电路中。

氧化膜电阻（RY）：氧化膜电阻具有较好的脉冲、高频和过负荷性，机械性能好，且制造工艺简单，成本较低。但阻值范围窄，在精度要求不太高时可代替金属膜电阻使用。

② 绕线电阻

绕线电阻的特点是精度高、稳定性好、噪声低和功率大，一般可承受3～100W的额定功率，而且耐温高，可以在150℃高温下正常工作。由于它体积大，阻值不高，因此适用于大功率电路中。但由于绕线电阻本身固有电感较大，因此不适于在高频电路中使用。

③ 合成电阻

合成电阻就是将导电材料与非导电材料按不同比例合成不同电阻率的材料再制成电阻。尽管它的导电性能较差，但可靠性很高，仍在一些特殊领域内使用。

④ 敏感电阻

根据不同材料和制作工艺，通常有热敏、压敏、光敏、温敏、磁敏、气敏和力敏等不同类型电阻，广泛用于测试技术和自动化技术等各领域的传感器中。

（2）可变式电阻器及其特点

可变式电阻器就是其阻值在一定范围内连续可变的一种电阻器，主要用于阻值需要经常变动的电路中。可变式电阻器分为滑线式变阻器和电位器，其中应用最广泛的是电位器。

电位器是一种具有三个接线头的可变式电阻器，常用电位器的外形和符号如图 A.1-2 所示。

电位器的分类有以下几种。

按材料可分为薄膜和绕线两种。绕线电位器的代号为 WX 型，一般绕线电位器的误差不大于±10%；非绕线电位器的误差不大于±2%。按结构可分为单联、多联、带开关和不带开关等。按用途可分为普通电位器、精密电位器、功率电位器、微调电位器和专用电位器等。

电位器在旋转时，阻值变换规律有三种不同形式，如图 A.1-3 所示。

X 为直线式，阻值随旋转角度均匀变化，适合于分压、调节电流使用。Z 为指数式，阻值随旋转角度依指数关系变化，普遍用在音量调节电路中。D 为对数式，阻值随旋转角度依对数关系变化，用于电路的特殊调节，如电视机的黑白对比度调节。

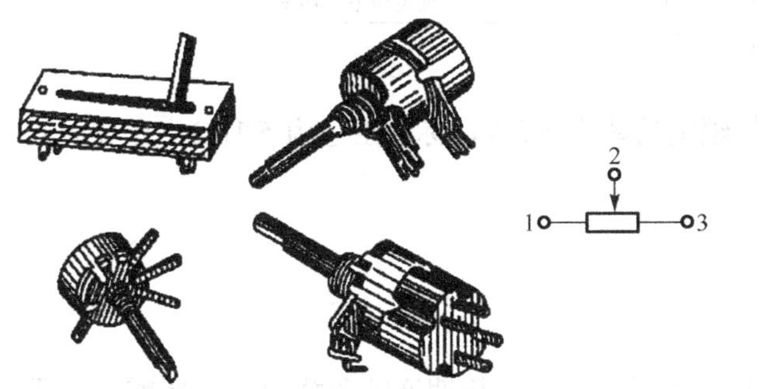

图 A.1-2 常用电位器外形及符号

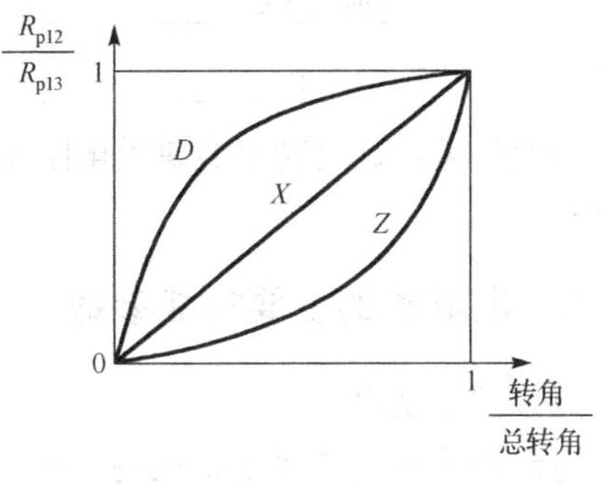

图 A.1-3 电位器阻值随旋转角度变化关系曲线

所有 X、D、Z 字母符号一般印在电位器上，使用时应注意。

A.1.2 电阻器的型号命名法

电阻器的型号命名如表 A.1-1 所示。对于 1/8～1/2W 的小功率电阻，一般采用国际通用的色标表示法。材料及功率通常由外形尺寸及颜色判断，电阻材料根据国际惯例，一般可以从颜色上区分：金属膜电阻为淡蓝色底、碳膜电阻为淡黄色底、合成膜电阻为淡绿色底。对于 2W 以上的电阻阻值、精度、功率及材料，则通常以数字、字母和符号标出。

表 A.1-1　电阻器的型号命名法

第一部分		第二部分		第三部分		第四部分
主称		材料		特征		序号
符号	意义	符号	意义	符号	意义	
R W	电阻器 电位器	T	碳膜	1、2	普通	包括： 额定功率 阻值 允许误差 精度等级
		C	沉积膜	3	超高频	
		H	合成膜	4	高阻	
		I	玻璃釉膜	5	高温	
		J	金属膜（箔）	7	精密	
R W	电阻器 电位器	Y	氧化膜	8	电位器—高压	包括： 额定功率 阻值 允许误差 精度等级
		S	有机实芯		电位器—特殊函数	
		N	无机实芯	9	特殊	
		X	绕线	G	高功率	
		R	热敏	T	可调	
		G	光敏	W	微调	
		M	压敏	D	多圈可调	

示例：RJ 71-0.125-5.1kI 型电阻器

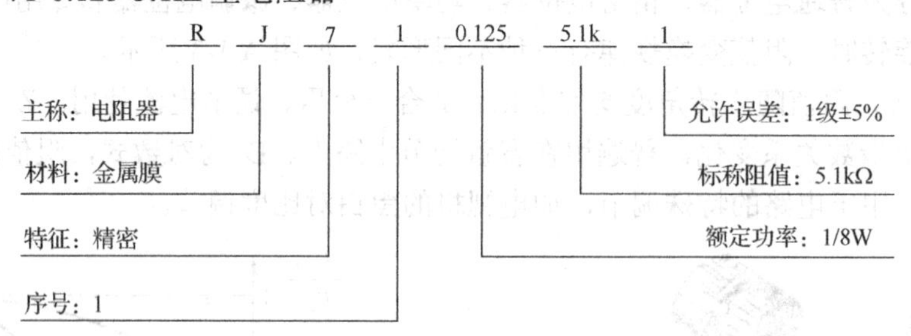

由此可见，这是精密金属膜电阻器，其额定功率为 1/8W，标称阻值为 5.1kΩ，允许误差为±5%。

A.1.3　电阻器的主要性能参数

（1）额定功率

电阻器的额定功率是指在规定的环境温度和湿度下，在长期连续负载而不损坏或基本不改变性能的情况下，电阻器上允许消耗的最大功率。对于同一类的电阻器，额定功率的大小取决于它的几何尺寸和表面面积。当超过额定功率时，电阻器的阻值将发生变化，甚至发热烧毁。为保证安全使用，一般选用其额定功率比它在电路中消耗的功率高 1～2 倍。

额定功率分 19 个等级，常用的有 1/20W、1/8W、1/4W、1/2W、1W、2W、4W、5W…实际中应用较多的有 1/4W、1/2W、1W、2W，绕线电位器应用较多的有 2W、3W、5W、10W 等。

（2）标称阻值

标称阻值是产品标志的“名义”阻值，其单位为欧（Ω）、千欧（kΩ）、兆欧（MΩ）。常用的标称阻值系列有 E24、E12 和 E6 系列等。标称阻值系列如表 A.1-2 所示，任何固定电阻器的阻值都应符合表 A.1-2 所列数值乘以 10^nΩ，其中 n 为整数。

表 A.1-2 电阻器标称阻值系列

允许误差	系列代号	标称阻值系列
±5%	E24	1.0 1.1 1.2 1.3 1.5 1.6 1.8 2.0 2.2 2.4 2.7 3.0 3.3 3.6 3.9 4.3 4.7 5.1 5.6 6.2 6.8 7.5 8.2 9.1
±10%	E12	1.0 1.2 1.5 1.8 2.2 2.7 3.3 3.9 4.7
±20%	E6	1.0 1.5 2.2 3.2 4.7 6.8

在实际应用中，选用电阻器应尽量按标称阻值系列选取。

（3）允许误差

允许误差是指电阻器和电位器实际阻值对于标称阻值的最大允许偏差范围，它表示产品的精度。线绕电位器允许误差一般小于+10%，非线绕电位器的允许误差一般小于±20%。允许误差等级如表 A.1-3 所示。

表 A.1-3 电阻器误差等级

级别	005	01	02	I	II	III
允许误差	±0.5%	±1%	±2%	±5%	±10%	±20%

电阻器的阻值和误差，一般都用数字标印在电阻器上。但体积很小的电阻器和一些合成电阻器，其阻值和误差用色环来表示。由于误差等级的不同，通常分四色环标注和五色环标注，四色环电阻器的前两个色环、五色环电阻器的前三个色环表示其相应的有效数字，其后的一个色环表示前面数字再乘以 10 的 *n* 次幂，最后一个色环都表示该电阻器的允许误差。各种颜色所代表的意义如表 A.1-4 所示。

表 A.1-4 色环颜色的意义

颜色 数值	黑	棕	红	橙	黄	绿	蓝	紫	灰	白	金	银	本色
代表数值	0	1	2	3	4	5	6	7	8	9			
乘数	10^0	10^1	10^2	10^3	10^4	10^5	10^6	10^7	10^8	10^9	10^{-1}	10^{-2}	
允许误差	±1%	±2%				±0.5%	±0.2%	±0.1%			±5%	±10%	±20%

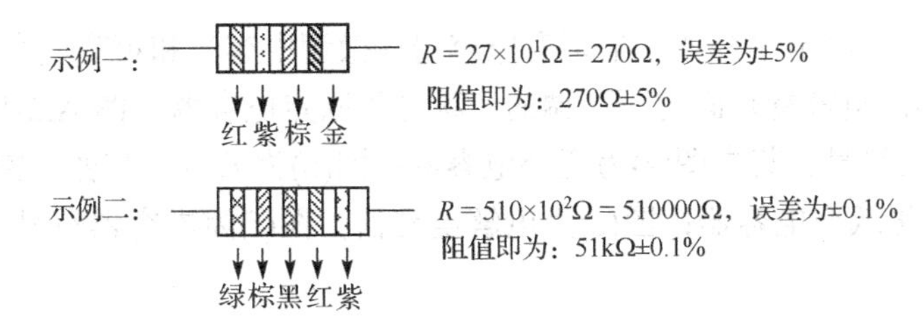
示例一：
$R = 27\times10^1\Omega = 270\Omega$，误差为±5%
阻值即为：270Ω±5%
红紫棕金
示例二：
$R = 510\times10^2\Omega = 510000\Omega$，误差为±0.1%
阻值即为：51kΩ±0.1%
绿棕黑红紫

（4）最高工作电压

最高工作电压是由电阻器、电位器最大电流密度、电阻体击穿及其结构等因素所规定的工作电压限度。对阻值较大的电阻器，当工作电压过高时，虽功率不超过规定值。但内部会发生电弧火花放电，导致电阻变质损坏。一般 1/8W 碳膜电阻器或金属膜电阻器最高工作电压分别不能超过 150V 或 200V。

A.1.4 电阻器的简单测试

测量电阻的方法很多，可用欧姆表、电阻电桥和数字欧姆表直接测量，也可根据欧姆定律，通过测量流过电阻的电流 I 及电阻上的压降 U 来间接测量电阻值。

当测量精度要求较高时，采用电阻电桥来测量电阻。当测量精度要求不高时，可直接用欧姆表测量电阻。特别要指出的是，在测量电阻时，不能用双手同时捏住电阻或测试笔，因为这样人体电阻将会与被测电阻并联在一起，表头上指示的数值就不单纯是被测电阻的阻值了。

A.1.5 电阻器的选用常识

（1）根据电子设备的技术指标和电路的具体要求选用电阻的型号和误差等级。对要求不高的电子电路可选用碳膜电阻器；对整机质量、工作稳定性和可靠性等要求较高的电路可选用金属膜电阻器；对于仪器、仪表电路应选用精密电阻器或绕线电阻器。但在高频电路中不能选用绕线电阻器。

（2）为了提高设备的可靠性，延长使用寿命，应选用额定功率大于消耗实际消耗功率的1.5～2 倍的电阻器。

（3）大功率电阻器可代替小功率的电阻器，金属膜电阻器可代替碳膜电阻器，固定电阻器与半可变电阻器可以相互代替使用。

（4）电路中如需串联或并联电阻来获得所需阻值的，应考虑其额定功率。阻值相同的电阻串联或并联，额定功率等于各个电阻额定功率之和；阻值不同的电阻串联时，额定功率取决于高阻值电阻。并联时，取决于低阻值电阻，且需计算方可应用。

A.2 电 容 器

电容器是一种储能元件，在电路中用于调谐、滤波、耦合、旁路、能量转换和延时等。

A.2.1 电容器的分类

（1）按结构分，有固定电容器、半可变电容器（微调电容）和可变电容器三种。

① 固定电容器：电容量是固定不可调的，称之为固定电容器。图 A.2-1 所示为几种固定电容器的外形和电路符号。其中图(a)为瓷介电容器；图(b)为云母电容器；图(c)为涤纶薄膜电容器；图(d)为金属化纸介电容器；图(e)为电解电容器；图(f)为电容器符号（带“+”号的为电解电容器）。

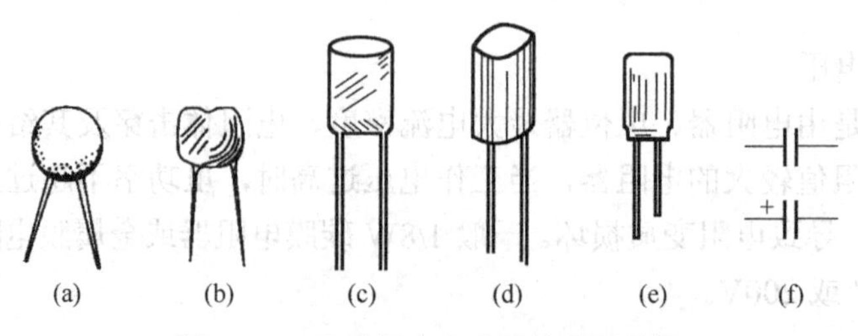

图 A.2-1 几种固定电容器外形及符号

② 半可变电容器（微调电容）：电容器容量可在小范围内变化，其可变容量为几至几十皮法，最高达一百皮法（以陶瓷为介质时），适用于整机调整后电容量无须经常改变的场合。常以空气、云母或陶瓷作为介质。其外形和电路符号如图 A.2-2 所示。

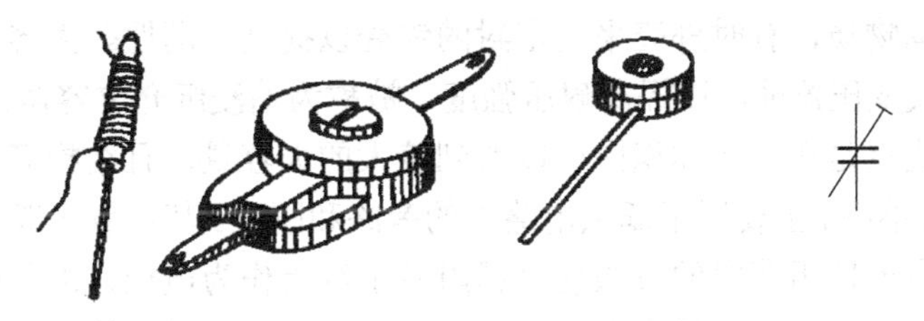

图 A.2-2 半可变电容器外形及符号

③ 可变电容器：电容器容量可在一定范围内连续变化。常有“单联”、“双联”之分，它们由若干形状相同的金属片并接成一组定片和一组动片，其外形及符号如图 A.2-3 所示。

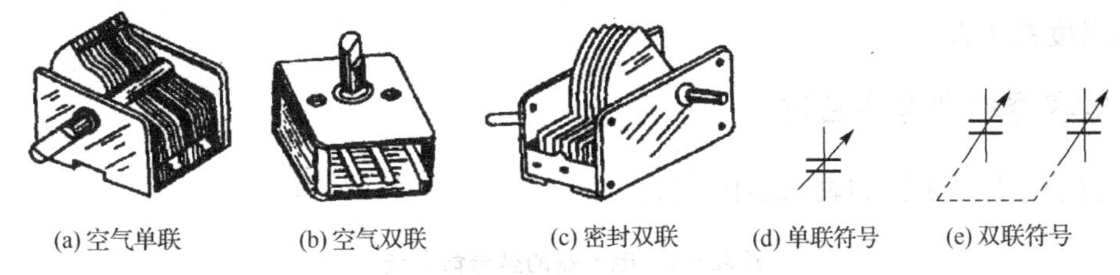

(a) 空气单联　(b) 空气双联　(c) 密封双联　(d) 单联符号　(e) 双联符号

图 A.2-3 单、双联可变电容器外形及符号

动片可以通过转轴转动，来改变动片插入定片的面积，从而改变电容的容量。一般以空气作为介质，也有用有机薄膜作为介质的，但后者的温度系数较大。

（2）按电容器介质材料分，可分为电解电容器、云母电容器、瓷介电容器、玻璃釉电容器、纸介电容器和有机薄膜电容器等几种。

① 电解电容器：以铝、钽、铌、钛等金属氧化物作介质的电容器。应用最广的是铝电解电容器。它有容量大、体积小和耐压高（但耐压越高，体积也就越大）等优点。常用于交流旁路和滤波电路中。缺点是容量误差大，且随频率而变动，绝缘电阻低。电解电容有正、负极之分（外壳为负端，另一端接头为正端）。一般，电容器外壳上都标有“+”、“−”记号，如无标记，则引线长的为“+”端，引线短的为“−”端，使用时必须注意不能接反。若接反，电解作用会反向进行，氧化膜很快变薄，漏电流急剧增大，如果所加的直流电压过大，则电容器很快发热，甚至会引起爆炸。

由于铝电解电容器具有不少缺点，在要求较高的地方常用钽、铌或钛电容器，它们比铝电解电容器的漏电流小、体积小，但成本高。

② 云母电容器：以云母作介质的电容器。其特点是高频性能稳定，损耗小、漏电流小，耐压高（从几百伏到几千伏），但容量小（从几十皮法到几万皮法）。

③ 瓷介电容器：以高介电常数、低损耗的陶瓷材料为介质，故体积较小、损耗小、温度系数小，可工作在超高频范围，但耐压较低（一般为 60～70V），容量较小（一般为 1～1000pF）。为克服容量小的缺点，现在采用铁电陶瓷和独石电容。它们的容量分别可达 680pF～0.047μF 和 0.01μF 至几微法拉，但其温度系数大、损耗大、容量误差大。

④ 玻璃釉电容器：以玻璃釉作介质，它具有瓷介电容器的优点，且体积比同容量的瓷介

电容器小。其容量范围为 4.7pF～4μF。另外，其介电常数在很宽的频率范围内保持不变，还可应用到 125℃高温下。

⑤ 纸介电容器：纸介电容器的电极用铝箔或锡箔做成，绝缘介质是浸蜡的纸，相叠后圈成圆柱体，外包防潮物质，有时外壳采用密封的铁壳以提高防潮性。大容量的电容器常在铁壳中灌满电容器油或变压器油，以提高耐压强度，被称为油浸纸介电容器。

纸介电容器的优点是在一定体积内可以得到较大的大容量，且结构简单，价格低廉。但介质损耗大，稳定性不高。主要用于低频电路中的旁路和隔直。其容量一般为 100 pF ～10μF。

新发展的纸介电容器用蒸发的方法使金属附着于纸上作为电极，因此体积大大缩小，称为金属化纸介电容器，其性能与纸介电容器相仿。但它有一个最大特点，被高压击穿后，有自愈功能，即电压恢复正常后仍能工作。

⑥ 有机薄膜电容器：用聚苯乙烯、聚四氟乙烯或涤纶等有机薄膜代替纸介质，做成的各种电容器。与纸介电容器相比，它的优点是体积小、耐压高、损耗小、绝缘电阻大和稳定性好等，但温度系数大。

A.2.2　电容器的型号命名法

电容器的型号命名法如表 A.2-1 所示。

表 A.2-1　电容器的型号命名法

第一部分		第二部分		第三部分		第四部分
用字母表示主称		用字母表示材料		用字母表示特征		用字母或数字表示序号
符号	意义	符号	意义	符号	意义	
C	电容器	C	瓷介	T	铁电	包括品种、尺寸代号、温度特性、直流工作电压、标称值、允许误差、标准代号
		I	玻璃釉	W	微调	
		O	玻璃膜	J	金属化	
		Y	云母	X	小型	
C	电容器	V	云母纸	S	独石	包括品种、尺寸代号、温度特性、直流工作电压、标称值、允许误差、标准代号
		Z	纸介	D	低压	
		J	金属化纸	M	密封	
		B	聚苯乙烯	Y	高压	
		F	聚四氟乙烯	C	穿心式	
		L	涤纶（聚酯）			
		S	聚碳酸酯			
		Q	漆膜			
		H	纸膜复合			
		D	铝电解			
		A	钽电解			
		G	金属电解			
		N	铌电解			
		T	钛电解			
		M	压敏			
		E	其他材料电解			

示例：CJX-250-4.7-±10%

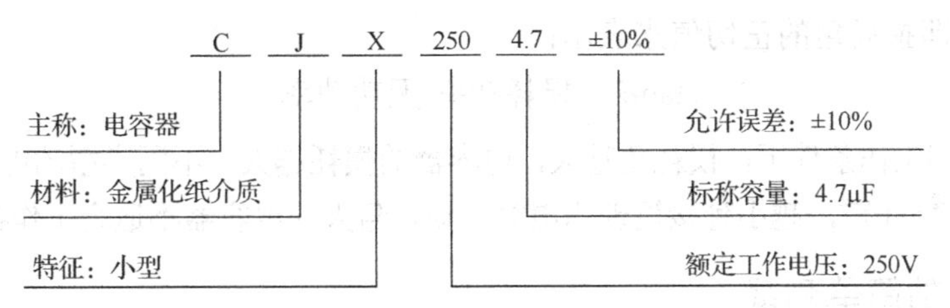

A.2.3 电容器的主要性能参数

（1）电容量

电容量是指电容器加上电压后，存储电荷的能力。常用单位是：法（F）、微法（μF）和皮法（pF）。皮法也称微微法。三者的关系为

$$10pF=10^{-6}\mu F=10^{-12}pF$$

一般，电容器上都直接写出其容量，也有的则是用数字来标志容量的。如有的电容上只标出“332”三位数值，左起两位数字给出电容量的第一、二位数字，而第三位数字则表示附加上零的个数，以pF为单位。因此“332”即表示该电容器的电容量为3300pF。

（2）标称电容量

标称电容量是标识在电容器上的“名义”电容量。我国固定式电容器标称容量系列与电阻相同，为E24、E12和E6。电解电容的标称容量参考系列为1、1.5、2.2、3.3、4.7、6.8（以μF为单位）。

（3）允许误差

允许误差是实际电容量对于标称容量的最大允许误差范围。固定电容器的允许误差分8级，如表A.2-2所示。

表A.2-2 电容器允许误差等级

级别	01	02	Ⅰ	Ⅱ	Ⅲ	Ⅳ	Ⅴ	Ⅵ
允许误差	±1%	±2%	±5%	±10%	±20%	+20%～−30%	+50%～−20%	+100%～−10%

（4）额定工作电压

额定工作电压是电容器在规定的工作温度范围内长期、可靠地工作所承受的最高工作电压。常用固定电容器的直流工作电压系列为：6.3V、10V、16V、25V、40V、63V、100V、250V和400V。

（5）绝缘电阻

绝缘电阻是加在电容器两端的直流电压与通过它的漏电流的比值。绝缘电阻一般应在5000MΩ以上，优质电容器可达TΩ（$10^{12}\Omega$ 称为太欧）级。电容绝缘性能的优劣通常用绝缘电阻与电容量的乘积来衡量，称为电容器的时间常数。电解电容的绝缘电阻较小，一般采用漏电流来表示其绝缘程度。

（6）介质损耗

理想的电容器应没有能量损耗。但实际上电容器在电场的作用下，总有一部分电能转换成热能，所损耗的能量称为电容器损耗，它包括金属极板的损耗和介质损耗两部分。小功率电容器主要是介质损耗。

所谓介质损耗，是指介质慢慢极化和介质导电引起的损耗。通常用损耗功率和电容器的存储功率之比，即损耗角的正切值来表示：

$$\tan\delta = \text{损耗功率}/\text{无功功率}$$

在同容量、同工作条件下，损耗角越大，电容器的损耗越大。不同类型的电容器，其损耗值不同，一般为 10^{-2}～10^{-4}，越小越接近理想电容。损耗角大的电容器不适合工作在高频环境下。

A.2.4　电容器的简单测试

一般，利用万用表的欧姆挡就可以简单地测量出电解电容的优劣情况，粗略地辨别出其漏电、容量衰减或失效的情况。

具体方法：选用 R×100 或 R×1k 挡，将黑表笔接电容器的正极，红表笔接电容器的负极，若表针摆动大，且返回慢，返回位置接近∞，说明该电容器正常，且电容量大；若表针摆动虽大，但返回时表针显示的值较小，说明该电容漏电流较大；若表针摆动很大，接近 0Ω，且不返回，说明该电容器已击穿；若表针不摆动，则说明电容器已开路，失效。

该方法也适用于辨别其他类型的电容器。但如果电容器容量较小时，应选择万用表的 R×10k 挡测量。另外，如果需要对电容器再进行一次测量时，必须将其放电后方可进行。

如果要求更精确地测量，可以用交流电桥和 Q 表（谐振法）来测量，这里不做介绍。

A.2.5　电容器的选用常识

（1）技术要求不同的电路，应选用不同类型的电容器。例如，谐振回路中需要介质损耗小的电容器，应选用高频陶瓷电容器（CC 型）；高频和高压电路中应选择磁介电容器和云母电容器；隔直、耦合电容可选纸介、涤纶、电解等电容器。为满足从低频到高频滤波旁路的要求，在实际电路中，常将一个大容量的电解电容器与小容量的、适合于高频的电容器并联使用。

（2）电路中，电容器的额定工作电压应高于实际工作电压的 10%～20%，对于工作电压稳定性较差的电路，应留有更大的余量，以确保电容器不被损坏和击穿。

（3）当现有电容器与电路要求的容量或耐压不适合时，可以采用串联或并联的方法予以适应。当两个工作电压不同的电容器并联时，耐压值取决于低的电容器；当两个容量不同的电容器串联时，容量小的电容器所承受的电压高于容量大的电容器。

电容器在选用时不仅要注意以上几点，有时还要考虑其体积、价格与电容器所处的工作环境（温度、湿度）等情况。

A.3　电　感　器

电感器是能够把电能转化为磁能而存储起来的元件。电感器在电路中主要起到滤波、振荡、延迟、陷波等作用，也可用作筛选信号、过滤噪声、稳定电流及抑制电磁波干扰等。

A.3.1　电感器的分类

电感器的种类很多，而且分类方法也不一样。通常按电感器的形式分为固定电感器、可变电感器、微调电感器。按磁体的性质分为空芯线圈、铜芯线圈、铁芯线圈和铁氧体线圈。按结构特点分为单层线圈、多层线圈、蜂房线圈。

各种电感线圈都具有不同的特点和用途。但它们都是用漆包线、纱包线、镀银裸铜线，绕在绝缘骨架上或铁芯上构成的，而且每圈与每圈之间要彼此绝缘。为适应各种用途的需要，电感线圈做成了各式各样的形状，如图 A.3-1 所示。

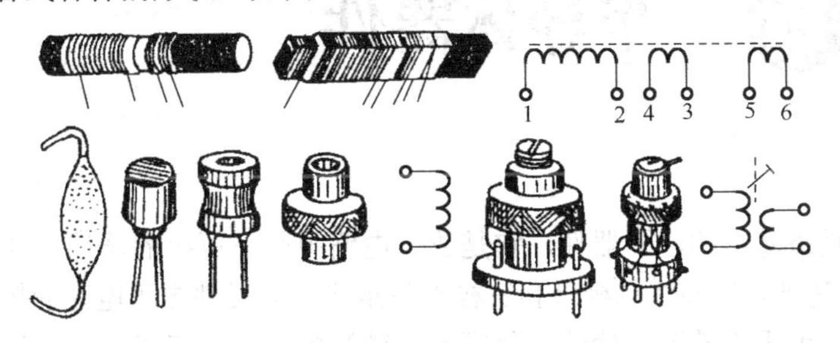

图 A.3-1　常见电感器外形及符号

A.3.2　电感器的主要性能参数

（1）电感量

电感量是指电感器通过变化电流时产生感应电动势的能力。其大小与磁导率 μ、线圈单位长度中匝数 n 及体积有关。

电感量的常用单位为 H（亨利）、mH（毫亨）、μH（微亨）。它们之间的关系为

$$1\text{H}=10^3\text{mH}=10^6\mu\text{H}$$

（2）品质因素

品质因素 Q 反映电感器传输能量的本领。Q 值越大，传输能量的本领越大，即损耗越小，一般要求 Q 为 50～300。

$$Q=\frac{\omega L}{R}$$

式中，ω 为工作角频率，L 为线圈电感量，R 为线圈电阻。

（3）额定电流

额定电流主要是对高频电感器和大功率调谐电感量而言的。当通过电感器的电流超过额定值时，电感器将发热，严重时会烧坏。

A.3.3　电感器的简单测试

用万用表的欧姆挡 R×1 或 R×10，测电感器的阻值。若为无穷大，表明电感器断路：若电阻很小，表明电感器正常。如要测电感器的电感量或 Q 值，就需要用专用电子仪表。如 QBG-3 型高频 Q 表或电桥等。

A.3.4　电感器的选用常识

（1）在选用电感器时，首先应明确其使用频率范围。铁芯线圈只能用于低频；一般铁氧体线圈、空心线圈可用于高频。其次要弄清楚线圈的电感量。

（2）线圈是磁感应元件，它对周围的电感性元件有影响。安装时一定要注意电感性元件之间的相互位置，一般应使相互靠近的电感线圈的轴线互相垂直，必要时可在电感性元件上加屏蔽罩。

附录B　半导体器件

半导体器件是最基本的电子器件，它是放大电路中必不可少的器件，也是其他电子器件（如集成电路）的基础。半导体二极管和三极管是组成分立元件电子电路的核心器件。二极管具有单向导电性，可用于整流、检波、稳压、混频等电路中。三极管对信号具有放大作用和开关作用。它们的管壳上都印有规格和型号。国产半导体器件型号命名法如表B-1所示。

表B-1　半导体器件型号命名法

第一部分		第二部分		第三部分		第四部分	第五部分
用数字表示器件的电极数		用字母表示器件的材料和极性		用字母表示器件的类别		用数字表示器件的序号	用字母表示规格号
符号	意义	符号	意义	符号	意义	意义	意义
2	二极管	A	N型锗材料	P	普通管	反映了极限参数、直流参数和交流参数的差别	反映了承受反向击穿程度。如规格为A、B、C、D，其中A承受的方向击穿电压最低，B次之
		B	P型锗材料	V	微波管		
		C	N型硅材料	W	稳压管		
		D	P型硅材料	C	参量管		
3	三极管	A	PNP型锗材料	Z	整流管		
		B	NPN型锗材料	L	整流堆		
		C	PNP型硅材料	S	隧道管		
		D	NPN型硅材料	N	阻尼管		
		E	化合物材料	U	光电器件		
				K	开关管		
				X	低频小功率管（f_a<3MHz　P_0<1W）		
				G	高频小功率管（f_a≥3MHz　P_0<1W）		
				D	低频大功率管（f_a<3MHz　P_0<1W）		
				A	高频大功率管（f_a≥3MHz　P_0<1W）		
				T	半导体闸流管（可控整流器件）		
				Y	体效应器件		
				B	雪崩管		
				J	阶跃恢复管		
				CS	场效应器件		
				BT	半导体特殊器件		
				FH	复合管		
				PIN	PIN管		
				JG	激光器件		

示例：

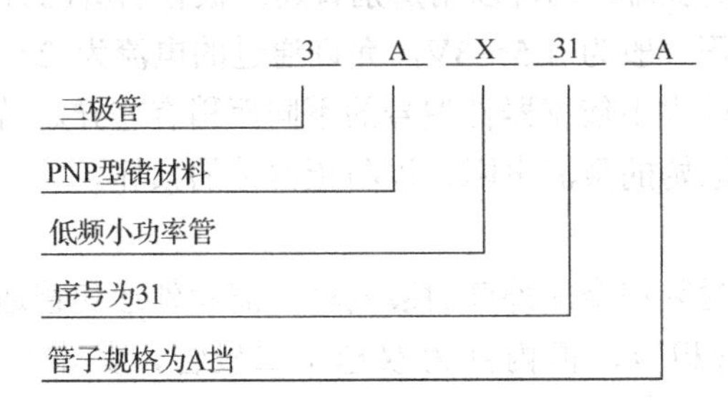

由标号可知，该管为 PNP 型低频小功率锗三极管。

B.1 二 极 管

（1）普通二极管的识别与简单测试

普通二极管一般有玻璃封装和塑料封装两种，如图 B.1-1 所示。它们的外壳上均印有型号和标记。标记箭头所指方向为阴极。有的二极管上只有一条色环，有色环的一端为阴极。

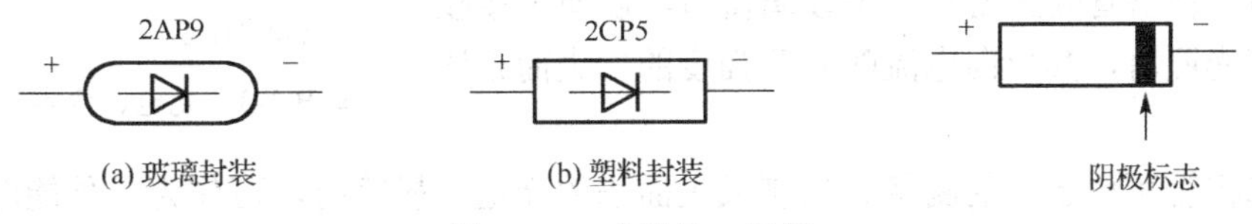

图 B.1-1 半导体二极管

若遇到型号标记不清时，可以借助数字万用表的二极管挡进行判别。根据 PN 结正向导通电阻小、反向截止电阻大的原理来确定二极管的好坏和极性。数字万用表正端（+）红表笔接表内电池的正极，负端（–）黑表笔接表内电池的负极。数字万用表的挡位置于二极管挡，将红、黑两表笔接触二极管两端，如果显示屏上显示出电压参数，则说明红表笔连接二极管的阳极，黑表笔连接二极管的阴极，并且可以根据电压值的大小判断二极管是硅材料还是锗材料。当第一次测量完成后，则应将红、黑表笔互换进行测量。如果两次测量均有电压显示，说明二极管已经失去单向导电性；若两次测量均无电压显示，则说明二极管已出现开路损坏。

（2）特殊二极管的识别与简单测试

特殊二极管的种类较多，在此只介绍 4 种常用的特殊二极管。

① 发光二极管

发光二极管通常用砷化镓、磷化镓等制成的一种新型器件。它具有工作电压低、耗电少、响应速度快、抗冲击、耐振动、性能好及轻而小的特点，被广泛应用于单个显示电路或制作成七段矩阵显示器。而在数字电路实验中，常用作逻辑显示器。发光二极管的外形及符号如图 B.1-2 所示。

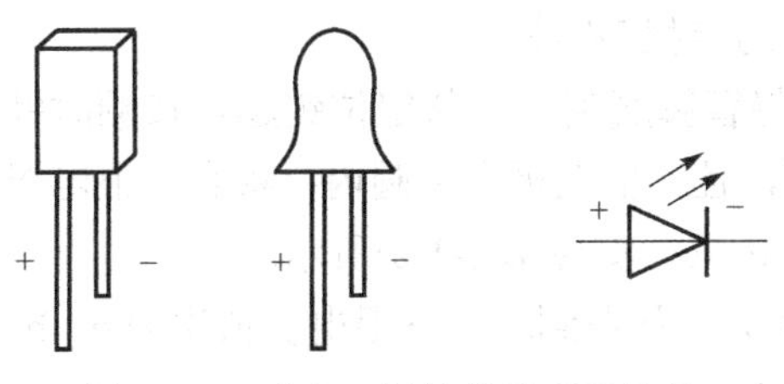

图 B.1-2 发光二极管的外形及符号

发光二极管和普通二极管一样具有单向导电性，正向导通时才能发光。发光二极管发光颜色有多种，如红、绿、黄等，形状有圆形和长方形等。发光二极管在制作时，一根引线做得比另一根引线长，通常，较长的引线表示阳极（+），另一根为阴极（–）。若辨别不出引线的长短，则可以用辨别普通二极管引脚的方法来辨别其阳极和阴极。发光二极管的正向工作电压一般为 1.5～3V，允许通过的电流为 2～20mA，电流的大小决定发光的亮度。电压、电流的大小依据器件型号的不同而稍有差异。若与 TTL 器件相连接使用时，一般需串联一个几百欧姆的限流电阻，以防止器件的损坏。

② 稳压管

稳压管有玻璃、塑料封装和金属外壳封装两种。前者外形和普通二极管相似，如 2CW7，后者外形与小功率三极管相似，但内部为双稳压二极管，其本身具有温度补偿作用，如 2CW231。

稳压管在电路中是反向连接的，它能使稳压管所接电路两端的电压稳定在一个规定的电压范围内，称为稳压值。确定稳压管稳压值的方法有三种：一是根据稳压管的型号查阅手册得知；二是在 JT-1 型晶体管测试仪上测出其伏安特性曲线获得；也可通过简单的实验电路测得。

③ 光电二极管

光电二极管是一种将光信号转换成电信号的半导体器件，其符号如图 B.1-3(a)所示。

在光电二极管管壳上备有一个玻璃窗口，以便于接收光照。当有光照时，其反向电流随光照强度的增大而正比上升。

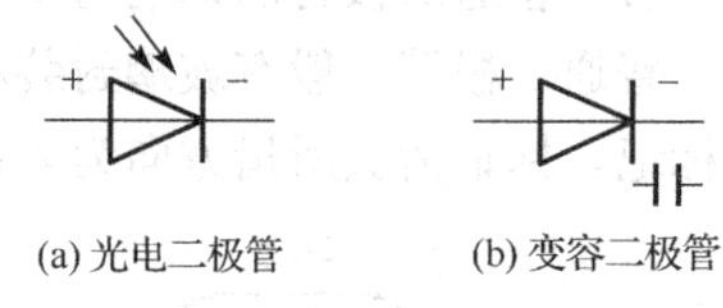

(a) 光电二极管　　(b) 变容二极管

图 B.1-3　光电、变容二极管符号

光电二极管可用于光的测量。当制成大面积的光电二极管时，可作为一种能源，称为光电池。

④ 变容二极管

变容二极管在电路中能起到可变电容的作用，其结电容随反向电压的增大而减小。变容二极管的符号如图 B.1-3(b)所示。

变容二极管主要应用于高频技术中，如变容二极管调频收音机。

B.2　三　极　管

三极管主要有 NPN 型和 PNP 型两大类。一般，可以根据命名法根据三极管管壳上的符号辨别出它的型号和类型。例如，三极管管壳上印的是 3DG6，表明它是 NPN 型高频小功率硅三极管；3AX31，则表明它是 PNP 型低频小功率锗三极管。同时，还可以根据管壳上色点的颜色来判断管子的电流放大系数β值的大致范围。以 3DG6 为例，若色点为黄色，表示β值在 30～60 之间；绿色，表示β值在 50～110 之间；蓝色，表示β值在 90～160 之间；白色，表示β值在 140～200 之间。但是也有的厂家并非按此规定，使用时要注意。

当从管壳上知道它们的类型、型号及β值后，还应进一步辨别它们的三个极。

对于小功率三极管来说，有金属外壳封装和塑料外壳封装两种。

金属外壳封装的如果管壳上带有定位销，那么，将管脚底朝上，从定位销起，按顺时针方向，三根电极依次为 e、b、c。如果管壳上无定位销，且三根电极在半圆内，将有三根电极的半圆置于上方，按顺时针方向，三根电极依次为 e、b、c，如图 B.2-1(a)所示。

塑料外壳封装的，我们面对平面，三根电极置于下方，从左到右，三根电极依次为 e、b、c，如图 B.2-1(b)所示。

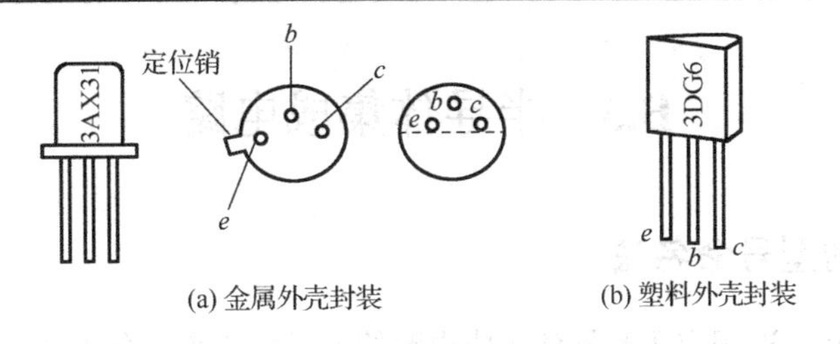

(a) 金属外壳封装 (b) 塑料外壳封装

图 B.2-1 小功率三极管引脚识别

对于大功率三极管，外形一般分 F 型和 G 型两种，如图 B.2-2 所示。F 型管，从外形上只能看到两根电极，将脚底朝上，两根电极置于左侧，则上为 e，下为 b，底座为 c；G 型管的三根电极一般在管壳的顶部，将管脚朝下，三根电极置于左方，从最下电极起，按顺时针方向，依次为 e、b、c。

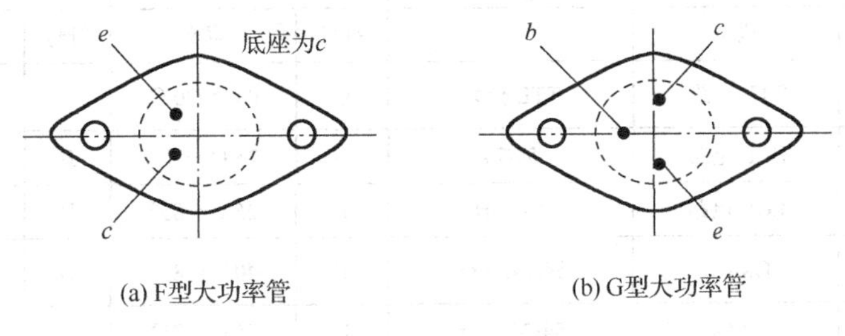

(a) F型大功率管 (b) G型大功率管

图 B.2-2 F 型和 G 型管引脚识别

三极管的引脚必须正确确认，否则，接入电路后不但不能正常工作，还可能烧坏管子。

当一个三极管没有任何标记时，可以使用指针万用表来初步确定该三极管的好坏及其类型（NPN 型还是 PNP 型），以及辨别出 e、b、c 三个极。

（1）先判断基极 b 和三极管类型

将万用表欧姆挡置于 R×100 或 R×1k 处，先假设某个引脚为三极管的“基极”，并将黑表笔接在假设的基极上，再将红表笔先后接到其余两个极上，如果两次测得的电阻值都很大（或者都很小），约为几千欧至几十千欧（或约为几百欧至几千欧），而对换表笔后测得两个电阻阻值很大（或者很小），则可确定假设的“基极”是正确的。如果两次测得的电阻值是一大一小，则可肯定原假设的“基极”是错误的，这时就必须重新假设“基极”，再重复上述的测试。最多重复两次就可以找出真正的基极。

当基极确定后，将黑表笔接基极，红表笔分别接其他两个极。此时，若测得的电阻值都很小，则该三极管为 NPN 型管；反之，则为 PNP 型管。

（2）再判断集电极 c 和发射极 e

以 NPN 型管为例，把黑表笔接到假设的集电极 c 上，红表笔接到假设的发生 e 上，并且用手捏住 b 和 c 极（不能使 b、c 直接接触），通过人体，相当于在 b、c 之间接入偏置电阻。读出表头所示 c、e 间的电阻值，然后将红、黑两表笔反接重测。若第一次电阻值比第二次小，说明原假设成立，黑表笔所接为三极管集电极 c，红表笔所接为三极管发射极 e。因为 c、e 间电阻值小，正说明通过万用表的电流大，偏置正常。

B.3 半导体集成电路

B.3.1 集成电路的型号命名法

国标 GB3430—89 标准规定了半导体集成电路的型号由 5 个部分组成，各部分符号及意义如表 B.3-1 所示。

表 B.3-1 半导体集成电路器件型号的组成

第零部分		第一部分		第二部分	第三部分		第四部分	
用字母表示器件符号国家标准		用字母表示器件的类型		用阿拉伯数字和字母表示器件系列品种	用字母表示器件的工作温度范围		用字母表示器件的封装	
符号	意义	符号	意义		符号	意义	符号	意义
C	中国制造	T	TTL 电路	TTL 分为	C	0℃～70℃	F	多层陶瓷扁平封装
C	中国制造	H	HTL 电路	54/74	G	−25℃～70℃	B	塑料扁平封装
		E	ECL 电路	54/74H	L	−25℃～85℃	H	黑陶扁平封装
		C	CMOS	54/74L×××	E	−40℃～85℃	D	多层陶瓷双列直插封装
		M	存储器	54/74S×××	R	−55℃～85℃	J	黑陶双列直插封装
		μ	微型计算机	54/74LS×××	M	−55℃～125℃	P	塑料双列直插封装
		F	线性放大器	54/74AS×××			S	塑料单列直插封装
		W	稳压器	54/74ALS×××			T	金属圆壳封装
		D	音响、电视电路	54/74F×××			K	金属菱形封装
		B	非线性电路				C	陶瓷芯片载体封装
		J	接口电路	CMOS 分为			E	塑料芯片载体封装
		AD	A/D 转换器	4000 系列			G	网格针栅陈列封装
		DA	D/A 转换器	54/74HC×××			SOIC	小引线封装
		SC	通信专用电路	54/74HCT×××			PCC	塑料芯片载体封装
		SS	敏感电路				LCC	陶瓷芯片载体封装
		SW	中表电路					
		SJ	机电仪电路					
		SP	复印件电路					

示例：

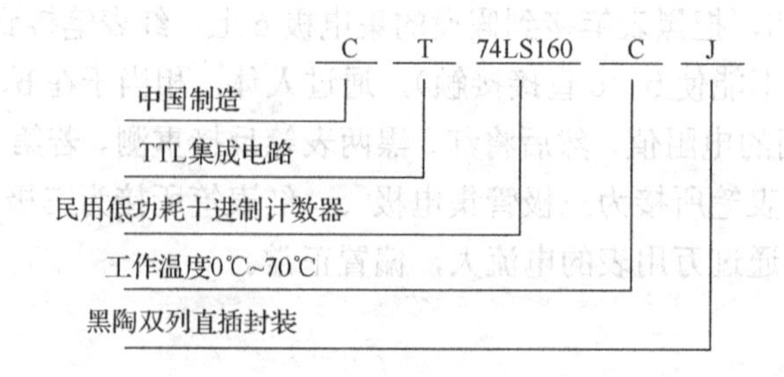

B.3.2 集成电路的分类

集成电路是现代电子电路的重要组成部分，它具有体积小、耗电少、工作性能好等一系列优点。

概括来说，集成电路按制造工艺，可分为半导体集成电路、薄膜集成电路和由二者组合而成的混合集成电路。

按功能，可分为模拟集成电路和数字集成电路。

按集成度，可分为小规模集成电路（SSI，集成度<10个门电路）、中规模集成电路（MSI，集成度 10～100 个门电路）、大规模集成电路（LSI，集成度 100～1000 个门电路）及超大规模集成电路（VLSI，集成度>1000 个门电路）。

按外形，由可分为圆形（金属外壳晶体管封装型，适用于大功率）、扁平形（稳定性好、体积小）和双列直插型（有利于采用大规模生产技术进行焊接，因此获得广泛应用）。

目前，已经成熟的集成逻辑技术主要有三种：TTL 逻辑（晶体管-晶体管逻辑）、COMS 逻辑（互补金属-氧化物-半导体逻辑）和 ECL 逻辑（发射极耦合逻辑）。

（1）TTL 逻辑

TTL 逻辑由美国德克萨斯仪器公司于 1964 年生产，其发展速度快、系列品种多。所有 TTL 电路的输入、输出电平均是兼容的。该系列有两个常用的系列化产品，74 系列和 54 系列。74 系列器件为民用品，54 系列器件为军用品，其参数如表 B.3-2 所示。

表 B.3-2 常用 TTL 系列产品参数

TTL 系列	工作环境温度	电源电压范围
民用 74×××	0℃～+75℃	+4.75～+5.25V
军用 54×××	−55℃～+125℃	+4.5～+5.5V

TTL 器件分为 5 大类，如表 B.3-3 所示。若将表中的 74 换成 54，就是 54 系列的分类表。

表 B.3-3 TTL 逻辑器件分类

种类	字头	举例	国内对应系列
标准 TTL	74×××	7400，74161	CT74×××
高速 TTL	74H×××	74H00，74H161	CT74H×××
低功耗 TTL	74L×××	74L00，74L161	CT74L×××
肖特基 TTL	74S×××	74S00，74S161	CT74S×××
低功耗肖特基 TTL	74LS×××	74LS00，74LS161	CT74LS×××

（2）COMS 逻辑

CMOS 逻辑的特点是功耗低、工作电源范围较宽、速度快（可达 7MHz）。国际上通用的 CMOS 数字逻辑电路主要是美国无线电（RCA）公司的 CD4000 系列产品和美国摩托罗拉（Motorola）公司开发的 MC14000 系列产品。CD4000A 系列的电源电压为 3～15V，输出驱动能力稍差；CD4000B 系列的电源电压为 3～18V，在 5V 电源时可驱动一个 74LS 系列 TTL 电路或两个 74ALS 系列电路，因此 B 系列器件可以与 TTL 电路混合使用。常用的 CMOS 器件的分类如表 B.3-4 所示。

表 B.3-4 CMOS 逻辑器件分类

种类	名称	举例	国内对应系列
CMOS	互补场效应管系列	CD4001	CC4000（CC14000）系列
HCMOS	高速 CMOS 系列	74HC00，54HC00	CC54HC/74HC
HCT	与 TTL 电平兼容的 HCMOS 系列	74HCT20，54HCT20	CC54HCT/74HCT
AC	先进 CMOS 系列	74AC02，50AC02	

74 系列的高速 CMOS 电路主要有两类：74HC××（为 CMOS 工作电平）和 74HCT××（为 TTL 工作电平）。该系列的速度比一般的 CMOS 电路快，与 TTL 系列同品种代号的引脚兼容。

无论是 TTL 的 54/74 系列，还是 CMOS 的 4000 系列和 14000 系列，具有相同型号的产品，其引脚功能和排列通常都是一样的，只是它们的型号前面加上各个公司的前缀。如在 54/74 系列型号前面冠有 SN，则表示美国德克萨斯公司的 TTL 集成电路；在 4000、14000 系列前面冠有 HD，则表明该器件是日本日立公司的 CMOS 集成电路。

（3）ECL 逻辑

ECL 逻辑的最大特点是工作速度高。因为在 ECL 电路中，数字逻辑电路形式采用非饱和型，消除了三极管的存储时间，大大加快了工作速度。MECL Ⅰ系列产品是美国摩托罗拉公司于 1962 年生产的，后来又生产了改进型 MECL Ⅱ、MECL HⅠ型及 MECL10000。

以上几种逻辑电路的有关参数比较列于表 B.3-5 中。

表 B.3-5 几种逻辑电路的参数比较

电路种类	工作电压	每个门的消耗	门延时	扇出系数
TTL 标准	+5V	10mW	10ns	10
TTL 标准肖特基	+5V	20mW	3ns	10
TTL 低功耗肖特基	+5V	2mW	10ns	10
ECL 标准	–5.2V	25mW	2ns	10
ECL 高速	–5.2V	40mW	0.75ns	10
CMOS	+5～15V	μW 级	ns 级	50

B.3.3 集成电路外引线的识别

使用集成电路前，必须认真查对和识别集成电路的引脚，确认电源、低、输入、输出、控制等端的引脚号，以免因错接而损坏器件。引脚排列的一般规律为：

圆形集成电路：识别时，面向引脚正视，从定位销顺时针方向依次为 1、2、3、4……圆形多用于模拟集成电路。

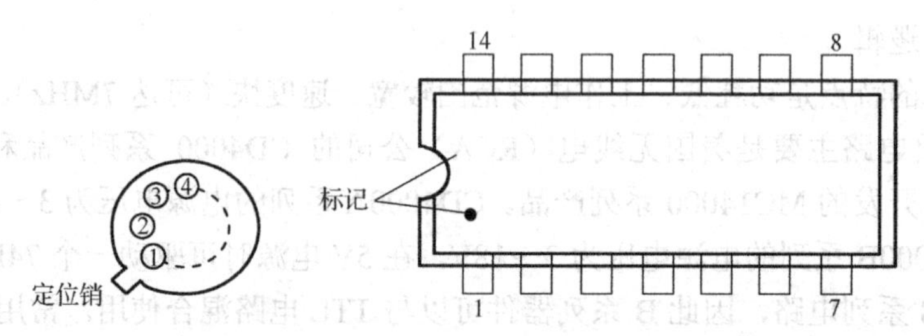

图 B.3-1 集成电路外引线的识别

扁平形和双列直插型集成电路：识别时，将文字符号标记正放（一般集成电路上有一圆点或缺口，将圆点或缺口置于左方），由顶部俯视，从左下角起，按逆时针方向数，依次为1、2……扁平形多用于数字集成电路。双列直插型广泛应用于模拟和数字集成电路。

B.4 常用集成电路说明

B.4.1 部分集成电路外引线排列图

（1）74系列

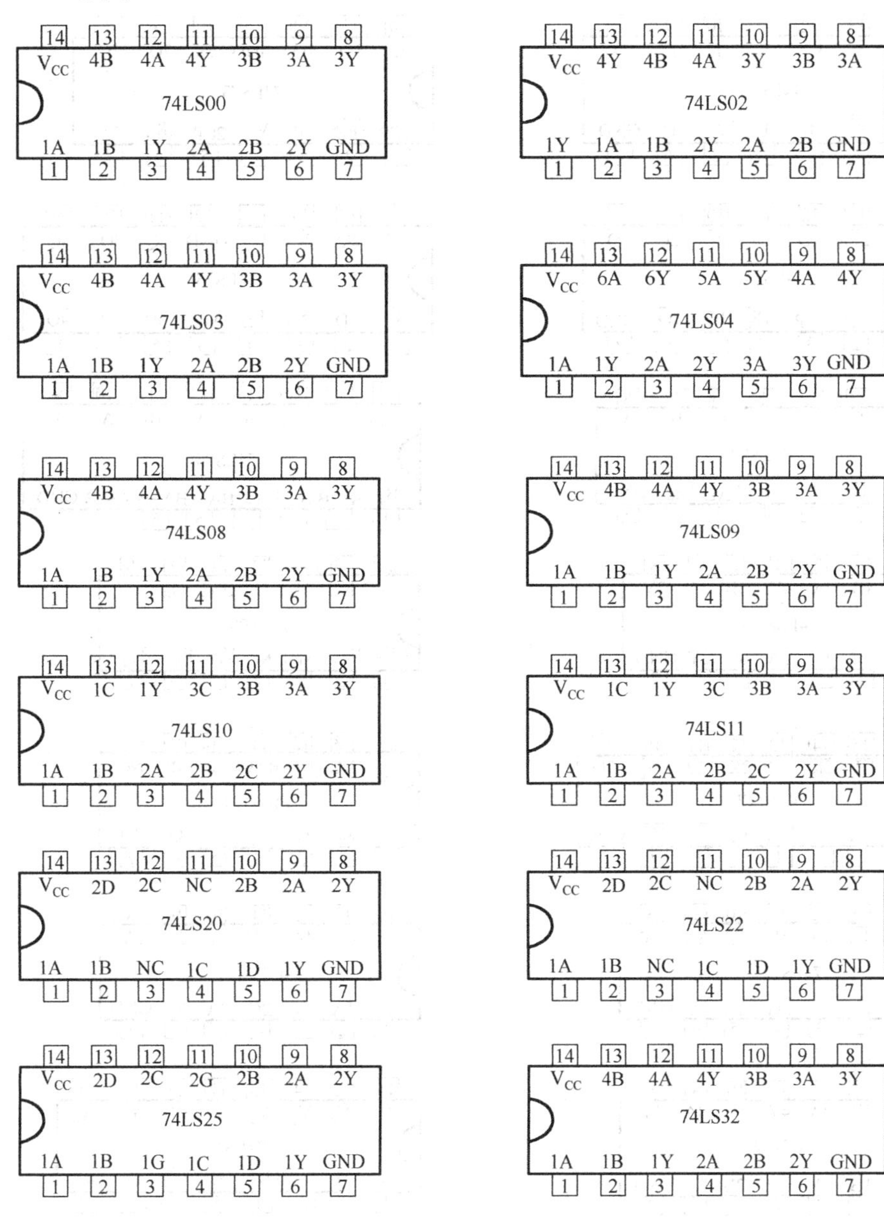

74LS48

Pin	16	15	14	13	12	11	10	9
	V_{CC}	f	g	a	b	c	d	e
Pin	1	2	3	4	5	6	7	8
	B	C	$\overline{LT}$	$\overline{BI/RB0}$	$\overline{RBI}$	D	A	GND

74LS54

Pin	14	13	12	11	10	9	8
	V_{CC}	J	I	H	G	F	NC
Pin	1	2	3	4	5	6	7
	A	B	C	D	E	Y	GND

74LS72

Pin	14	13	12	11	10	9	8
	V_{CC}	$\overline{S_D}$	CP	K_3	K_2	K_1	Q
Pin	1	2	3	4	5	6	7
	NC	$\overline{R_D}$	J_1	J_2	J_3	Q	GND

74LS74

Pin	14	13	12	11	10	9	8
	V_{CC}	$\overline{2R_D}$	2D	2CP	$\overline{2S_D}$	2Q	$\overline{2Q}$
Pin	1	2	3	4	5	6	7
	$\overline{1R_D}$	1D	1CP	$\overline{1S_D}$	1Q	$\overline{1Q}$	GND

74LS80

Pin	14	13	12	11	10	9	8
	V_{CC}	F	E	D	C	B	A
Pin	1	2	3	4	5	6	7
	G	H	NC	I	Σ_{EVEN}	Σ_{ODD}	GND

74LS86

Pin	14	13	12	11	10	9	8
	V_{CC}	4B	4A	4Y	3B	3A	3Y
Pin	1	2	3	4	5	6	7
	1A	1B	1Y	2A	3B	2Y	GND

74LS112

Pin	16	15	14	13	12	11	10	9
	V_{CC}	$\overline{1R_D}$	$\overline{2R_D}$	2CP	2K	2J	$\overline{2S_D}$	2Q
Pin	1	2	3	4	5	6	7	8
	1CP	1K	1J	$\overline{1S_D}$	1Q	$\overline{1Q}$	$\overline{2Q}$	GND

74LS125

Pin	14	13	12	11	10	9	8
	V_{CC}	$\overline{4G}$	4A	4Y	$\overline{3G}$	3A	3Y
Pin	1	2	3	4	5	6	7
	$\overline{1G}$	1A	1Y	$\overline{2G}$	2A	2Y	GND

74LS132

Pin	14	13	12	11	10	9	8
	V_{CC}	4B	4A	4Y	3B	3A	3Y
Pin	1	2	3	4	5	6	7
	1A	1B	1Y	2A	2B	2Y	GND

74LS51

Pin	14	13	12	11	10	9	8
	V_{CC}	1B	NC	NC	1D	1C	1Y
Pin	1	2	3	4	5	6	7
	1A	2A	2B	2C	2D	2Y	GND

74LS55

Pin	14	13	12	11	10	9	8
	V_{CC}	H	G	F	E	NC	Y
Pin	1	2	3	4	5	6	7
	A	B	C	D	NC	NC	GND

74LS73

Pin	14	13	12	11	10	9	8
	1J	$\overline{1Q}$	1Q	GND	2K	2Q	2Q
Pin	1	2	3	4	5	6	7
	1CP	$\overline{1R_D}$	1K	V_{CC}	2CP	$\overline{2R_D}$	2J

74LS75

Pin	16	15	14	13	12	11	10	9
	1Q	2Q	$\overline{2Q}$	E_{01}	GND	$\overline{3Q}$	3Q	4Q
Pin	1	2	3	4	5	6	7	8
	$\overline{1Q}$	1D	2D	E_{23}	V_{CC}	3D	4D	$\overline{4Q}$

74LS85

Pin	16	15	14	13	12	11	10	9
	V_{CC}	A_3	B_2	A_2	A_1	B_1	A_0	B_0
Pin	1	2	3	4	5	6	7	8
	B_3	$A<B$	$A=B$	$A>B$	$A>B$	$A=B$	$A<B$	GND

74LS90

Pin	14	13	12	11	10	9	8
	CK_A	NC	Q_A	Q_D	GND	Q_B	Q_C
Pin	1	2	3	4	5	6	7
	CK_B	$R_{0(1)}$	$R_{0(2)}$	NC	V_{CC}	$R_{9(1)}$	$R_{9(2)}$

74LS121

Pin	14	13	12	11	10	9	8
	V_{CC}	NC	NC	Re/Ce	Ce	Ri	NC
Pin	1	2	3	4	5	6	7
	Q	NC	A_1	A_2	B	Q	GND

74LS126

Pin	14	13	12	11	10	9	8
	V_{CC}	4C	4A	4Y	3C	3A	3Y
Pin	1	2	3	4	5	6	7
	1C	1A	1Y	2C	2A	2Y	GND

74LS138

Pin	16	15	14	13	12	11	10	9
	V_{CC}	Y_0	Y_1	Y_2	Y_3	Y_4	Y_5	Y_6
Pin	1	2	3	4	5	6	7	8
	A	B	C	$\overline{G_{2A}}$	$\overline{G_{2B}}$	$\overline{G_{3B}}$	Y_7	GND

16 15 14 13 12 11 10 9
V_{CC} $\overline{2G}$ 2A 2B $2Y_0$ $2Y_1$ $2Y_2$ $2Y_3$
74LS139
$\overline{1G}$ 1A 1B $1Y_0$ $1Y_1$ $1Y_2$ $1Y_3$ GND
1 2 3 4 5 6 7 8

16 15 14 13 12 11 10 9
V_{CC} D_4 D_5 D_6 D_7 A B C
74LS151
D_3 D_2 D_1 D_0 Y W $\overline{G}$ GND
1 2 3 4 5 6 7 8

16 15 14 13 12 11 10 9
V_{CC} 2G A $2C_3$ $2C_2$ $2C_1$ $2C_0$ 2Y
74LS153
1G B $1C_3$ $1C_2$ $1C_1$ $1C_0$ 1Y GND
1 2 3 4 5 6 7 8

16 15 14 13 12 11 10 9
V_{CC} RCO Q_A Q_B Q_C Q_D CET LD
74LS160/161
R_D CP A B C D CEP GND
1 2 3 4 5 6 7 8

16 15 14 13 12 11 10 9
V_{CC} RCO Q_A Q_B Q_C Q_D CET $\overline{LD}$
74LS163
R_D CP A B C D CEP GND
1 2 3 4 5 6 7 8

16 15 14 13 12 11 10 9
V_{CC} 4Q $\overline{4Q}$ 4D 3D $\overline{3Q}$ 3Q CP
74LS175
$\overline{R_D}$ 1Q $\overline{1Q}$ 1D 2D $\overline{2Q}$ 2Q GND
1 2 3 4 5 6 7 8

14 13 12 11 10 9 8
V_{CC} 2A 2B $2C_n$ $2C_{n+1}$ NC 2Σ
74LS183
1A NC 1B $1C_n$ $1C_{n+1}$ 1Σ GND
1 2 3 4 5 6 7

16 15 14 13 12 11 10 9
V_{CC} A R_D $\overline{BO}$ $\overline{CO}$ $\overline{LD}$ B C
74LS192
B Q_B Q_A $\overline{CP_D}$ $\overline{CP}$ Q_C Q_D GND
1 2 3 4 5 6 7 8

16 15 14 13 12 11 10 9
V_{CC} A R_D $\overline{BO}$ $\overline{CO}$ $\overline{LD}$ C D
74LS193
B Q_B Q_A $\overline{CP_D}$ $\overline{CP_U}$ Q_C Q_D GND
1 2 3 4 5 6 7 8

16 15 14 13 12 11 10 9
V_{CC} Q_0 Q_1 Q_2 Q_3 CP S_1 S_0
74LS194
$\overline{CR}$ S_R D_0 D_1 D_2 D_3 S_L GND
1 2 3 4 5 6 7 8

14 13 12 11 10 9 8
V_{CC} $\overline{CR}$ Q_3 D_3 D_1 Q_1 $\overline{CP_0}$
74LS196
CT/$\overline{LD}$ Q_2 D_2 D_0 Q_0 $\overline{CP_1}$ GND
1 2 3 4 5 6 7

16 15 14 13 12 11 10 9
V_{CC} B_3 A_3 Σ_3 A_4 B_4 Σ_4 C_4
74LS283
Σ_2 B_2 A_2 Σ_1 A_1 B_1 C_0 GND
1 2 3 4 5 6 7 8

20 19 18 17 16 15 14 13 12 11
V_{CC} 8Q 8D 7D 7Q 6Q 6D 5D 5Q C
74LS373
$\overline{OC}$ 1Q 1D 2D 2Q 3Q 3D 4D 4Q GND
1 2 3 4 5 6 7 8 9 10

（2）4000系列

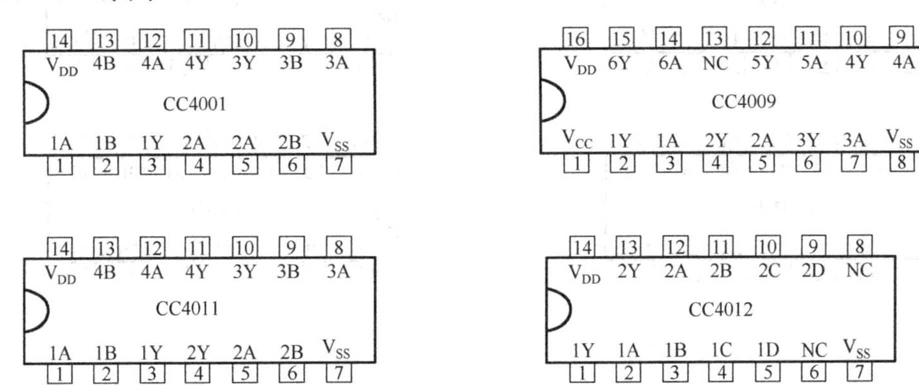

CC4013

14	13	12	11	10	9	8
V_{DD}	Q_2	$\overline{Q_2}$	CP_2	R_2	D_2	S_2
Q_1	$\overline{Q_1}$	CP_1	R_1	D_1	S_1	V_{SS}
1	2	3	4	5	6	7

CC4017

16	15	14	13	12	11	10	9
V_{DD}	R	CP	EN	$\overline{CO}$	Y_9	Y_4	Y_8
Y_5	Y_1	Y_0	Y_2	Y_6	Y_7	Y_3	V_{SS}
1	2	3	4	5	6	7	8

CC4020

16	15	14	13	12	11	10	9
V_{DD}	Q_{11}	Q_{10}	Q_8	Q_9	R	CP	Q_1
Q_{12}	Q_{13}	Q_{14}	Q_6	Q_5	Q_7	Q_4	V_{SS}
1	2	3	4	5	6	7	8

CC4022

16	15	14	13	12	11	10	9
V_{DD}	R	CP	EN	$\overline{CO}$	Y_4	Y_7	NC
Y_1	Y_0	Y_2	Y_5	Y_6	NC	Y_3	V_{SS}
1	2	3	4	5	6	7	8

CC4042

14	13	12	11	10	9	8
V_{DD}	NC	Q_1	Q_2	NC	Q_3	NC
CP	R	Q_7	Q_6	Q_5	Q_4	V_{SS}
1	2	3	4	5	6	7

CC4027

16	15	14	13	12	11	10	9
V_{DD}	Q_1	$\overline{Q_1}$	CP_1	R_1	K_1	J_1	S_1
Q_2	$\overline{Q_2}$	CP_2	P_2	K_2	J_2	S_2	V_{SS}
1	2	3	4	5	6	7	8

CC4028

16	15	14	13	12	11	10	9
V_{DD}	Y_3	Y_1					Y_8
Y_4	Y_2	Y_0	Y_7	Y_9	Y_5	Y_6	V_{SS}
1	2	3	4	5	6	7	8

CC4030

14	13	12	11	10	9	8
V_{DD}	4B	4A	4Y	3Y	3B	3A
1A	1B	1Y	2Y	2A	2B	V_{SS}
1	2	3	4	5	6	7

CC4040

16	15	14	13	12	11	10	9
V_{DD}	Q_{11}	Q_{10}	Q_8	Q_9	RST	$\overline{CLK}$	Q_1
Q_{12}	Q_6	Q_5	Q_7	Q_4	Q_3	Q_2	V_{SS}
1	2	3	4	5	6	7	8

CC4043

16	15	14	13	12	11	10	9
V_{DD}	R_3	S_3	NC	R_2	R_2	Q_2	Q_1
Q_3	Q_0	R_0	S_0	EN	S_1	R_1	V_{SS}
1	2	3	4	5	6	7	8

CC4051

16	15	14	13	12	11	10	9
V_{DD}	X_2	X_1	X_0	X_3	A	B	C
X_4	X_6	COM	X_7	X_5	INH	V_{EE}	V_{SS}
1	2	3	4	5	6	7	8

CC4060

16	15	14	13	12	11	10	9
V_{DD}	Q_{10}	Q_8	Q_9	RST	ϕ_0	ϕ_0	ϕ_1
Q_{12}	Q_{13}	Q_{14}	Q_6	Q_5	Q_7	Q_4	V_{SS}
1	2	3	4	5	6	7	8

CC4068

14	13	12	11	10	9	8
V_{DD}	J	H	G	F	E	NC
K	A	B	C	D	NC	V_{SS}
1	2	3	4	5	6	7

CC4069

14	13	12	11	10	9	8
V_{DD}	6A	6Y	5A	5Y	4A	4Y
1A	1Y	2A	2Y	3A	3Y	V_{SS}
1	2	3	4	5	6	7

CC4070B

14	13	12	11	10	9	8
V_{DD}	4B	4A	4Y	3Y	3B	3A
1A	1B	1Y	2Y	2A	2B	V_{SS}
1	2	3	4	5	6	7

CC4071

14	13	12	11	10	9	8
V_{DD}	4B	4A	4Y	3Y	3B	3A
1A	1B	1Y	2Y	2A	2B	V_{SS}
1	2	3	4	5	6	7

(3) 45系列

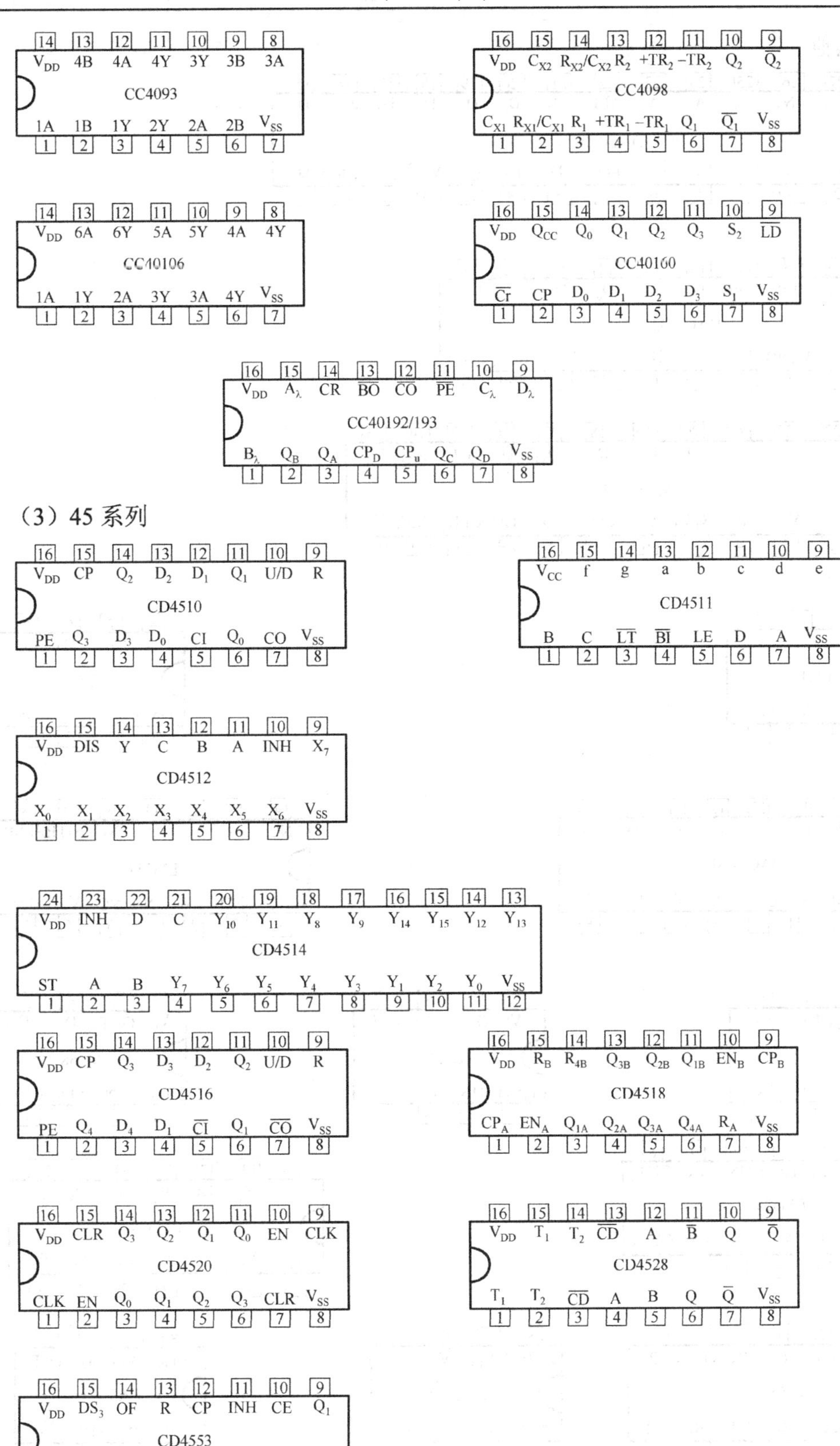

VDD 4B 4A 4Y 3Y 3B 3A
CC4093
1A 1B 1Y 2Y 2A 2B VSS
VDD CX2 RX2/CX2 R2 +TR2 −TR2 Q2 Q̄2
CC4098
CX1 RX1/CX1 R1 +TR1 −TR1 Q1 Q̄1 VSS
VDD 6A 6Y 5A 5Y 4A 4Y
CC40106
1A 1Y 2A 3Y 3A 4Y VSS
VDD QCC Q0 Q1 Q2 Q3 S2 LD
CC40160
Cr CP D0 D1 D2 D3 S1 VSS
VDD Aλ CR BO CO PE Cλ Dλ
CC40192/193
Bλ QB QA CPD CPu QC QD VSS
VDD CP Q2 D2 D1 Q1 U/D R
CD4510
PE Q3 D3 D0 CI Q0 CO VSS
VCC f g a b c d e
CD4511
B C LT BI LE D A VSS
VDD DIS Y C B A INH X7
CD4512
X0 X1 X2 X3 X4 X5 X6 VSS
VDD INH D C Y10 Y11 Y8 Y9 Y14 Y15 Y12 Y13
CD4514
ST A B Y7 Y6 Y5 Y4 Y3 Y1 Y2 Y0 VSS
VDD CP Q3 D3 D2 Q2 U/D R
CD4516
PE Q4 D4 D1 CI Q1 CO VSS
VDD RB R4B Q3B Q2B Q1B ENB CPB
CD4518
CPA ENA Q1A Q2A Q3A Q4A RA VSS
VDD CLR Q3 Q2 Q1 Q0 EN CLK
CD4520
CLK EN Q0 Q1 Q2 Q3 CLR VSS
VDD T1 T2 CD A B Q Q̄
CD4528
T1 T2 CD A B Q Q̄ VSS
VDD DS3 OF R CP INH CE Q1
CD4553
DS2 DS1 C1B C1A Q4 Q3 Q2 VSS

(4) 其他

DAC0809

28	27	26	25	24	23	22	21	20	19	18	17	16	15
IN_2	IN_1	IN_0	A_0	A_1	A_2	ALE	D_7	D_6	D_5	D_4	D_0	$V_{REF(-)}$	D_2
IN_3	IN_4	IN_5	IN_6	IN_7	STA	EOC	D_3	EN	CP	V_{CC}	$V_{REF(+)}$	GND	D_1
1	2	3	4	5	6	7	8	9	10	11	12	13	14

DAC0832

20	19	18	17	16	15	14	13	12	11
V_{CC}	ILE	WR	XFER	D_4	D_5	D_6	D_7	I_{OUT2}	I_{OUT1}
CS	WR_1	AGND	D_3	D_2	D_1	D_0	V_{REF}	R_{FB}	DGND
1	2	3	4	5	6	7	8	9	10

MC14433

24	23	22	21	20	19	18	17	16	15	14	13
V_{DD}	Q_3	Q_2	Q_1	Q_0	D_{S1}	D_{S2}	D_{S3}	D_{S4}	$\overline{OR}$	EOC	V_{SS}
V_{AG}	V_{REF}	V_X	R_1	R_1/C_1	C_1	CO_1	CO_2	DU	CLK_1	CLK_0	V_{EE}
1	2	3	4	5	6	7	8	9	10	11	12

μA741

8	7	6	5
NC	V_{CC+}	V_o	NC
NC	V_-	V_+	V_{CC-}
1	2	3	4

NE555

8	7	6	5
V_{CC}	D	TH	CO
GND	TL	V_o	R
1	2	3	4

DAC-IC8B

16	15	14	13	12	11	10	9
补偿	NC	NC	V_+	D_0	D_1	D_2	D_3
方式选择	GND	V_-	OUT	D_7	D_6	D_5	D_4
1	2	3	4	5	6	7	8

LM311

14	13	12	11	10	9	8
NC	NC	NC	V_+	NC	OUT	BAL/STR
NC	GND	+IN	−IN	NC	V_-	BAL
1	2	3	4	5	6	7

LM301

8	7	6	5
COMP	V_{DD}	OUT	NC
COMP	−IN	+IN	V_{SS}
1	2	3	4

LM311

8	7	6	5
V_+	OUT	B/S	BAL
GND	+IN	−IN	V_-
1	2	3	4

LM358

8	7	6	5
V_{CC}	OUT_2	$-IN_2$	$+IN_2$
OUT_1	$-IN_1$	$+IN_1$	GND
1	2	3	4

LM324

14	13	12	11	10	9	8
OUT_4	$-IN_4$	$+IN_4$	GND	$+IN_3$	$-IN_3$	OUT_3
OUT_1	$-IN_1$	$+IN_1$	V_{CC}	$+IN_2$	$-IN_2$	OUT_2
1	2	3	4	5	6	7

LM339

14	13	12	11	10	9	8
Y_3	Y_4	GND	B_4	A_4	B_3	A_3
Y_2	Y_1	V_{CC}	A_1	B_1	A_2	B_2
1	2	3	4	5	6	7

NE556

14	13	12	11	10	9	8
V_{CC}	D_2	TH_2	CO_2	R_2	OUT_2	TR_2
D_1	TH_1	CO_1	R_1	OUT_1	TR_1	GND
1	2	3	4	5	6	7

CC3130

8	7	6	5
选通补偿	V_{DD}	V_o	调零
调零补偿	V_-	V_+	V_{ss}
1	2	3	4

CA3140

8	7	6	5
STR	$+V_{CC}$	OUT	OFF
OFF	−IN	+IN	$-V_{CC}$
1	2	3	4

B.4.2 常用数字集成电路代号及名称

（1）74 系列芯片名称及解释

代号	名称
74LS00	2 输入端四与非门
74LS01	集电极开路 2 输入端四与非门
74LS02	2 输入端四或非门
74LS03	集电极开路 2 输入端四与非门
74LS04	六反相器
74LS05	集电极开路六反相器
74LS06	集电极开路六反相高压驱动器
74LS07	集电极开路六正相高压驱动器
74LS08	2 输入端四与门
74LS09	集电极开路 2 输入端四与门
74LS10	3 输入端三与非门
74LS107	带清除主从双 JK 触发器
74LS109	带预置清除正触发双 JK 触发器
74LS11	3 输入端三与门
74LS112	带预置清除负触发双 J-K 触发器
74LS12	开路输出 3 输入端三与非门
74LS121	单稳态多谐振荡器
74LS122	可再触发单稳态多谐振荡器
74LS123	双可再触发单稳态多谐振荡器
74LS125	三态输出高有效四总线缓冲门
74LS126	三态输出低有效四总线缓冲门
74LS13	4 输入端双与非施密特触发器
74LS132	2 输入端四与非施密特触发器
74LS133	13 输入端与非门
74LS136	四异或门
74LS138	3 线-8 线译码器/复工器
74LS139	双 2 线-4 线译码器/复工器
74LS14	六反相施密特触发器
74LS145	BCD−十进制译码/驱动器
74LS15	开路输出 3 输入端三与门
74LS150	16 选 1 数据选择/多路开关
74LS151	8 选 1 数据选择器
74LS153	双 4 选 1 数据选择器
74LS154	4 线−16 线译码器

74LS155 图腾柱输出译码器/分配器
74LS156 开路输出译码器/分配器
74LS157 同相输出四 2 选 1 数据选择器
74LS158 反相输出四 2 选 1 数据选择器
74LS16 开路输出六反相缓冲/驱动器
74LS160 可预置 BCD 异步清除计数器
74LS161 可预置 4 位二进制异步清除计数器
74LS162 可预置 BCD 同步清除计数器
74LS163 可预置 4 位二进制同步清除计数器
74LS164 8 位串行入/并行输出移位寄存器
74LS165 8 位并行入/串行输出移位寄存器
74LS166 8 位并入/串出移位寄存器
74LS169 二进制 4 位加/减同步计数器
74LS17 开路输出六同相缓冲/驱动器
74LS170 开路输出 4×4 寄存器堆
74LS173 三态输出 4 位 D 型寄存器
74LS174 带公共时钟和复位六 D 触发器
74LS175 带公共时钟和复位四 D 触发器
74LS180 9 位奇数/偶数发生器/校验器
74LS181 算术逻辑单元/函数发生器
74LS185 二进制-BCD 代码转换器
74LS190 BCD 同步加/减计数器
74LS191 二进制同步可逆计数器
74LS192 可预置 BCD 双时钟可逆计数器
74LS193 可预置 4 位二进制双时钟可逆计数器
74LS194 4 位双向通用移位寄存器
74LS195 4 位并行通道移位寄存器
74LS196 十进制/二-十进制可预置计数锁存器
74LS197 二进制可预置锁存器/计数器
74LS20 4 输入端双与非门
74LS21 4 输入端双与门
74LS22 开路输出 4 输入端双与非门
74LS221 双/单稳态多谐振荡器
74LS240 八反相三态缓冲器/线驱动器
74LS241 八同相三态缓冲器/线驱动器
74LS243 四同相三态总线收发器
74LS244 八同相三态缓冲器/线驱动器
74LS245 八同相三态总线收发器
74LS247 BCD-七段 15V 输出译码/驱动器

74LS248	BCD-七段译码/升压输出驱动器
74LS249	BCD-七段译码/开路输出驱动器
74LS251	三态输出 8 选 1 数据选择器/复工器
74LS253	三态输出双 4 选 1 数据选择器/复工器
74LS256	双四位可寻址锁存器
74LS257	三态原码四 2 选 1 数据选择器/复工器
74LS258	三态反码四 2 选 1 数据选择器/复工器
74LS259	8 位可寻址锁存器/3 线-8 线译码器
74LS26	2 输入端高压接口四与非门
74LS260	5 输入端双或非门
74LS266	2 输入端四异或非门
74LS27	3 输入端三或非门
74LS273	带公共时钟复位八 D 触发器
74LS279	四图腾柱输出 SR 锁存器
74LS28	2 输入端四或非门缓冲器
74LS283	4 位二进制全加器
74LS290	二/五分频十进制计数器
74LS293	二/八分频 4 位二进制计数器
74LS295	4 位双向通用移位寄存器
74LS298	四 2 输入多路带存贮开关
74LS299	三态输出 8 位通用移位寄存器
74LS30	8 输入端与非门
74LS32	2 输入端四或门
74LS322	带符号扩展端八位移位寄存器
74LS323	三态输出 8 位双向移位/存贮寄存器
74LS33	开路输出 2 输入端四或非缓冲器
74LS347	BCD-七段译码器/驱动器
74LS352	双 4 选 1 数据选择器/复工器
74LS353	三态输出双 4 选 1 数据选择器/复工器
74LS365	门使能输入三态输出六同相线驱动器
74LS366	门使能输入三态输出六反相线驱动器
74LS367	4/2 线使能输入三态六同相线驱动器
74LS368	4/2 线使能输入三态六反相线驱动器
74LS37	开路输出 2 输入端四与非缓冲器
74LS373	三态同相八 D 锁存器
74LS374	三态反相八 D 锁存器
74LS375	4 位双稳态锁存器
74LS377	单边输出公共使能八 D 锁存器
74LS378	单边输出公共使能六 D 锁存器

74LS379	双边输出公共使能四 D 锁存器
74LS38	开路输出 2 输入端四与非缓冲器
74LS380	多功能八进制寄存器
74LS39	开路输出 2 输入端四与非缓冲器
74LS390	双十进制计数器
74LS393	双 4 位二进制计数器
74LS40	4 输入端双与非缓冲器
74LS42	BCD-十进制代码转换器
74LS447	BCD-七段译码器/驱动器
74LS45	BCD-十进制代码转换/驱动器
74LS450	16:1 多路转接复用器多工器
74LS451	双 8:1 多路转接复用器多工器
74LS453	四 4:1 多路转接复用器多工器
74LS46	BCD-七段低有效译码/驱动器
74LS460	十位比较器
74LS461	八进制计数器
74LS465	三态同相 2 与使能端八总线缓冲器
74LS466	三态反相 2 与使能八总线缓冲器
74LS467	三态同相 2 使能端八总线缓冲器
74LS468	三态反相 2 使能端八总线缓冲器
74LS469	八位双向计数器
74LS47	BCD-七段高有效译码/驱动器
74LS48	BCD-七段译码器/内部上拉输出驱动
74LS490	双十进制计数器
74LS491	十位计数器
74LS498	八进制移位寄存器
74LS50	2-3/2-2 输入端双与或非门
74LS502	8 位逐次逼近寄存器
74LS503	8 位逐次逼近寄存器
74LS51	2-3/2-2 输入端双与或非门
74LS533	三态反相八 D 锁存器
74LS534	三态反相八 D 锁存器
74LS54	四路输入与或非门
74LS540	8 位三态反相输出总线缓冲器
74LS55	4 输入端二路输入与或非门
74LS563	8 位三态反相输出触发器
74LS564	8 位三态反相输出 D 触发器
74LS573	8 位三态输出触发器
74LS574	8 位三态输出 D 触发器

74LS645	三态输出八同相总线传送接收器
74LS670	三态输出 4×4 寄存器堆
74LS73	带清除负触发双 JK 触发器
74LS74	带置位复位正触发双 D 触发器
74LS76	带预置清除双 JK 触发器
74LS83	4 位二进制快速进位全加器
74LS85	4 位数字比较器
74LS86	2 输入端四异或门
74LS90	可二/五分频十进制计数器
74LS93	可二/八分频二进制计数器
74LS95	4 位并行输入/输出移位寄存器
74LS97	6 位同步二进制乘法器

（2）4000 系列芯片名称及解释

代号	名称
CD4000	双 3 输入端或非门+单非门
CD4001	四 2 输入端或非门
CD4002	双 4 输入端或非门
CD4006	18 位串入/串出移位寄存器
CD4007	双互补对加反相器
CD4008	4 位超前进位全加器
CD4009	六反相缓冲/变换器
CD4010	六同相缓冲/变换器
CD4011	四 2 输入端与非门
CD4012	双 4 输入端与非门
CD4013	双主从 D 触发器
CD4014	8 位串入/并入-串出移位寄存器
CD4015	双 4 位串入/并出移位寄存器
CD4016	四传输门
CD4017	十进制计数/分配器
CD4018	可预制 1/N 计数器
CD4019	四与或选择器
CD4020	14 级串行二进制计数/分频器
CD4021	8 位串入/并入-串出移位寄存器
CD4022	八进制计数/分配器
CD4023	三 3 输入端与非门
CD4024	7 级二进制串行计数/分频器
CD4025	三 3 输入端或非门
CD4026	十进制计数/七段译码器
CD4027	双 JK 触发器

CD4028	BCD码十进制译码器
CD4029	可预置可逆计数器
CD4030	四异或门
CD4031	64位串入/串出移位存储器
CD4032	三串行加法器
CD4033	十进制计数/七段译码器
CD4034	8位通用总线寄存器
CD4035	4位并入/串入-并出/串出移位寄存
CD4038	三串行加法器
CD4040	12级二进制串行计数/分频器
CD4041	四同相/反相缓冲器
CD4042	四锁存D触发器
CD4043	4三态RS锁存触发器（“1”触发）
CD4044	4三态RS锁存触发器（“0”触发）
CD4046	锁相环
CD4047	无稳态/单稳态多谐振荡器
CD4048	4输入端可扩展多功能门
CD4049	六反相缓冲/变换器
CD4050	六同相缓冲/变换器
CD4051	八选一模拟开关
CD4052	双4选1模拟开关
CD4053	三组二路模拟开关
CD4054	液晶显示驱动器
CD4055	BCD-七段译码/液晶驱动器
CD4056	液晶显示驱动器
CD4059	“N”分频计数器
CD4060	14级二进制串行计数/分频器
CD4063	4位数字比较器
CD4066	四传输门
CD4067	16选1模拟开关
CD4068	八输入端与非门/与门
CD4069	六反相器
CD4070	四异或门
CD4071	四2输入端或门
CD4072	双4输入端或门
CD4073	三3输入端与门
CD4075	三3输入端或门
CD4076	四D寄存器
CD4077	四2输入端异或非门

CD4078	8输入端或非门/或门
CD4081	四2输入端与门
CD4082	双4输入端与门
CD4085	双2路2输入端与或非门
CD4086	四2输入端可扩展与或非门
CD4089	二进制比例乘法器
CD4093	四2输入端施密特触发器
CD4094	8位移位存储总线寄存器
CD4095	3输入端JK触发器
CD4096	3输入端JK触发器
CD4097	双路八选一模拟开关
CD4098	双单稳态触发器
CD4099	8位可寻址锁存器
CD40100	32位左/右移位寄存器
CD40101	9位奇偶校验器
CD40102	8位可预置同步BCD减法计数器
CD40103	8位可预置同步二进制减法计数器
CD40104	4位双向移位寄存器
CD40105	先入先出FIFO寄存器
CD40106	六施密特触发器
CD40107	双2输入端与非缓冲/驱动器
CD40108	4字×4位多通道寄存器
CD40109	四低-高电平位移器
CD40110	十进制加/减，计数，锁存，译码驱动
CD40147	10线-4线编码器
CD40160	可预置BCD加计数器
CD40161	可预置4位二进制加计数器
CD40162	BCD加法计数器
CD40163	4位二进制同步计数器
CD40174	六锁存D触发器
CD40175	四D触发器
CD40181	4位算术逻辑单元/函数发生器
CD40182	超前位发生器
CD40192	可预置BCD加/减计数器（双时钟）
CD40193	可预置4位二进制加/减计数器
CD40194	4位并入/串入-并出/串出移位寄存
CD40195	4位并入/串入-并出/串出移位寄存
CD40208	4×4多端口寄存器

(3) 45系列芯片名称及解释

代号	名称
CD4501	4输入端双与门及2输入端或非门
CD4502	可选通三态输出六反相/缓冲器
CD4503	六同相三态缓冲器
CD4504	六电压转换器
CD4506	双二组2输入可扩展或非门
CD4508	双4位锁存D触发器
CD4510	可预置BCD码加/减计数器
CD4511	BCD锁存，七段译码，驱动器
CD4512	8路数据选择器
CD4513	BCD锁存，七段译码，驱动器（消隐）
CD4514	4位锁存，4线-16线译码器
CD4515	4位锁存，4线-16线译码器
CD4516	可预置4位二进制加/减计数器
CD4517	双64位静态移位寄存器
CD4518	双BCD同步加计数器
CD4519	4位与或选择器
CD4520	双4位二进制同步加计数器
CD4521	24级分频器
CD4522	可预置BCD同步1/N计数器
CD4526	可预置4位二进制同步1/N计数器
CD4527	BCD比例乘法器
CD4528	双单稳态触发器
CD4529	双四路/单八路模拟开关
CD4530	双5输入端优势逻辑门
CD4531	12位奇偶校验器
CD4532	8位优先编码器
CD4536	可编程定时器
CD4538	精密双单稳
CD4539	双四路数据选择器
CD4541	可编程序振荡/计时器
CD4543	BCD七段锁存译码，驱动器
CD4544	BCD七段锁存译码，驱动器
CD4547	BCD七段译码/大电流驱动器
CD4549	函数近似寄存器
CD4551	四2通道模拟开关
CD4553	3位BCD计数器
CD4555	双二进制4选1译码器/分离器

CD4556	双二进制 4 选 1 译码器/分离器
CD4558	BCD 八段译码器
CD4560	“N” BCD 加法器
CD4561	“9” 求补器
CD4573	四可编程运算放大器
CD4574	四可编程电压比较器
CD4575	双可编程运放/比较器
CD4583	双施密特触发器
CD4584	六施密特触发器
CD4585	4 位数值比较器
CD4599	8 位可寻址锁存器

参 考 文 献

[1] 陈大钦. 电子技术基础实验（第二版）. 北京：高等教育出版社，2000.

[2] 杨素行. 模拟电子技术基础简明教程（第三版）.北京：高等教育出版社，2006.

[3] 高吉祥. 电子技术基础实验与课程设计（第二版）.北京：电子工业出版社，2005.

[4] 孙胜麟，郭照南. 电子技术基础实验与仿真. 长沙：中南大学出版社，2008.

[5] 阎石. 数字电子技术基础教材. 北京：清华大学出版社，2007.

[6] 沈小丰. 电子线路实验——数字电路实验. 北京：清华大学出版社，2007.

[7] 李震梅，房永钢. 电子技术实验与课程设计. 北京：机械工业出版社 2011.

[8] 赵淑范，王宪伟. 电子技术实验与课程设计. 北京：清华大学出版社 2006.

[9] 赵桂钦. 模拟电子技术教材与实验. 北京：清华大学出版社，2008.

[10] 朱定华，陈林，吴建新. 电子电路实验与课程设计.北京：清华大学出版社，2009.

[11] 华成英. 模拟电子技术基本教程. 北京：清华大学出版社，2009.

[12] 康华光. 电子技术基础(模拟部分)（第五版）.北京：高等教育出版社，2006.

[13] 熊伟，候传教. Multisim 7 电路设计及仿真应用. 北京：清华大学出版社，2005.

[14] 王冠华. Multisim11 电路设计及应用. 北京：国防工业出版社，2010.

[15] 王冠华，王伊娜. Multisim 8 电路设计及应用. 北京：国防工业出版社，2006.